普通高等教育土建学科"十三五"规划教材

工程测量

主　编　张福燕　王照雯

副主编　李　新　童小龙　李　莉　李　韵

主　审　冯玉祥

華中科技大學出版社
http://www.hustp.com
中国·武汉

内容简介

本书围绕对“应用型创新人才”的培养要求，结合最新的工程测量相关规范精心编写而成。全书内容包括地面点位确定、高程测量、角度测量、距离测量、控制测量、地形图测量、建筑施工测量、道路与桥梁施工测量等训练项目和操作任务，并配有综合技能测试项目。

本书内容精炼、形式新颖，注重“应用”，可作为普通高等院校、高职高专和成人高校相关专业的教材，也可作为测量工作者的参考用书。

为了方便教学，本书还配有教学课件等教学资源包，任课教师和学生可以登录“我们爱读书”网(www.ibook4us.com)注册并浏览，任课教师还可以发邮件至 husttujian@163.com 索取。

图书在版编目(CIP)数据

工程测量/张福燕，王照雯主编.—武汉：华中科技大学出版社，2017.2(2023.1 重印)
普通高等教育土建学科“十三五”规划教材
ISBN 978-7-5680-2105-0

Ⅰ.①工… Ⅱ.①张… ②王… Ⅲ.①工程测量-高等学校-教材 Ⅳ.①TB22

中国版本图书馆 CIP 数据核字(2016)第 185981 号

工程测量
Gongcheng Celiang

张福燕　王照雯　主编

策划编辑：康　序
责任编辑：王　莹
封面设计：孢　子
责任监印：朱　玢
出版发行：华中科技大学出版社(中国·武汉)　电话：(027)81321913
武汉市东湖新技术开发区华工科技园　邮编：430223
录　排：武汉正风天下文化发展有限公司
印　刷：武汉市邮科印务有限公司
开　本：787mm×1092mm　1/16
印　张：12.75
字　数：340 千字
版　次：2023 年 1 月第 1 版第 5 次印刷
定　价：35.00 元

随着科学技术的发展，现代测绘科学应运而生，由于计算机科学、空间技术、通信技术和地理信息技术的发展，原有的测绘学理论基础和工程技术体系发生了深刻变化。目前，国家大力发展应用型人才教育，鼓励部分本科院校转型为应用型本科院校，我国应用型人才培养呈现勃勃生机。与此同时，以往的《工程测量》教材的内容严重滞后，远远不能满足新形势下社会对应用型人才的培养要求和教学改革需要。为此，我们依据现代测绘技术的发展，配合当前教学改革，结合多年教学实践经验编写了本书。

本书从工程实际应用出发，以项目训练为主线，以任务驱动学生学习，引导学生探究知识和解决实际问题，从而达到提高学生综合能力的目的。全书分为 9 个章节，分别为地面点位确定、高程测量、角度测量、距离测量、控制测量、地形图测量、建筑施工测量、道路与桥梁施工测量和综合技能测试，共有 20 个任务和 5 个综合测试项目，涵盖了土木工程中常用的测量内容。

本书特色鲜明、涵盖面广、内容精炼、图文并茂、强调实践性、注重提高学生的综合能力。大项目通过小任务来实现，任务中包含知识准备、任务实施、任务小结、知识拓展和任务延伸等内容，可以供不同层次的教学和学习使用。在项目后配有课后练习题，并配备了 5 项综合技能测试，可以在不同学习阶段对学生进行考核，便于教学使用。

本书由黑龙江省公路勘察设计院冯玉祥高工担任主审，由大连海洋大学应用技术学院张福燕、王照雯担任主编，由大连海洋大学应用技术学院李新、湖南理工学院童小龙、重庆三峡学院李莉、福州外语外贸学院李韵担任副主编。具体分工如下：第 4 章、第 7 章由张福燕编写；第 1 章、第 5 章、第 8 章由王照雯编写；第 9 章由李新编写；第 3 章由李莉编写；第 6 章由童小龙编写；第 2 章由李韵编写。全书由张福燕统稿。

本书在编写过程中得到了华中科技大学出版社和大连海洋大学应用技术学院领导的大力支持，在此表示衷心的感谢！另外，在编写过程中参考了大量同类教材、专著和有关资料，在此对相关作者一并表示谢意！

为了方便教学，本书还配有教学课件等教学资源包，任课教师和学生可以登录“我们爱读书”网（www.ibook4us.com）注册并浏览，任课教师还可以发邮件至 husttujian@163.com 索取。

由于作者的水平有限，书中不足之处在所难免，恳请读者在使用过程中给予指正并提出宝贵意见！

编　者

2019 年 6 月

Chapter 1

第 1 章　地面点位确定

人类生存在地球表面上，我们就有必要了解地球的形状和大小，将地球表面的整个或局部的形状和大小测绘成图；另外，对于已经规划设计好的建筑物和构筑物，如何才能按规划设计的位置建成呢？这就需要研究地面点位如何确定，地面点位的确定是测量工作的实质性问题。

 概述

一、测量学概述

（一）测量学的定义

早期的定义：研究地球的形状和大小并确定地面点位的科学。

目前的定义：研究三维空间中各种物体的形状、大小、位置、方向和其分布的科学。

（二）测量学的任务

测定：测定是指使用测量仪器和工具，通过测量和计算，得到一系列测量数据，或把地球表面的地形缩绘成地形图。

测设：把图纸上规划设计好的建筑物、构筑物的位置在地面上标定出来，作为施工的依据。

（三）测量学的分类

总的来说，测量学分为以下几类。

(1) 大地测量学：研究地球表面上一个较大区域甚至整个地球表面的形状和大小的学科，必须考虑地球曲率的影响。

(2) 普通测量学（地形测量学）：研究地球自然表面小区域内测绘工作的学科。

(3) 摄影测量学：研究利用航天、航空、地面的摄影和遥感信息进行测量的方法和理论的学科。

(4) 工程测量学：研究工程建设在勘察设计、施工和管理阶段所进行的各种测量工作的学科。

(5) 地图学：研究地图制图的理论和方法的学科。

随着科学技术的发展，测量学的分支越来越多，出现了许多新的分支，如海洋测量学、地球空间信息科学等。

二、地面点位的确定

（一）地球的形状和大小

1. 几个相关概念

（1）铅垂线：重力的方向线，它是测量工作中的基准线。

（2）水准面：静止的水面。

（3）水平面：与水准面相切的平面。

（4）大地水准面：假想与平均海水面吻合并向大陆、岛屿内延伸而形成的闭合曲面，大地水准面是测量工作中的基准面。

（5）大地体：大地水准面所包围的地球形体。

2. 地球的形状

为了方便研究，测量学上把地球的形状看成是大地体，或近似成参考椭球体，再进一步近似成圆球体。

3. 地球的大小

（1）参考椭球体：一个非常接近于大地水准面，并可用数学式表示的几何形体（即地球椭球）以代替地球的形状作为测量计算工作的基准面，它是一个椭圆绕其短轴旋转而成的形体。旋转椭球体由长半径 a（或短半径 b）和扁率 α 所决定，其数值如下：$a=6\ 378\ 140$ m，$b=6\ 356\ 752$ m，$\alpha=1:298.257$。

（2）近似圆球：当测区范围不大时，可近似地把地球椭球看作圆球，其半径为：$R=(2a+b)/3=6\ 371$ km。

（二）确定地面点位的方法

在测量工作中，为了确定地面点的空间位置，分别用点的平面坐标和高程来表示。

1. 地面点的平面坐标

地面点的平面坐标包括地理坐标、平面直角坐标、高斯平面直角坐标。

（1）地理坐标：用经度、纬度表示的地面点的绝对位置。纬度用 ϕ、经度用 λ 表示。

（2）平面直角坐标：当测区范围较小时，可采用平面直角坐标，以 X 轴为纵轴，一般用它表示南北方向，以 Y 轴为横轴，表示东西方向。

数学中的平面直角坐标系与测量学中的平面直角坐标系的异同点如图 1.1 所示。

(a)测量学中的平面直角坐标系　　(b)数学中的平面直角坐标系

图 1.1　平面直角坐标系

（3）高斯平面直角坐标。

（a）高斯平面直角坐标系的建立：进行大区域测图时，不能将地球的球面当作平面看待，测图时可采用高斯平面直角坐标系，它是以互相垂直的中央子午线和赤道的投影为轴线的，中央子午线的投影是 X 轴，赤道的投影是 Y 轴，其交点是坐标原点。

(b) 高斯平面直角坐标系的性质：中央子午线的投影为一条直线，且投影后长度无变形，其余经线的投影为凹向中央子午线的对称曲线。赤道的投影也为一直线，其余纬线的投影为凸向赤道的对称曲线。中央子午线和赤道投影后为互相垂直的直线，成为其他经纬线投影的对称轴，而其他经纬线投影后仍保持互相垂直的关系，即投影前后角度无变形，故称为正形投影。

(c) 6°带的划分：从格林尼治子午线（首子午线）起，依次每隔经度 6°分为一带，整个地球被分为 60 带，用数字 1～60 顺序编号，可按下式计算：

$$\lambda=(6N-3)$$

其中，λ 为投影带中央子午线的经度，N 为投影带带号。

为了满足大比例尺测图和某些工程建设需要，常以经度差 3°分带。从东经 1.5°的子午线起，自西向东按经度每隔 3°划分为一个投影带，这样整个地球被划分为 120 个投影带，简称为 3°带。3°带的带号与中央子午线经度的关系为：

$$\lambda=3N$$

(d) 点在高斯平面直角坐标系中的坐标值：理论上中央子午线的投影是 X 轴，赤道的投影是 Y 轴，其交点是坐标原点。点的 X 坐标是点至赤道的距离；点的 Y 坐标是点至中央子午线的距离，设为 y'；在我国，X 坐标都为正，y' 有正有负。为了避免 Y 坐标出现负值，把坐标原点向西平移 500 km。为了区分不同投影带中的点，在点的 Y 坐标值上加带号 N，所以点的横坐标通用值为：

$$y=N\times1\ 000\ 000+500\ 000+y'$$

我国幅员辽阔，东西横跨 11 个（13～23 带）6°带，21 个（25～45 带）3°带，并且各自独立构成直角坐标系。如我国地面上某点，在高斯平面直角坐标系的坐标为：$x=3\ 430\ 152$ m，$y=20\ 637\ 680$ m，则该点位于 20 投影带（6°带），其中央子午线经度是 $\lambda=6N-3=117°$。

2. 地面点的高程

高程有绝对高程和相对高程之分。

(1) 绝对高程：地面点沿铅垂线方向至大地水准面的距离称为绝对高程，简称为高程。如图 1.2 所示，地面点 A 和 B 的绝对高程分别为 H_A 和 H_B。

(2) 相对高程：地面点到任意水准面的铅直距离称为相对高程。如图 1.2 所示，地面点 A 和 B 的相对高程分别为 H'_A 和 H'_B。

(3) 高差：地面两点的高程之差称为高差。高差有正负之分。如图 1.2 所示，地面点 A 和 B 的高差为 $h_{AB}=H_A-H_B=H'_A-H'_B$。

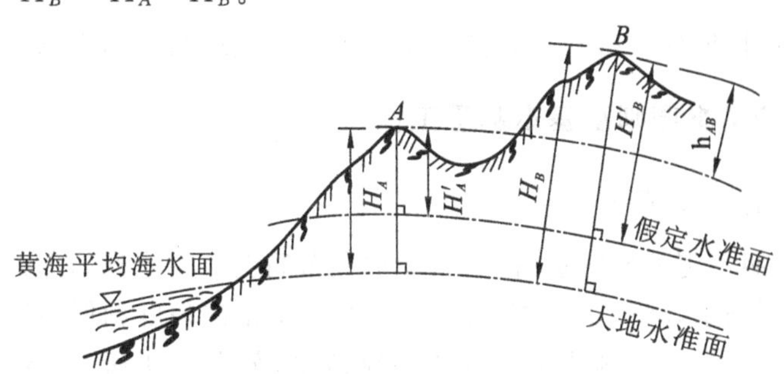

图 1.2 高程和高差

(4) 高程零点。

高程测量的任务是求出点的高程,为了建立一个全国统一的高程系统,必须确定一个统一的高程基准面,通常采用大地水准面即平均海水面作为高程基准面。我国采用青岛验潮站 1950～1956 年的观测结果求得的黄海平均海水面作为高程基准面。根据这个基准面得出的高程称为“1956 黄海高程系”。为了确定高程基准面的位置,在青岛建立了一个与验潮站相联系的水准原点,并测得其高程为 72.289 m,水准原点作为全国高程测量的基准点。从 1989 年起,国家规定采用根据青岛验潮站 1952～1979 年的观测资料,计算得出的平均海水面作为新的高程基准面,即目前使用的 1985 国家高程基准。

1985 国家高程基准所定的平均海水面为高程零点,根据高程基准面,得出青岛水准原点的高程为 72.260 m。

图 1.3 所示为 1985 国家高程基准示意图。

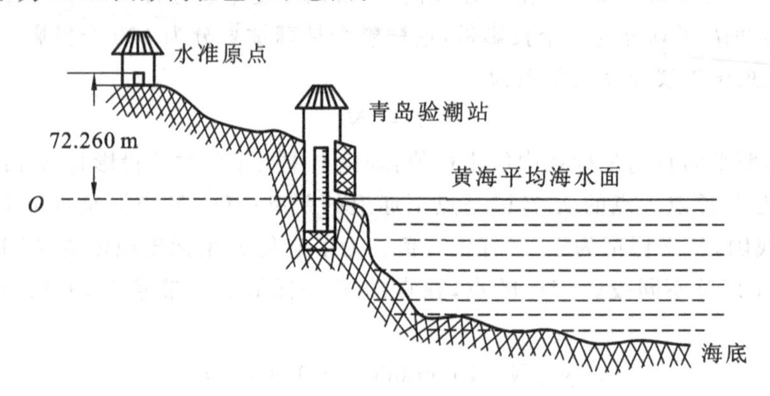

图 1.3　1985 国家高程基准示意图

(三) 以水平面代替水准面的限度

1. 对水平距离的影响

当精度要求较高时,在测区半径 R 不大于 10 km 的范围内,可不考虑地球曲率的影响,即可把水平面当作水准面看待。在精度要求较低时,其半径可扩大到 25 km。

2. 对水平角度的影响

在面积 P 不大于 100 km^2 的范围内进行水平角测量时,可不考虑地球曲率的影响。

以上两项分析说明:在面积为 100 km^2 范围内,不论是进行水平距离的测量还是进行水平角度的测量,都可以不顾及地球曲率的影响。在精度要求较低的情况下,这个范围还可以相应扩大。

3. 对高程的影响

在进行高程测量时,即使在很短的距离内也必须考虑地球曲率的影响。

三、 测量工作的基本原则及基本测量工作

(一) 测量工作的基本原则

测量工作必须按照一定的原则进行,这就要求在布局上由整体到局部;在工作步骤上先控制后碎部,即先进行控制测量,然后进行碎部测量;在精度上由高精度到低精度。

其中,控制测量包括平面控制测量和高程控制测量,如图 1.4 所示,先在测区内部设 A、B、C、D、E、F 等控制点并连成控制网(图中为闭合多边形),再用较精密的方法测定这些点的平面位

置和高程以控制整个测区,并依一定的比例尺将它们缩绘到图纸上,然后以控制点为依据进行碎部测量。

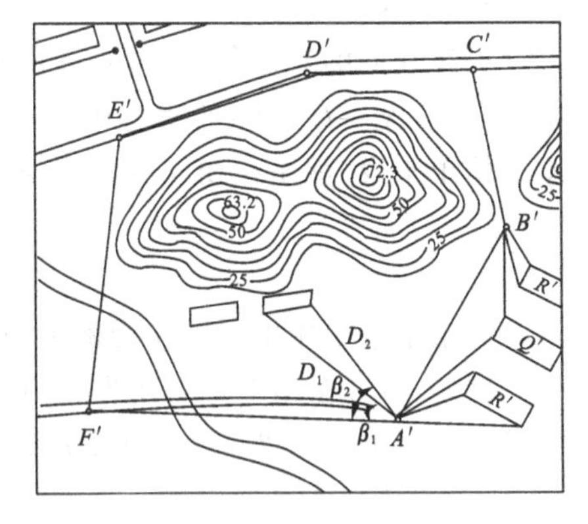

图 1.4　测量工作步骤示意

(二) 基本测量工作

不论是控制测量还是碎部测量,实质都是确定地面点的位置,也就是要测定三个元素,即水平角、水平距离和高差(或者高程),因此测量水平角、测量水平距离和测量高程是测量工作的三项基本工作。

四、 测量误差的基本知识

(一) 误差及其产生原因

误差是测量值与真值之间的差异。在工程测量中,误差的来源可归纳为以下三方面。

(1) 仪器和工具本身的误差;

(2) 外界环境的影响;

(3) 观测误差。

通常我们把以上这三方面综合起来,称为观测条件。

(二) 测量误差的分类

根据误差产生的原因和误差性质的不同,测量误差可分为系统误差和偶然误差两类。

(1) 系统误差:在相同的观测条件下(同样的仪器和工具、同样的技术与操作方法、同样的外界条件),对某量进行一系列观测,其误差保持同一数值、同一符号,或遵循一定的变化规律,这种误差称为系统误差。

(2) 偶然误差:在相同的观测条件下,对某量进行一系列的观测,其误差的大小和符号均不一致,从表面上看没有任何规律,这种误差称为偶然误差。

(3) 偶然误差的特性。

(a) 在一定的观测条件下,偶然误差的绝对值不会超过一定的限值,即超过一定限值的偶然误差出现的概率为零;

(b) 绝对值小的误差比绝对值大的误差出现的概率大;

(c) 绝对值相等的正误差与负误差出现的概率相同;

(d) 对同一量的等精度观测,其偶然误差的算术平均值随着观测次数的无限增加而趋近于零。

（三）衡量精度的标准

1. 中误差

设在相同的观测条件下，对某量进行 n 次观测（真值为 X，观测值为 $l_1, l_2, \cdots, l_n$），得到的一组真误差（$\Delta_n = l_n - X$）的平方中数（$[\Delta^2]/n$，其中$[\Delta^2]$为真误差的平方和）的平方根，即为中误差。简单来说，就是在相同的观测条件下，各个真误差平方的平均数的平方根。即：

$$m = \pm\sqrt{\frac{\Delta_1^2 + \Delta_2^2 + \cdots + \Delta_n^2}{n}} = \pm\sqrt{\frac{[\Delta^2]}{n}} \tag{1.1}$$

测量中常采用中误差作为衡量精度的标准。

例如：有 2 个组对一三角形分别进行水平角观测，每次观测计算的三角形内角和的真误差为：第 1 组，$+3''$，$-2''$，$-4''$，$+2''$；第 2 组，$0''$，$-1''$，$-7''$，$+3''$。

$$m_1 = \pm\sqrt{\frac{3^2 + 2^2 + 4^2 + 2^2}{4}} = \pm 2.87''$$

$$m_2 = \pm\sqrt{\frac{0^2 + 1^2 + 7^2 + 2^2}{4}} = \pm 3.84''$$

显然，第 1 组的测量精度高于第 2 组。

2. 容许误差

测量中，通常以中误差的 2～3 倍作为偶然误差的容许误差。观测中出现偶然误差大于容许误差的概率极小，如果发生，则为非偶然因素造成，测量结果被认为不合格。

容许误差的应用：限差检核，判断成果是否合格。

3. 相对误差

某些观测成果，如水平距离测量，其精度与观测量的大小相关，用中误差不能完全描述其精度，因此用相对误差进行评定。

相对误差等于绝对误差的绝对值与观测值之比。

1.2 我国目前使用的测量坐标系

一、北京 54 坐标系

中华人民共和国成立以后，我国大地测量进入了全面发展时期，在全国范围内开展的正规的、全面的大地测量和测图工作，迫切需要建立一个参心大地坐标系，故我国采用了苏联的克拉索夫斯基椭球参数，并与苏联 1942 年坐标系统进行联测，通过计算建立了我国大地坐标系，定名为 1954 年北京坐标系，简称北京 54 坐标系。因此，1954 年北京坐标系可以认为是苏联 1942 年坐标系的延伸，它的原点不在北京而是在苏联的普尔科沃。

二、西安 80 坐标系

1978 年 4 月在西安召开全国天文大地网平差会议，会议决定重新定位，建立我国新的坐标系，因此有了 1980 年国家大地坐标系，简称西安 80 坐标系。西安 80 坐标系采用的地球椭球基本参数为 1975 年国际大地测量与地球物理联合会第十六届大会推荐的数据，即 IAG75 地球椭球体。西安80坐标系的大地原点设在我国中部的陕西省泾阳县永乐镇，位于西安市西北方向约60 km处。

中华人民共和国大地原点(见图1.5)，由主体建筑、中心标志、仪器台、投影台四部分组成。主体为7层塔楼式圆顶建筑，高25.8 m；半球形玻璃钢屋顶，可自动开启，以便天文观测。中心标志是原点的核心部分，用玛瑙做成，半球顶部刻有“十”字线，它被镶嵌在稳定埋入地下的花岗岩标石外露部分的中央，永久稳固保留，“十”字中心就是测量起算中心，其坐标为东经108°55′，北纬34°32′，海拔417.20 m。仪器台建在中心标志上方，为空心圆柱形，高21.8 m，顶部供安置测量仪器用。

图1.5　中华人民共和国大地原点

三、2000国家大地坐标系

简称为CGCS2000，即China geodetic coordinate system 2000。随着社会的进步，国民经济建设、国防建设、科学研究等方面的发展对国家大地坐标系提出了新的要求，迫切需要采用原点位于地球质量中心的坐标系统(以下简称地心坐标系)作为国家大地坐标系。采用地心坐标，有利于采用现代空间技术对坐标系进行维护和快速更新，有利于测定更高精度的控制点三维坐标，并能提高测图工作的效率。

2008年3月，由国土资源部正式上报国务院《关于中国采用2000国家大地坐标系的请示》，并于2008年4月获得国务院批准。自2008年7月1日起，我国全面启用2000国家大地坐标系。

2000国家大地坐标系是全球地心坐标系在我国应用的具体体现，其原点为包括海洋和大气的整个地球的质量中心。Z轴指向BIH1984.0定义的协议极地方向(BIH为国际时间局)，X轴指向BIH1984.0定义的零子午线与协议赤道的交点，Y轴按右手坐标系确定。

1.3 小结

本章需掌握的基本概念比较多，如测量学、水准面、大地水准面、旋转椭球体、地理坐标、平面直角坐标、高斯平面直角坐标、绝对高程、相对高程等。

地球是个旋转椭球体，在地形测量范围内，为计算方便，可把地球视为圆球，其半径为6 371 km。当测区范围在10 km以内时，如测量水平距离，可不考虑地球的曲率，用水平面代替球面；但在高程测量时，即使测距很短，也必须考虑地球曲率的影响。

地面点的位置是由其平面位置和点的高程决定的，平面位置一般用平面直角坐标表示，即用X、Y代表纵、横坐标。正如一张电影票，若上面印着“12排7号”，12排则表示其在X方向上的位置，7号则表示其在Y方向上的位置。若电影院有楼，前面要加“楼上”或“楼下”二字，以表示它们的空间位置，测量上用高程“H”表示。测定地面点相对位置的基本工作是距离测量、水平角测量和高程测量。

“从整体到局部”和“先控制后碎部”是测量工作所遵循的原则。无论是地形测量还是施工测量，都必须遵循此原则。

课后练习题

1. 选择题

(1) 两点之间高程的差称为(　　)。

A. 相对高程　　B. 绝对高程　　C. 高差

(2) 地面点的空间位置是用(　　)来表示的。

A. 地理坐标　　B. 平面直角坐标　　C. 坐标和高程

(3) 绝对高程的起算面是(　　)。

A. 水平面　　B. 大地水准面　　C. 假定水准面

(4) 1985 国家高程基准中,水准原点的高程为(　　)m。

A. 72.289　　B. 72.260　　C. 0

(5) 地面上某点,在高斯平面直角坐标系(6°带)的坐标为:x=3 429 085 m,y=21 634 560 m。则该点位于(　　)投影带,其中央子午线经度是(　　)。

A. 第 21　　B. 123°　　C. 第 34　　D. 第 20　　E. 117°

(6) 北京某地区的地理坐标为:北纬 39°54′,东经 116°28″。按高斯 6°带投影,该地区位于(　　)投影带,其中央子午线经度是(　　)。

A. 第 20　　B. 117°　　C. 第 19　　D. 115°　　E 120°

2. 简答题

(1) 什么是大地水准面?

(2) 什么是高程? 绝对高程和相对高程有何区别?

(3) 我国水准原点在哪里? 其高程为多少?

(4) 测量工作的基本原则是什么?

(5) 测量的三项基本工作是什么?

(6) 误差是由哪些因素引起的? 误差能否避免?

(7) 什么是系统误差、偶然误差? 二者有何区别?

(8) 偶然误差的特性有哪些?

(9) 什么是中误差?

Chapter 2

第2章 高程测量

2.1 用水准仪测量相距30 m左右A、B两点的高差

2.1.1 知识准备

一、水准测量的基本原理

水准测量的原理是借助水准仪提供的水平视线，配合水准尺测定地面上两点间的高差，然后根据已知点的高程来推算出未知点的高程。

如图2.1所示，已知A点高程为H_A，要测出B点高程H_B，在A、B两点间安置能提供水平视线的仪器——水准仪，并在A、B两点各竖立水准尺，利用水平视线分别读出A点尺子上的读数a及B点尺子上的读数b，则A、B两点间的高差为

$$h_{AB}=a-b \tag{2.1}$$

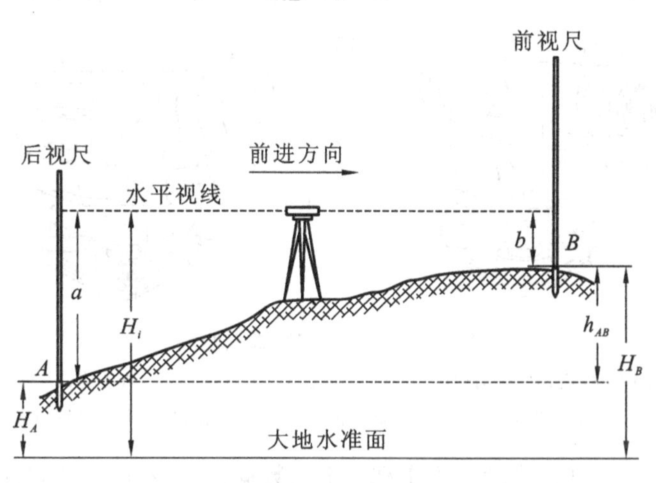

图2.1 水准测量原理图

当水准测量由A点向B点方向前进观测时，A点位于水准仪后视方向，称a为后视读数；B点位于水准仪前视方向，称b为前视读数。

由式(2.1)可以得出，两点间的高差等于后视读数减去前视读数。当 $a>b$ 时，高差为正值，说明 A 点低于 B 点；当 $a<b$ 时，高差为负值，说明 A 点高于 B 点；当 $a=b$ 时，高差为零，说明 A 点与 B 点同高。

测得 A、B 两点高差 h_{AB} 后，则未知点 B 的高程 H_B 为

$$H_B=H_A+h_{AB}=H_A+a-b \tag{2.2}$$

由图 2.1 可知，B 点高程也可以通过水准仪的视线高程 H_i（也称为仪器高程）来计算，视线高程为 H_i，等于 A 点高程加 A 点水准尺上的后视读数，即

$$H_i=H_A+a \tag{2.3}$$

则

$$H_B=H_A+a-b=H_i-b \tag{2.4}$$

一般情况下，用式(2.2)直接利用高差 h_{AB} 计算待求点高程，称为高差法，常用于各种控制测量与监测。式(2.4)利用水准仪视线高程计算待求点高程，称为视线高法，这种方法只需要观测一次后视，就可以通过观测若干个前视计算出多点高程，该法主要用于各种工程勘测与施工测量。

二、水准仪和水准尺

水准仪是水准测量的主要仪器。按水准仪所能达到的精度，它分为 DS_{05}、DS_1、DS_3 及 DS_{10} 等型号。其中“D”和“S”表示“大地测量”和“水准仪”中“大”和“水”的汉语拼音的首字母，数字“05”“1”“3”及“10”表示仪器所能达到的精度，如 05、3 表示对应型号的水准仪进行 1 km 往返水准测量的高差中误差分别能达到±0.5 mm 和±3 mm。仪器型号中的数字越小，仪器精度越高。DS_{05}、DS_1 型水准仪属于精密水准仪，用于高精度水准测量，DS_3 和 DS_{10} 属于普通水准仪，主要用于国家三、四等水准测量或一般工程测量。本节主要介绍 DS_3 型水准仪及其使用。

(一) DS_3 型水准仪的构造与使用

DS_3 型微倾式水准仪，主要由望远镜、水准器及基座三部分组成，如图 2.2 所示。

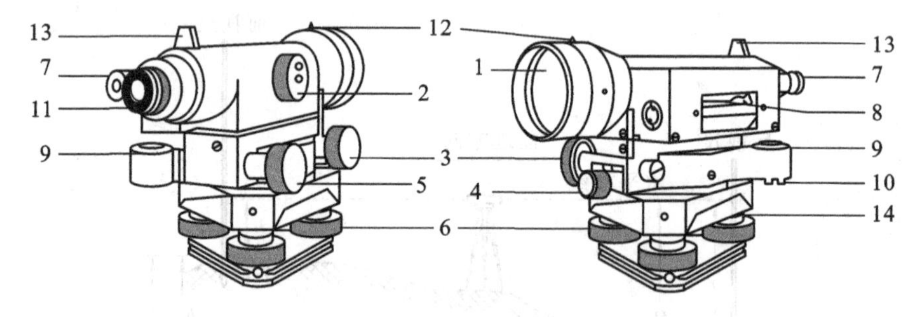

图 2.2 DS_3 型微倾式水准仪

1—物镜；2—物镜调焦螺旋；3—微动螺旋；4—制动螺旋；5—微倾螺旋；6—脚螺旋；7—水准管气泡观察窗；8—管水准器；9—圆水准器；10—圆水准器校正螺丝；11—目镜；12—准星；13—照门；14—基座

望远镜用于照准目标和清晰地观察水准尺上的数据，水准器用于控制视线水平，基座与三脚架连接，用于支撑水准仪使之稳定工作。

1. 望远镜

望远镜的主要作用是瞄准远方目标，使目标成像清晰、扩大视角，以精确照准目标。DS_3 型水准仪的望远镜基本结构如图 2.3 所示，由物镜系统、十字丝分划板、目镜系统构成。

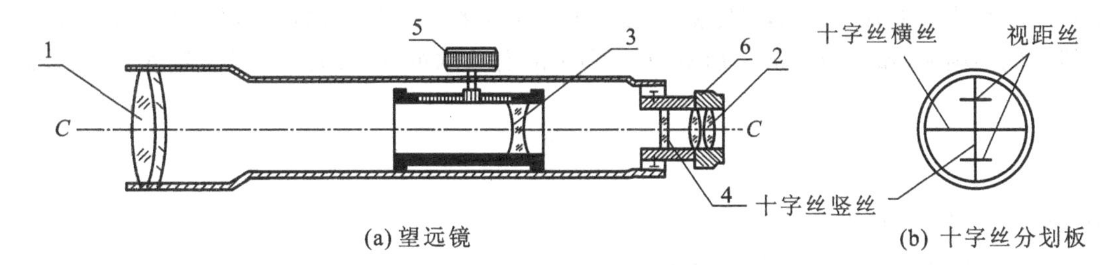

图 2.3 望远镜的结构

1—物镜；2—目镜；3—物镜调焦透镜；4—十字丝分划板；5—物镜调焦螺旋；6—目镜调焦螺旋

十字丝分划板为圆形透明玻璃板，刻有相互垂直、构成十字形状的纵丝和横丝，统称为十字丝。纵丝亦称竖丝，应调整到铅垂线方向，用于瞄准目标；横丝亦称中丝，应调整到水平方向用于读取水准尺的读数。中丝上、下两侧且平行于中丝的两根短横丝分别称为上丝和下丝，统称为视距丝，用于测定水准仪至水准尺的距离。水准尺等目标的影像经过物镜系统，成像到十字丝板上与十字丝重合；人眼通过目镜系统观察目标或读取十字丝处的水准尺的数据。

物镜系统由物镜、物镜调焦透镜、物镜调焦螺旋组成。物镜将水准尺等远处目标，经放大后成像到十字丝分划板附近。由于目标至物镜的距离不同，则通过物镜所形成的影像到十字丝分划板的距离也不同。旋转物镜调焦螺旋，让物镜调焦透镜在视线方向上前后移动，使得目标透过物镜与调焦透镜组合形成的等效物镜后所形成的影像，能与十字丝分划板重合。

目镜系统由目镜、目镜调焦透镜和目镜调焦螺旋组成。目镜和目镜调焦透镜的工作原理与物镜和物镜调焦透镜相同。由于人眼视力的差异，需要旋转目镜调焦螺旋以移动目镜调焦透镜，使人眼能同时看清十字丝和目标的影像。

物镜光学中心与十字丝交点的连线，称为视准轴，用 CC 表示。延长视准轴并控制其水平，便得到水准测量中所需要的水平视线。

2. 水准器

水准器是水准仪上的重要部件，它是利用液体受重力作用后使气泡居于最高处的特性，来指示水准器的水准轴位于水平或竖直位置，从而使水准仪获得一条水平视线的装置。水准器分为圆水准器和水准管两种。

1）圆水准器

如图 2.4 所示，圆水准器用于粗略整平仪器，它是一个密封玻璃圆盒，里面装有液体并形成一个气泡，其顶面为球面，球面中央小圆圈中心 O 为圆水准器零点，过零点的法线 $L'L'$ 称为圆水准器轴。由于它与仪器的旋转轴（竖轴）平行，所以当圆气泡居中时，圆水准轴处于竖直（铅垂）位置，表示水准仪的竖轴也大致处于竖直位置了。DS_3 水准仪圆水准器分划值一般为 $8'$～$10'$，由于分划值较大，则灵敏度较低，只能用于仪器的粗略整平，为仪器精确整平创造条件。

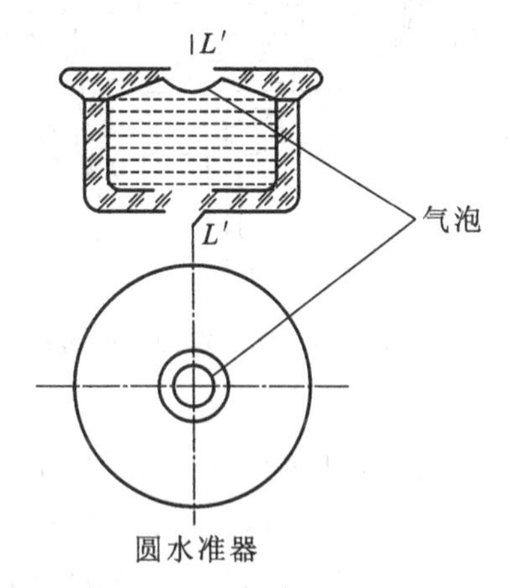

图 2.4 圆水准器

2）水准管

如图 2.5 所示，水准管用于精确整平仪器。它是一个密封的玻璃管，里面装有液体并形成一个长形气泡，水准管的内壁为圆弧形，水准管两端各刻有间隔为 2 mm 的分划线，分划线的对称中心称为水准管零点O,过零点与圆弧相切的切线LL称为水准管轴。水准管上两相邻分划线之间的圆弧(弧长为2 mm)所对应的圆心角,称为水准管分划值τ(或灵敏度)。用公式表示为

$$\tau=\frac{2}{R}\rho \tag{2.5}$$

式中 ρ——常数,其值为206 265″;

R——水准管圆弧半径,单位mm。

由上式可以看出,分划值τ与水准管圆弧半径R成反比,R越大,τ越小,水准管灵敏度越高,反之则灵敏度越低。DS_3型水准仪的水准管分划值一般为20″/2 mm。为提高水准管气泡居中的精度,DS_3型水准仪在水准管的上方,设有一组符合棱镜,如图2.6所示,通过棱镜的反射作用,将气泡两端的影像反映到望远镜旁的水准管气泡观察窗内。当气泡两端的半影像合成一个圆弧时,表示气泡居中,若两个半像错开,则表示水准管气泡不居中。此时可转动微倾螺旋,使气泡的半像严密吻合,以达到仪器的精确整平。这种配有符合棱镜的水准器,称为符合水准器,它不仅便于观察,同时可以使气泡居中精度提高一倍。

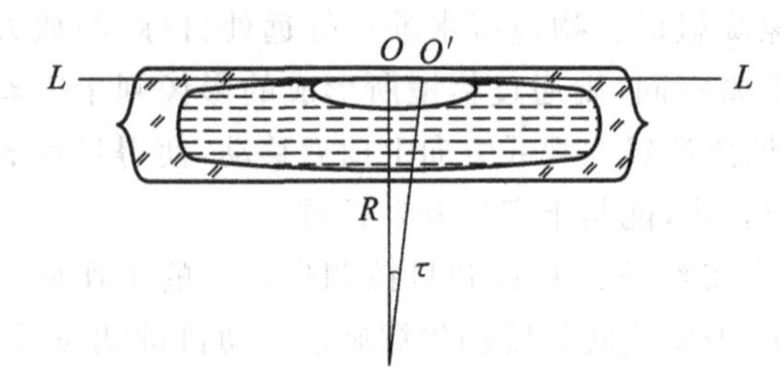

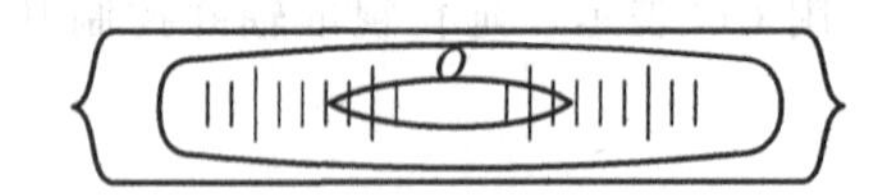

图2.5 水准管

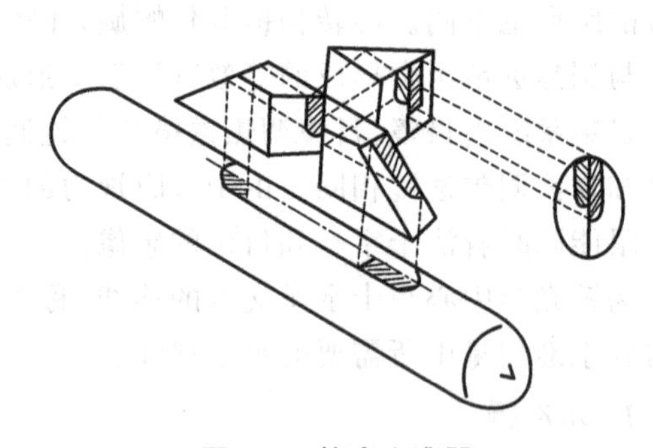

图2.6 符合水准器

3) 基座

基座主要由轴座、脚螺旋和连接板组成,起支承仪器上部并与三脚架连接的作用。调节基座上的三个脚螺旋可使圆水准器气泡居中。

由上述主要部件知道微倾式水准仪有四条主要轴线,即望远镜视准轴CC、水准管轴LL、圆水准器轴$L'L'$和仪器竖轴VV,如图2.7所示。

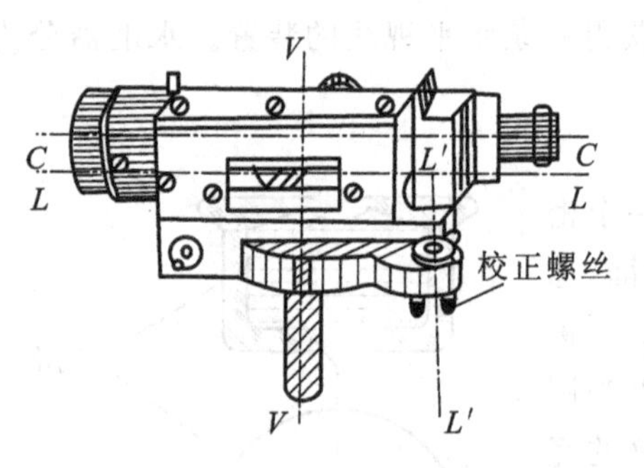

图2.7 水准仪的主要轴线

水准仪之所以能提供一条水平视线,取决于仪器本身的构造特点,主要表现为轴线间应满足的几何条件,即:

(1) 圆水准器轴平行于竖轴,$L'L'/\!/VV$;

(2) 十字丝横丝垂直于竖轴,十字丝横丝$\perp VV$;

(3) 水准管轴平行于视准轴,$LL/\!/CC$。

(二) 水准尺与尺垫

1. 水准尺

水准尺是水准测量时用以读数的重要工具,采用不易变形且干燥的优良木材或玻璃钢制成。尺长从 2 m 至 5 m 不等,根据它们的构造,常用的水准尺可分为直尺和塔尺两种(见图 2.8),直尺又分为单面水准尺和双面水准尺。水准尺的两面每隔 1 cm 涂有黑白或红白相间的分格,每分米处注有数字。

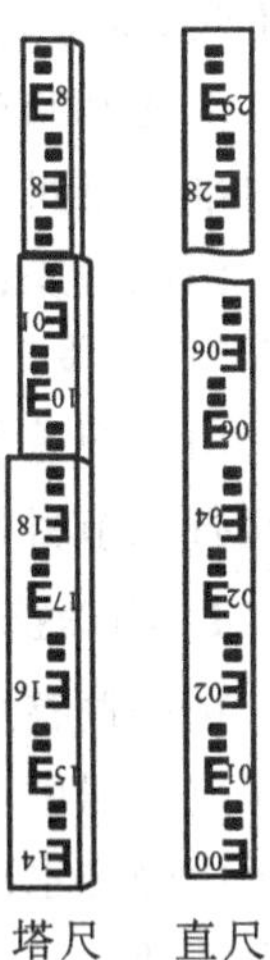

图 2.8 水准尺

双面水准尺的两面均有刻画,一面为黑白分划,称为“黑面尺”也称为主尺;另一面为红白分划,称为“红面尺”。通常两根尺子组成一对进行水准测量。两直尺的黑面起点读数均为 0 mm,红面起点则分别为 4 687 mm 和 4 787 mm。水平视线在同一根水准尺上的黑面与红面读数之差称为尺底的零点差,可作为水准测量时读数的检核。

塔尺是可以伸缩的水准尺,长度为 3 m 或 5 m,分两节或三节套接而成,尺子底端起始数均为 0。每隔 1 cm 或 0.5 cm 涂有黑白或红白相间的分格,每米和分米处皆注有数字。一般用于地形起伏较大,精度要求较低的水准测量。

2. 尺垫

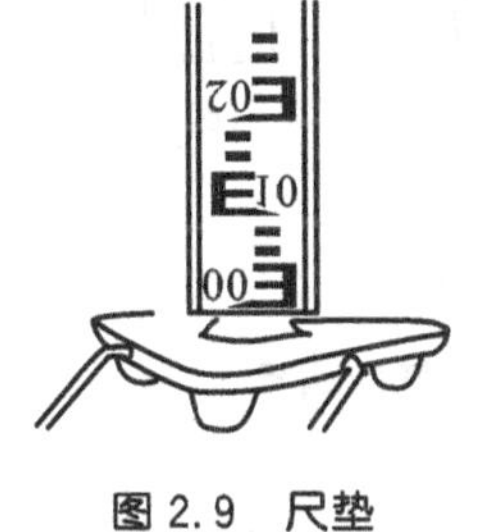

图 2.9 尺垫

尺垫由三角形铸铁制成,中央是突起的半圆球体,下面有三个尖脚,如图 2.9 所示。在精度要求较高的水准测量中,转点处应放置尺垫,使用时应先将其用脚踩实,然后竖立水准尺于半圆球体顶上,以防止观测过程中水准尺下沉或位置发生变化而影响读数。

(三) 水准仪的使用

水准仪的使用包括安置仪器、粗略整平、瞄准水准尺、精确整平和读数等操作步骤。

1. 安置仪器

在测站打开三脚架,按观测者身高调节三脚架腿的高度,为了便于整平仪器,应使架头大致水平,并将三脚架的三个尖脚踩实,使脚架稳定,然后从箱中取出水准仪,使其平稳、牢固地连接在三脚架上。

2. 粗略整平(粗平)

粗平即初步地整平仪器,通过调节脚螺旋使圆水准器气泡居中,从而使仪器的竖轴大致铅垂。具体做法如图 2.10 所示,气泡偏离在 a 位置,先用双手按箭头所指方向相对地转动脚螺旋 1 和 2,使气泡移到图中 b 所示位置,然后再单独转动脚螺旋 3,使气泡居中。在粗平过程中,气泡移动的方向与左手大拇指转动脚螺旋的方向一致。

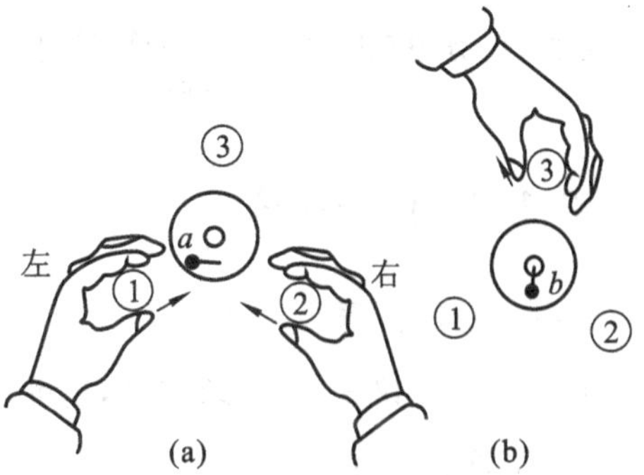

图 2.10 气泡调节示意图

3. 瞄准水准尺

调节目镜:转动望远镜对着明亮的背景(如天空或白色明亮物体),调节目镜调焦螺旋,使十字丝达到最清晰状态。

初步瞄准:松开制动螺旋,转动望远镜,利用望远镜上的照门、准星,按照三点一线原理照准水准尺，瞄准后拧紧制动螺旋。

对光和瞄准：转动物镜调焦螺旋，使尺面影像十分清楚。转动望远镜微动螺旋，使十字丝竖丝对准水准尺中央位置。

清除视差：瞄准目标时，应使尺子的影像落在十字丝平面上，否则当眼睛靠近目镜上下微微晃动时，可发现十字丝横丝在水准尺上的读数也随之变动，这种现象称为视差现象，如图 2.11 所示。由于视差的大小直接影响着观测成果的质量，因此必须加以消除。消除的方法是仔细并反复交替调节目镜和物镜调焦螺旋，直至水准尺的分划像十分清晰、稳定，读数不变为止。

4. 精确整平

精确调整水准管气泡居中，使水准管轴精确水平，即为精平。旋转微倾螺旋使气泡观察窗中影像成为居中状态，如图 2.12 所示，此时视线为水平视线，方可读数。进行水准测量时，务必记住每次瞄准水准尺进行读数时，都应先转动微倾螺旋，使符合水准气泡严密吻合后，才能在水准尺上读数。

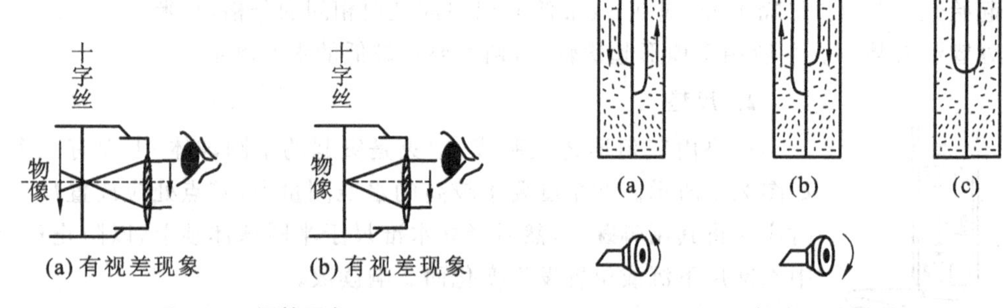

图 2.11　视差现象

图 2.12　符合水准气泡调节

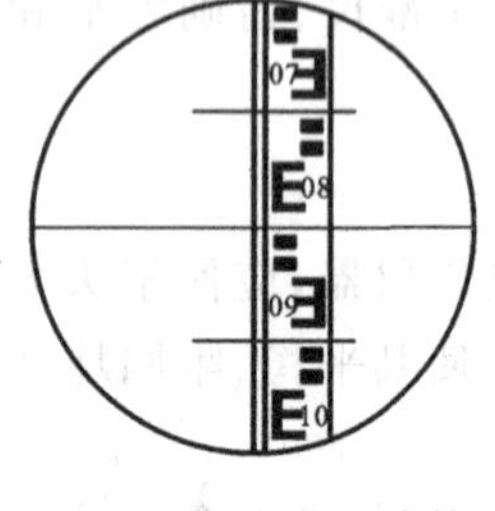

图 2.13　水准尺读数

5. 读数

仪器精平后，应立即读取十字丝的中丝在水准尺上的读数。读数时应先估读水准尺上毫米数字(小于一格的估值)，然后读出米、分米和厘米值，一般读出四位数。如图 2.13 所示，水准尺的中丝读数为 0.859 m，其中末位 9 是估读的毫米数，可读记为 0 859，单位为 mm。读数应迅速、准确。读数后应立即重新检查符合水准气泡是否仍居中，如仍居中，则读数有效；否则需重新使符合水准气泡居中后再读数。

2.1.2 任务实施

(一) 测量仪器及工具

DS_3 型水准仪一台，脚架一个，水准尺 1 把，记录本，铅笔。

(二) 实验步骤

(1) 在地面选定相距约 30 m 的 A、B 两点，并在 A、B 点上分别竖立水准尺。

(2) 安置水准仪于 A、B 两点间，并使仪器至两点间的距离大致相等。

(3) 瞄准 A 点上的水准尺，精平后读取后视读数 a，记入观测记录表中。

(4) 瞄准 B 点上的水准尺，精平后读取前视读数 b，记入观测记录表中。

(5) 根据水准测量原理，计算 A、B 两点间高差 $h_{AB}=a-b$，记入观测记录表中。

(三) 记录手簿

表 2.1　水准测量手簿

日期：______　地点：______　天气：______　仪器：______　观测者：______　记录者：______

测站	点号	水准尺读数/m		高差/m		高程/m	备注
		后视读数 a	前视读数 b	+	−		

2.1.3　任务小结

测量两点高差这项任务的完成，需要了解水准测量原理和水准仪的使用方法。水准仪是测量中常用的仪器之一，通过本任务训练，应初步学会仪器的使用和高差的测量方法。

任务实施中应注意以下问题：

(1) 水准仪应尽量架立在两测点的中间位置。

(2) 观测中应消除视差现象。

(3) 每次读数前应使水准管气泡居中后再读数，估读至毫米位。读数应迅速、果断、准确。

2.1.4　知识拓展

(一) 自动安平水准仪

使用由水准管气泡居中来实现视线水平的水准仪，每次读数前都要调节微倾螺旋，使符合气泡吻合，这样会影响水准测量的作业速度。此外，由于观测时间长，外界条件的变化，如温度、尺垫和仪器的下沉等，会影响测量成果的精度。人们在长期的工作实践中，根据光的折、反射定律和物体受重力作用的平稳原理，创造出一种新的安平部件——补偿器，来取代古老的水准器。这种补偿器安装在望远镜内，能使视准轴快速、准确、可靠、自动地处于水平位置。因此，现代各等级的水准仪，大多数采用自动安平补偿器。

1. 自动安平原理

如图 2.14 所示，当视准轴水平时，十字丝交点位于 Z_0 处，在尺上的读数为 a_0，当视准轴倾斜一个小角度 α 时，十字丝交点由 Z_0 转到 Z 处，其位移量 $ZZ_0=f\cdot\alpha$，在尺上的读数为 a，显然不是水准测量所需要的读数。为了在视准轴倾斜时，仍能读得视线水平时的读数，可在望远镜成像光路中安装一个光学补偿器，使水平视线经过补偿器偏转一个小角度后，恰好通过十字丝交点，从而达到了自动安平的目的。这时 $s\beta=ZZ_0$，因此，补偿器应满足的条件是：

$$f\alpha=s\beta \tag{2.6}$$

式中　f——物镜等效焦距；

s——补偿器到十字丝交点的距离。

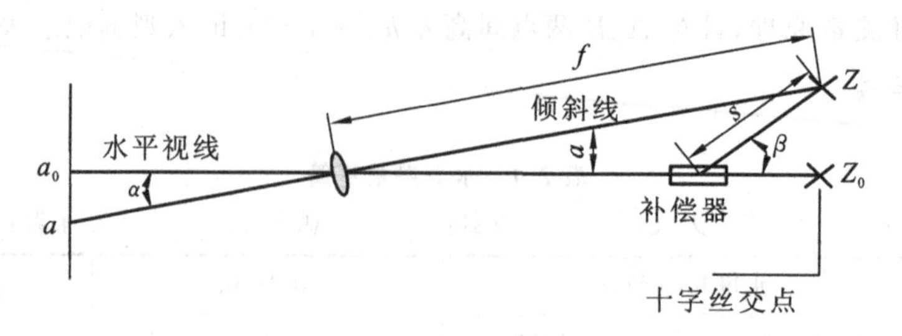

图 2.14　自动安平原理

2. 自动安平补偿器

自动安平补偿器分为吊丝式、簧片式、液体式等，其中以吊丝式精度较高且稳定。吊丝式补偿器是采用悬吊光学零件(如棱镜组)并借助于重力作用来实现自动安平补偿的。

图 2.15(a)所示的是我国生产的 DSZ_3 自动安平水准仪，采用的是吊丝式补偿器。补偿器安装在调焦透镜与十字丝分划板之间，其构造如图 2.15(b)所示。屋脊棱镜固定在补偿器支架上，支架通过紧固螺丝与望远镜镜筒相连；起补偿作用的两个直角棱镜，通过两对交叉金属丝悬吊在支架上，可在一定的范围内摆动。在其下方设有空气阻力器，作用是让摆动的补偿棱镜迅速地稳定下来。

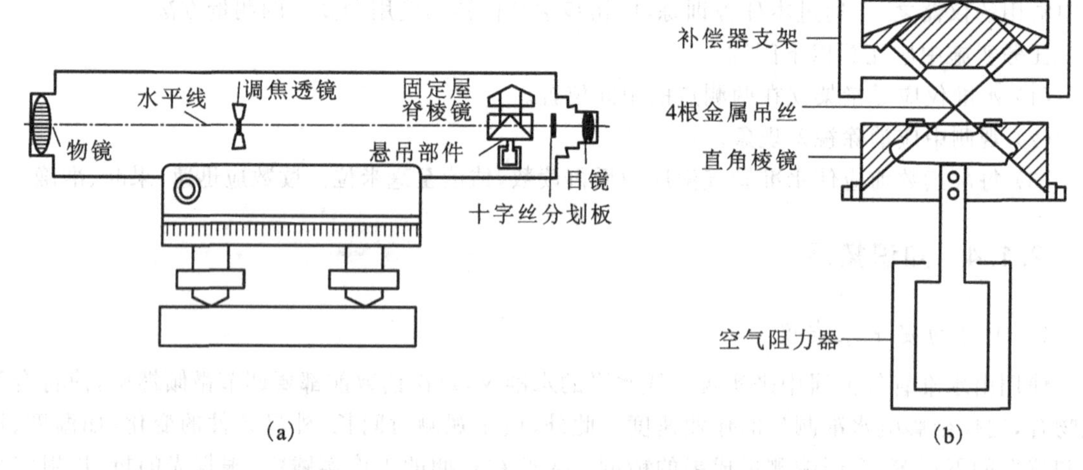

图 2.15　自动安平补偿器

如图 2.16 所示，当望远镜倾斜一个小角度 α 时，十字丝和屋脊棱镜随之倾斜。而悬吊的补偿棱镜在重力的作用下，与望远镜作相反的偏转，其偏转角为 β。根据光的全反射定律可知，在入射光线的方向不变时，若入射光线偏转 α 角，则反射光线偏转 2α 角。因此，水平视线经过第一个直角棱镜反射后，产生 2α 角的偏转。再经过屋脊棱镜的三次反射，使目标影像变为正像。最后经过第二个直角棱镜反射后，要使水平视线恰好通过十字丝的交点，则必须满足补偿器自动安平的条件。即将 $\beta=4\alpha$ 代入式(2.6)得

$$s=\frac{f}{4} \tag{2.7}$$

所以，自动安平水准仪的使用步骤为：安置仪器→粗略整平→瞄准水准尺→读数。

自动安平水准仪同样存在 i 角误差(又称为补偿器“零点误差”)，其检验方法与传统水准仪相同，校正方法有所不同。校正时，先将目镜前面的护盘旋下，通过拨动十字丝校正螺丝，使十字丝上下移动，从而达到视线水平的目的。

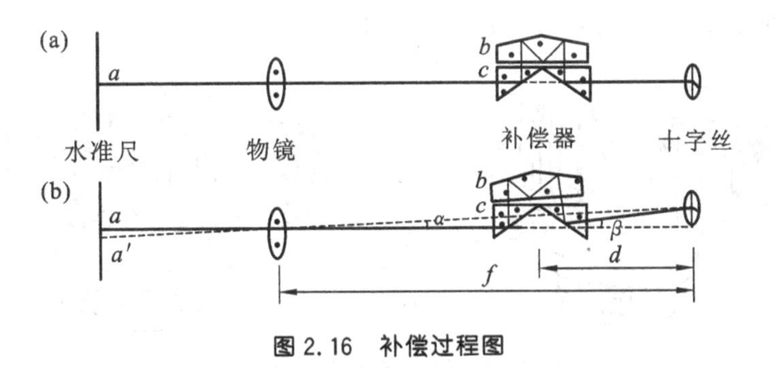

图 2.16　补偿过程图

（二）精密水准仪

精密水准仪主要用于国家一、二等水准测量和高精度的工程测量中，例如，建（构）筑物的沉降观测、大型桥梁工程的施工测量和大型精密设备安装的水平基准测量等。

1. 精密水准仪的特点

与 DS_3 型普通水准仪比较，精密水准仪的特点是：

（1）望远镜的放大倍数大，分辨率高，如规范要求 DS_1 不小于 38 倍，DS_{05}不小于 40 倍。

（2）管水准器分划值为 10″/2 mm，自动安平方式的水准仪的补偿器安平精度可达到 0.3″，安平精度高。

（3）望远镜的物镜有效孔径大，高度好。

（4）望远镜外表材料一般采用受温度影响小的因瓦合金钢，以减小环境温度变化的影响。

（5）采用平板玻璃测微器读数，可直接读取水准尺一个分格（1 cm 或 0.5 cm）的 1/100 单位（0.1 mm 或 0.05 mm），读数误差小。

（6）配备精密水准尺。

2. 精密水准尺（因瓦水准尺）

精密水准尺在木质尺身的凹槽内引张一根因瓦合金钢带，其中零点端固定在尺身上，另一端用弹簧以一定的拉力将其引张在尺身上，以使因瓦合金钢带不受尺身伸缩变形的影响。长度分划在因瓦合金钢带上，数字在木质尺身上，精密水准尺的分划值有 10 mm 和 5 mm 两种。如图 2.17 所示为徕卡公司生产的与新 N3 精密水准仪配套的精密水准尺，因为新 N3 的望远镜为正像望远镜，所以水准尺上的注记为正立的。水准尺全长约 3.2 m，在因瓦合金钢带上刻有两排分划，右边一排分划为基本分划，数字注记从 0 到 300 cm，左边一排分划为辅助分划，数字注记从 300 cm 到 600 cm。基本分划与辅助分划的零点相差一个常数 301.55 cm，称为基辅差或尺常数，水准测量作业时，用以检查读数是否存在粗差。

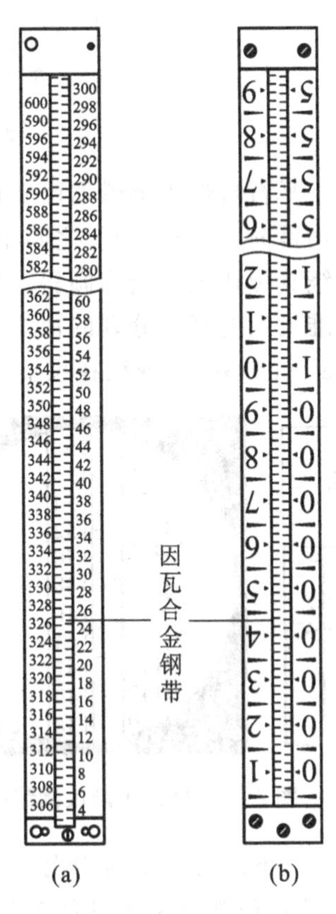

图 2.17　精密水准尺

3. 精密水准仪及其读数原理

如图 2.18 所示为新 N3 微倾式精密水准仪，其每千米往返测高差中数的中误差为±0.3 mm。为了提高读数精度，N3 精密水准仪上设有平行玻璃板测微器，其结构如图 2.19 所示。

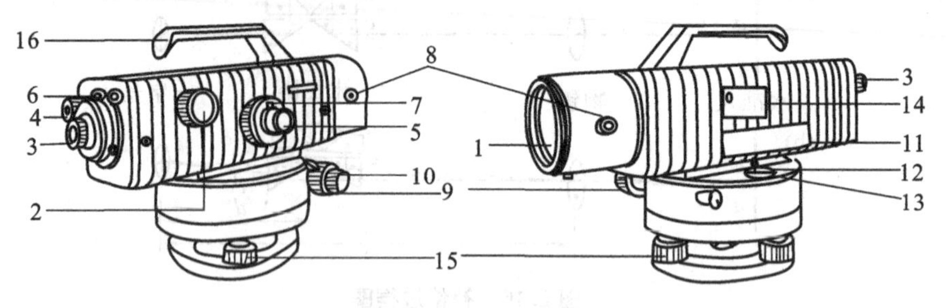

图 2.18　徕卡新 N3 精密水准仪

1—物镜；2—物镜调焦螺旋；3—目镜；4—测微与管水准气泡观察窗；5—微倾螺旋；6—微倾螺旋行程指示器；7—平行玻璃板测微螺旋；8—平行玻璃板旋转轴；9—制动螺旋；10—微动螺旋；11—管水准器照明窗口；12—圆水准器；13—圆水准器校正螺丝；14—圆水准器观察装置；15—脚螺旋；16—手柄

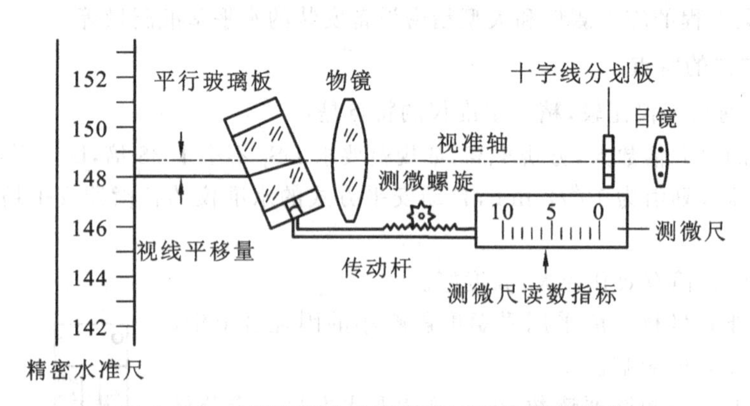

图 2.19　N3 精密水准仪的平行玻璃板测微器结构

平行玻璃板测微器由平行玻璃板、测微尺、传动杆和测微螺旋等构件组成。平行玻璃板安装在物镜前，它与测微尺之间用带有齿条的传动杆连接，当旋转测微螺旋时，传动杆带动平行玻璃板绕其旋转轴作俯仰倾斜。视线经过倾斜的平行玻璃板时，产生上下平行移动，可以使原来并不对准尺上的某一分划的视线能够精确对准某一分划，从而读到一个整分划读数，如图 2.19 中的 148 cm 分划，而视线在尺上的平行移动量则由测微尺记录下来，测微尺的读数通过光路成像在测微尺读数窗内。

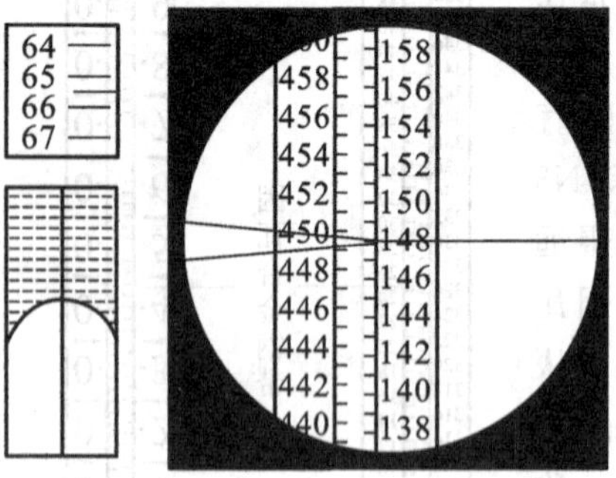

图 2.20　精密水准仪读数视场

旋转 N3 精密水准仪的平行玻璃板，可以产生的最大视线平移量为 10 mm，它对应测微尺上的 100 个分格，因此，测微尺上 1 个分格等于 0.1 mm，如在测微尺上估读到 0.1 分格，则可能估读到0.01 mm。将标尺上的读数加上测微尺上的读数，就等于标尺的实际读数。图 2.19 所示的读数为 148＋0.655＝148.655，即 1.486 55 m。

4. 精密水准仪的使用

精密水准仪的使用方法与一般水准仪基本相同，其操作同样分为 4 个步骤：粗略整平→瞄准标尺→精确整平→读数。不同之处是需用光学测微器测出不足一个分划的数值，即当仪器精确整平（旋转微倾螺旋，使目镜视场左边符合水准气泡的两个半像吻合）后，十字丝横丝往往不恰好对准水准尺上某一整分划线，此时需要转动测微螺旋使视线上、下平移，让十字丝的楔形丝正好夹住一条（仅能夹住一条)整分划线,然后读数。如图 2.20 所示为精密水准仪的读数视场。

2.1.5 任务延伸

已知 A 点高程(H_A=65.387 m),使用水准仪测量 A 点附近的 B 点的高程。

2.2 用水准仪进行一个闭合四边形水准路线测量 ……

2.2.1 知识准备

一、普通水准测量

(一) 水准点与水准路线

1. 水准点(BM)

水准点是由测绘部门,按国家规范埋设和测定的已知高程的固定点,作为在其附近进行水准测量时的高程依据,也叫作永久性水准点,如图 2.21 所示。由水准点组成的国家高程控制网,分为四个等级,一、二等是全国布设,三、四等是它的加密网。在施工测量中为控制场区高程,多在建筑物角上的固定处设置借用水准点或临时水准点作为施工高程的依据,如图 2.22(a)所示为工地永久性水准点,图 2.22(b)所示为临时性水准点。

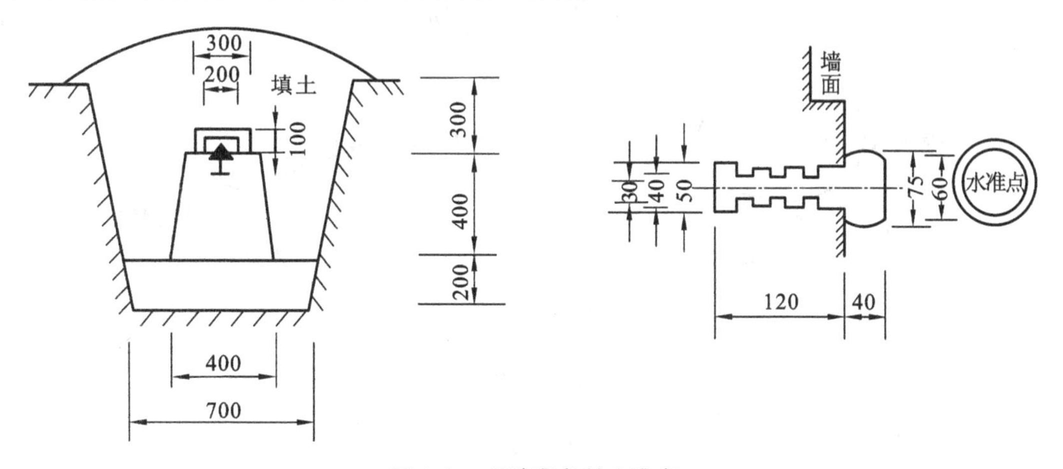

图 2.21 国家永久性水准点

水准点埋设完成后,为了便于日后寻找,应将其进行编号,一般编号前冠以"*BM*"字样以表示水准点,并应绘制出水准点与附近固定建筑物或其他明显地物的关系的点位草图(在图上应写明水准点的编号和高程,称为点之记。)作为水准测量的成果一并保存。

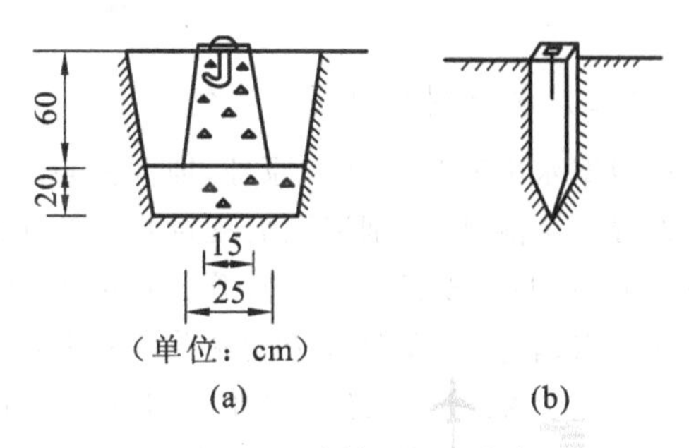

图 2.22 建筑工程水准点

2. 水准路线

水准路线指的是水准点之间进行水准测量时

所经过的路线。在水准测量中，为了避免观测、记录和计算中发生人为错误，并保证测量成果达到一定的精度要求，必须布设成某种形式的水准路线来检验所测成果的正确性。在普通水准测量中，水准路线有以下三种形式。

(1) 闭合水准路线。

如图 2.23(a)所示，由一已知高程点 *BMA* 出发，经过 1、2、3、4 等待定高程点进行水准测量，最后回到原已知高程点 *BMA* 的环形路线，称为闭合水准路线。

相邻两点称为一个测段。各测段高差的代数和应等于零，即理论值为零。但测量过程中，不可避免地存在误差，使得实测高差之和往往不为零，从而产生高差闭合差。所谓闭合差就是观测值与理论值(或已知值)之差，常用符号 f_h 表示。因此，闭合水准路线的高差闭合差为

$$f_h = \sum h_{测} - \sum h_{理} = \sum h_{测} \tag{2.8}$$

(2) 附合水准路线。

如图 2.23(b)所示，由一已知高程点 *BMA* 出发，经过 1、2、3 等待定高程点进行水准测量，最后附合到另一已知高程点 *BMB* 的路线，称为附合水准路线。各测段高差的代数和应等于两个已知点之间的高差(已知值)。则附合水准路线的高差闭合差为

$$f_h = \sum h_{测} - \sum h_{已知} = \sum h_{测} - (H_{终} - H_{始}) \tag{2.9}$$

(3) 支水准路线。

如图 2.23(c)所示，由一已知高程点 *BMA* 出发，经过 1、2 等待定高程点进行水准测量，称为支水准路线。支水准路线必须进行往返测量，往测高差总和与返测高差总和应大小相等，符号相反。则支水准路线的高差闭合差为

$$f_h = \sum h_{往} + \sum h_{返} \tag{2.10}$$

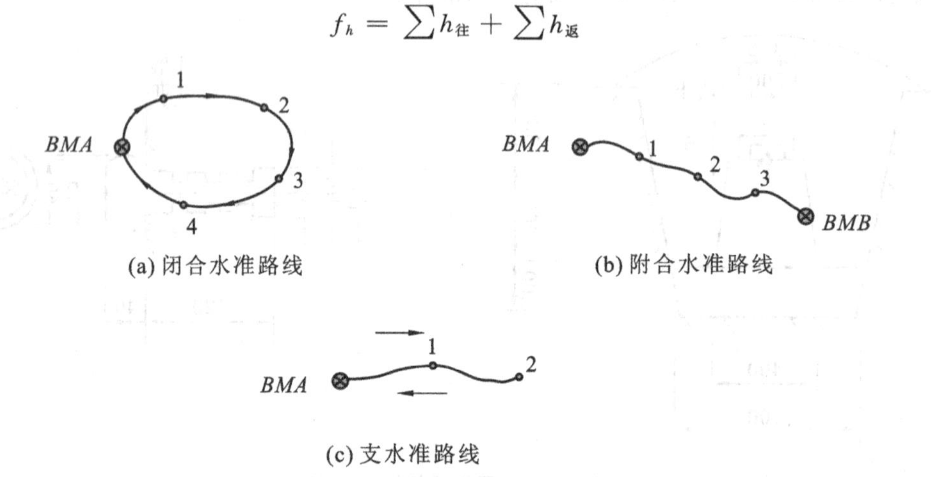

图 2.23　水准测量路线略图

(二) 水准测量外业

根据水准测量的基本原理，地面两点之间的高差，可以通过在两点上竖立水准尺，在两点之间设置一个测站，分别读取后视读数和前视读数后求得读数差获得。实际上，两点间的高差由于距离远、高差大或者存在障碍等各种因素的影响，设置一个测站一般不能测定，需要增加若干临时立尺点(转点)，设置多个测站分段观测高差后求和得到。

如图 2.24 所示，已知水准点 *BMA* 高程 H_A=27.354 m，欲测定距水准点 *BMA* 较远的点 *B* 的高程，按普通水准测量方法，由 *BMA* 点出发共需设五个测站，连续安置水准仪测出各站两点之

间的高差，观测步骤如下：依据前进方向，先在 BMA、TP_1 两点间设置测站Ⅰ，分别观测后视读数为 1 467，前视读数为 1 124，记录者将观测数据记录在表 2.2 相应水准尺读数的后视与前视栏中，并计算该站高差为+0.343 m。之后将水准仪搬站至 TP_1、TP_2 之间设置测站Ⅱ，并将测站Ⅰ中立在 BMA 点的后视尺搬至 TP_2 点成为测站Ⅱ的前视尺，而测站Ⅰ中立在 TP_1 的前视尺原地不动，成为测站Ⅱ的后视尺，再按测站Ⅰ上的观测步骤与方法，进行测站Ⅱ的观测。重复这一过程，进行各测站的观测。具体的记录与计算参照表 2.2 水准测量记录手簿。

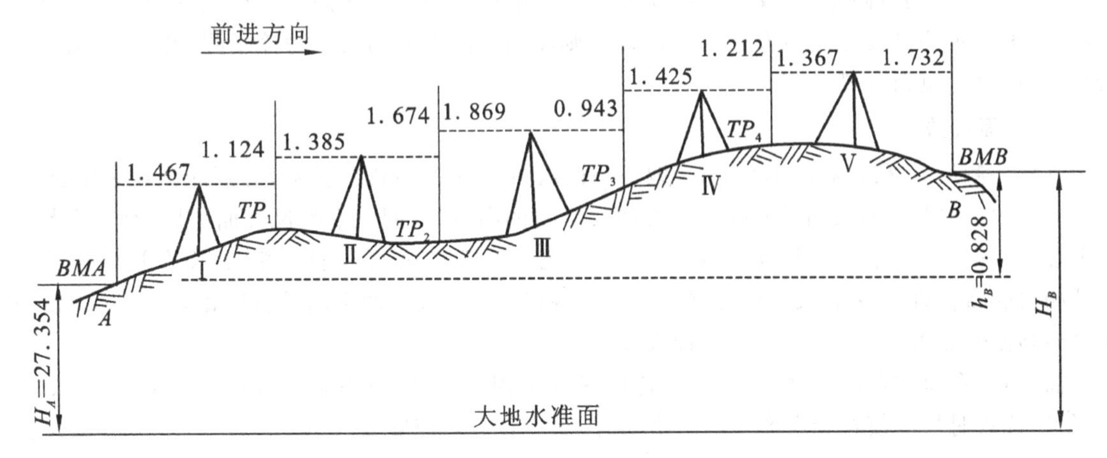

图 2.24　水准测量施测（单位：m）

表 2.2　水准测量记录手簿

日期：2014.4.12　地点：校园　天气：晴　仪器：DS_3　观测者：王××　记录者：陈××

测站	点号	水准尺读数/m		高差/m		高程/m	备注
		后视读数 a	前视读数 b	+	−		
Ⅰ	BMA	1.467		0.343		27.354	已知
	TP_1		1.124			27.697	
Ⅱ	TP_1	1.385			0.289		
	TP_2		1.674			27.408	
Ⅲ	TP_2	1.869		0.926			
	TP_3		0.943			28.334	
Ⅳ	TP_3	1.425		0.213			
	TP_4		1.212			28.547	
Ⅴ	TP_4	1.367			0.365		
	BMB		1.732			28.182	
计算检核	$\sum$	7.513	6.685	1.482	0.654		
	$\sum a-\sum b=+0.828$ m			$\sum h=+0.828$ m			

表2.2中的计算校核中，$\sum a-\sum b=\sum h$ 可作为计算中的校核，可以检查计算是否正确，但不能检核读数和记录是否有错误。在进行连续水准测量时，若其中任何一个后视或前视读数有错误，都会影响高差的正确性。对于每一测站而言，为了校核每次水准尺读数有无差错，可采用改变仪器高的方法或双面尺法进行检核。

1. 改变仪器高法

在每一测站测得高差后，改变仪器高度在0.1 m以上再测一次高差；或者用两台水准仪同时观测，当两次观测高度之差不大于±5 mm时，则取两次高差平均值作为该站测得的高差值。否则需要检查原因，重新观测。

2. 双面尺法

在每一测站上，仪器高度不改变，读取每一根双面尺的黑、红面的读数，分别计算双面尺的黑面与红面读数之差及黑面尺测得的高差与红面尺测得的高差。若同一水准尺红面与黑面（加常数后）之差在±3 mm以内，且黑面尺高差与红面尺高差之差不超过±5 mm，则取黑、红面高差平均值作为该站测得的高差值。当两根尺子的红、黑面零点差相差0.1 m时，两个高差也应相差0.1 m，此时应在红面高差中加或减0.1 m后再与黑面高差相比较。

需注意，在每站观测时，就应尽力保持前后视距相等。视距可由上下丝读数之差乘以100求得。每次读数时均应使符合水准气泡严密吻合，每个转点均应安放尺垫。

二、水准测量内业计算

水准测量中观测的大量数据，哪怕仅有一个测站的读数中有一个数据有错误，则该测站高差就是错误的，由此相关测段高差以及整个水准路线的高差都是错误的。为了保证水准测量成果的正确性，同时也提高水准测量成果的精度，首先必须确保每个测站的高差是正确的，则需要进行测站检核。大量的数据计算，容易出现计算错误，需要进行计算检核。

（一）计算检核

计算检核主要检查观测手簿的现场计算是否存在错误，通常以记录页为基础进行，即每页分别检核。先将每页的各列数据（如后、前视读数，高差，平均高差）分别求和，并填入每页最下的 $\sum$ 行，然后进行下列内容检核。

$$\sum a-\sum b=\sum h \tag{2.11}$$

$$\frac{1}{2}\sum h=\sum h_{平均} \tag{2.12}$$

利用式(2.12)进行检核时，等式两边的数据可能存在由于计算平均高差时奇进偶不进而引起的毫米位的微小差别。

（二）成果检核

通过对外业原始记录、测站检核和高差计算数据的严格检查，并经水准路线的检核，外业测量成果已满足了有关规范的精度要求，但高差闭合差仍存在，所以在计算各待求点高程时必须先按一定的原则把高差闭合差分配到各实测高差中去，确保经改正后的高差严格满足检核条件，最后用改正后的高差值计算各待求点高程。

高差闭合差的容许值视水准测量的精度要求而定。对于图根水准测量，对高差闭合差的容许值 $f_{h容}$（单位为mm）的规定为山地：
$$f_{h容}=\pm 12\sqrt{n}$$
平地：
$$f_{h容}=\pm 40\sqrt{L} \tag{2.13}$$
式中　L—— 水准路线的长度，km；

　　n—— 测站数。

国家四等水准测量的高差闭合差的容许值为

山地：
$$f_{h容}=\pm 6\sqrt{n}$$
平地：
$$f_{h容}=\pm 12\sqrt{L} \tag{2.14}$$

1. 闭合水准路线成果计算

当计算出的高差闭合差在容许范围内时，可进行高差闭合差的分配。分配原则是：对于闭合或附合水准路线，按与路线长度 L 或路线测站数 n 成正比的原则，将高差闭合差反其符号进行分配。计算公式表示为

$$v_{h_i}=-\frac{f_h}{\sum L}\times L_i \tag{2.15}$$

$$v_{h_i}=-\frac{f_h}{\sum n}\times n_i \tag{2.16}$$

式中　$\sum L$—— 水准路线总长度，L_i 表示第 i 测段的路线长；

　　$\sum n$—— 水准路线总测站数，n_i 表示第 i 测段路线测站数；

　　v_{h_i}—— 分配给第 i 测段观测高差 h_i 上的改正数；

　　f_h—— 水准路线高差闭合差。

高差改正数的计算校核式为 $\sum v_{h_i}=-f_h$，若满足则说明计算无误。

最后计算改正后的高差 $\hat{h}_i$，它等于第 i 测段观测高差 h_i 加上其相应的高差改正数 v_{h_i}，即

$$\hat{h}_i=h_i+v_{h_i} \tag{2.17}$$

【例 2.1】　图 2.25 是成果计算略图，图中观测数据是根据水准测量手簿整理而得，已知水准点 $BM1$ 的高程为 26.262 m，1 ～ 4 点为待测水准点，列表 2.3 进行水准测量成果计算。

(1) 填写已知数据和观测数据。按计算路线依次将点名、测站数、实测高差和已知高程填入计算表中。

(2) 计算高差闭合差及其容许值，按式(2.8)、(2.13) 计算得

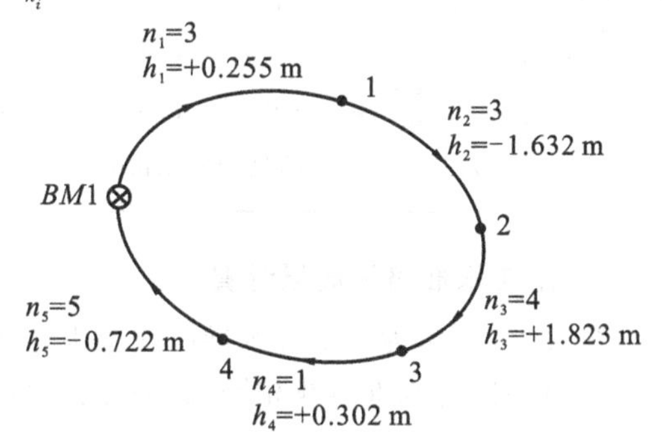

图 2.25　闭合水准路线成果计算略图

$$f_h=\sum h_{测}-\sum h_{理}=\sum h_{测}=+0.026\ \text{m}=+26\ \text{mm}$$

$f_{h容}=\pm 12\sqrt{n}=\pm 12\sqrt{16}=\pm 48$ mm，$|f_h|<|f_{h容}|$ 满足规范要求，则可进行下一步计算，若超限，则需检查原因，甚至重测。

(3) 高差闭合差调整。高差闭合差的调整是按与路线长度或测站数成正比且反符号计算各测段的高差改正数，然后计算各测段的改正后高差。例如第一测段的高差改正数为

$$v_{h_1} = -\frac{f_h}{\sum n} \times n_i = -\frac{+26}{16} \times 3 \approx -5 \text{ mm}$$

其余测段的高差改正数按式(2.16)计算，并将其填入表中。然后将各段改正数求和，其总和应与闭合差大小相等，符号相反。各测段实测高差加改正数即可得到改正后高差，改正后高差的代数和应等于零。

(4) 计算各点高程。从已知点 $BM1$ 高程开始，依次加各测段的改正后高差，即可得各待测点高程。最后推算出已知点的高程，若与已知点高程相等，则说明计算正确，计算完毕。

表 2.3　闭合水准路线成果计算表

点号	测站数	实测高差 /m	改正数 /mm	改正后高差 /m	高程 /m	备注
*BM*1					26.262	已知点
	3	+0.255	−5	+0.250		
1					26.512	
	3	−1.632	−5	−1.637		
2					24.875	
	4	+1.823	−6	+1.817		
3					26.692	
	1	+0.302	−2	+0.300		
4					26.992	
	5	−0.722	−8	−0.730		
*BM*1					26.262	
$\sum$	16	+0.026	−26	0		
计算检核	$f_h = \sum h_{测} = +0.026 \text{ m} = +26 \text{ mm}, f_{h容} = \pm 12 \times \sqrt{16} = \pm 48 \text{ mm}$ $\lvert f_h \rvert < \lvert f_{h容} \rvert$ 满足图根水准测量精度要求					

2. 附合水准路线成果计算

图 2.26 所示为一附合水准路线成果计算略图，其计算步骤、闭合差的容许值及调整、各点的高程计算与闭合水准路线相同。成果计算表如表 2.4 所示。

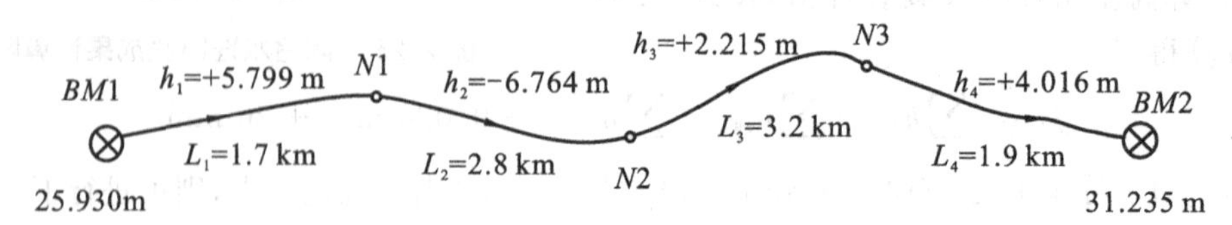

图 2.26　附合水准路线成果计算略图

表 2.4　附合水准路线成果计算表

点号	路线长度 /km	实测高差 /m	改正数 /mm	改正后高差 /m	高程 /m	备注
*BM*1					25.930	已知点
	1.7	+5.799	+7	+5.806		
*N*1					31.736	
	2.8	−6.764	+11	−6.753		
*N*2					24.938	
	3.2	+2.215	+13	+2.228		
*N*3					27.211	
	1.9	+4.016	+8	+4.024		
*BM*2					31.235	
$\sum$	9.6	+5.266	+39			
计算检核	$f_h=\sum h_{测}-(H_{终}-H_{始})=[+5.266-(31.235-25.930)]$ mm $=-39$ mm $f_{h容}=\pm 40\sqrt{L}=\pm 40\times\sqrt{9.6}$ mm $=\pm 124$ mm $\lvert f_h\rvert<\lvert f_{h容}\rvert$ 满足图根水准测量的精度要求					

2.2.2　任务实施

（一）测量仪器及工具

水准仪一台，脚架一个，水准尺 1 对，尺垫 2 个，记录本，铅笔。

（二）实验步骤

1. 选取待测高程点、测站点和转点

每组先选定一已知高程点 *BMA*，再根据场地具体情况，在地面选择一条至少能设置四个测站的闭合水准路线，在路线中间位置选取一个坚固点 *B* 作为待测高程点。当所测两高程点间的间距较远时，还需选取转点。

2. 第一站观测

(1) 在已知点 *BMA* 与转点 *TP*1 之间选取测站点，安置仪器并粗平。

(2) 瞄准后视尺（本站为 *BMA* 点上的水准尺），精平后读取中丝读数（即后视读数），记入观测手簿（见表 2.5）。

(3) 瞄准前视尺（本站为 *TP*1 点上的水准尺），精平后读取中丝读数（即前视读数），记入观测手簿。

(4) 可采用改变仪器高法(升高或降低仪器 10 cm 以上),重新安置仪器并重复第(2) 和(3)步的工作。

(5) 计算测站高差,若两次测得高差之差小于 ±5 mm,取其平均值作为本站高差并记入观测手簿。

3. 后续观测

将仪器搬至 *TP*1 点和 *B* 点之间进行第二站观测,方法同上;同法连续设站观测,最后测回到 *BMA* 点。

4. 计算检验

$$\sum 高差 = \sum 后视读数 - \sum 前视读数 = 2\sum 平均高差$$

5. 高差闭合差的计算与调整

6. 计算待测点高程

闭合水准路线成果计算表如表 2.6 所示,根据已知点 *BMA* 高程和改正后的高差计算待测点 *B* 的高程,*BMA* 点的计算高程应与已知高程相等,以兹校核。

(三) 记录手簿

表 2.5 水准测量记录手簿

日期:______ 地点:______ 天气:______ 仪器:______ 观测者:______ 记录者:______

测站	点号	水准尺读数 /m		高差 /m		高程 /m	备注
		后视读数 *a*	前视读数 *b*	+	−		
$\sum$							
计算检核							

表 2.6　闭合水准路线成果计算表

点号	测站数	实测高差 /m	改正数 /mm	改正后高差 /m	高程 /m	备注
$\sum$						
计算检核						

2.2.3　任务小结

通过本任务，可以继续熟悉水准仪的操作过程，学会普通水准测量的方法，学会记录和内业计算。

任务实施中要注意：

(1) 在进行测量工作之前，应对水准仪、水准尺进行检验，符合要求方可使用。

(2) 读数前应检查是否存在视差，读数要估读到毫米。

(3) 每次读数前后均应检查管水准器气泡是否居中。

(4) 视线距离以不超过 75 m 为宜，要求前后视距离应大致相等，水准尺上的读数位置离地面应大于 0.3 m。

(5) 读数时，记录员要复述，以便核对；记录要整齐、清楚；若记录有误不准擦去或涂改，应划掉重写。

(6) 立尺员要认真地将水准尺扶直。

(7) 为避免仪器和尺垫下沉对测量结果产生影响，应选择坚固稳定的地方作为转点，使用尺垫时要用力踏实，在观测过程中应保护好转点位置，精度要求高时也可采用往返观测取平均值的方法来减少误差的影响。

(8) 搬站时要注意保护仪器安全。

2.2.4 知识拓展

(一) 水准测量误差分析及其消除或减小的方法

水准测量的误差主要来源于仪器误差、观测误差和外界条件的影响。

1. 仪器误差

(1) 仪器校正后的残余误差。

水准仪经过校正后，不可能绝对满足水准管轴平行于视准轴的条件，因此读数会产生误差。此项误差与仪器至立尺点间的距离成正比。在测量中，使前、后视距相等，在高差计算中就可消除该项误差的影响。

(2) 水准尺误差。

该项误差包括水准尺长度变化、水准尺刻画误差和零点误差等。此项误差主要会影响水准测量的精度，因此，不同精度等级的水准测量对水准尺有不同的要求。精密水准测量应对水准尺进行检定，并对读数进行尺长误差改正。零点误差在成对使用水准尺时，可采取设置偶数测站的方法来消除；也可在前、后视中使用同一根水准尺来消除。

2. 观测误差

(1) 水准管气泡居中误差。

水准管气泡居中误差是指由于水准管内液体与管壁的黏滞作用和观测者眼睛分辨能力的限制致使气泡没有严格居中引起的误差。水准管气泡居中误差的大小一般为 $\pm 0.15\tau$（τ 为水准管分划值），采用符合水准器时，气泡居中精度可提高一倍。故由气泡居中误差引起的读数误差为

$$m_\tau = \frac{0.15\tau}{2\rho}D \tag{2.18}$$

式中　D—— 视线长。

(2) 读数误差。

读数误差是观测者在水准尺上估读毫米数的误差，与人眼分辨能力、望远镜放大率以及视线长度有关。通常按下式计算

$$m_v = \frac{60''}{V} \times \frac{D}{\rho} \tag{2.19}$$

式中　V—— 望远镜放大率；

　　$60''$—— 人眼能分辨的最小角度。

(3) 视差影响。

视差对水准尺读数会产生较大影响。操作中应仔细调焦，以消除视差。

(4) 水准尺倾斜误差。

水准尺倾斜会使读数增大，其误差大小与尺倾斜的角度和在尺上的读数大小有关。例如，尺子倾斜3°，视线在尺上读数为2.0 m时，会产生约3 mm的读数误差。因此，测量过程中，要认真扶尺，尽可能保持尺上水准气泡居中，将水准尺立直。

3. 外界条件影响

(1) 仪器下沉。

仪器若安置在土质松软的地方，在观测过程中会产生下沉。若观测程序是先读后视再读前视，显然前视读数比应读数小。用双面尺法进行测站检核时，采用“后 — 前 — 前 — 后”的观测程序，可减小其影响。此外，应选择坚实的地面作测站，并将脚架踏实。

(2) 尺垫下沉。

仪器搬站时，尺垫下沉会使后视读数比应读数大。所以转点也应选在坚实地面并将尺垫踏实。

(3) 地球曲率。

如图 2.27 所示，水准测量时，水平视线在尺上的读数 b，理论上应改算为相应水准面截于水准尺的读数 b'，两者的差值 c 称为地球曲率差。

$$c = \frac{D^2}{2R} \tag{2.20}$$

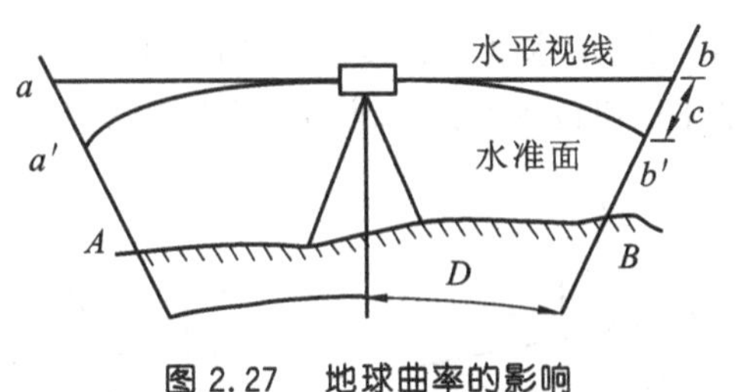

图 2.27 地球曲率的影响

式中 D—— 视线长；

R—— 地球半径，取 6 371 km。

水准测量中，当前、后视距相等时，通过高差计算可消除该误差对高差的影响。

(4) 大气折光。

由于地面上空气密度不均匀，使光线发生折射。因而水准测量中，实际的尺读数不是水平视线的读数，而是一弯曲视线的读数。两者之差称为大气折光差，用 γ 表示。在稳定的气象条件下，大气折光差约为地球曲率差的 1/7，即

$$\gamma = \frac{1}{7}c = 0.07\frac{D^2}{R} \tag{2.21}$$

这项误差对高差的影响，也可采用前、后视距相等的方法来消除。精密水准测量还应选择良好的观测时间，并控制视线高出地面一定距离，以避免视线发生不规则折射而引起误差。

地球曲率差和大气折光差是同时存在的，两者对读数的共同影响可用下式计算：

$$f = c - \gamma = 0.43\frac{D^2}{R} \tag{2.22}$$

(5) 温度变化。

温度的变化会引起大气折光变化，使得水准尺影像在望远镜内十字丝面内上、下跳动则难以读数。烈日直晒仪器会影响水准管气泡居中，造成测量误差。因此水准测量时，应选择有利的观测时间，并撑伞保护仪器。

(二) 微倾式水准仪的检验与校正

微倾式水准仪的轴线之间应满足三项几何条件，这些条件在仪器出厂时经检验、校正已经得到满足。但由于仪器长期使用以及在搬运过程中可能出现的振动和碰撞等原因，使各轴线之间的关系发生变化，若不及时检验校正，将会影响测量成果的质量。所以，在进行正式水准测量工作之前，应首先对水准仪进行严格的检验和认真的校正。

1. 对圆水准器轴平行于仪器竖轴的检验和校正

(1) 检验。

检验目的是使圆水准器轴 $L'L'$ 平行于仪器竖轴 VV。

安置仪器后，转动脚螺旋使圆水准器气泡严格居中，此时圆水准器轴 $L'L'$ 处于竖直位置。如图 2.28(a) 所示，若仪器竖轴 VV 与 $L'L'$ 不平行，且交角为 α，则竖轴与铅直位置偏差 α 角。将仪器绕竖轴 VV 旋转 180°，如图 2.28(b) 所示，此时位于竖轴右边的圆水准器轴 $L'L'$ 不但不竖直，而且与铅垂线的夹角为 2α，此时显然气泡不居中，说明仪器不满足 $L'L' \parallel VV$ 的几何条件，需要校正。

(2) 校正。

首先稍松圆水准器底部中央的固定螺钉，再拨动圆水准器的校正螺钉，使气泡返回偏离量的一半，如图 2.28(c) 所示，此时，圆水准器轴与竖轴成 α 角，然后再转动脚螺旋使气泡居中。竖轴 VV 就与圆水准器轴 $L'L'$ 同时处于竖直位置，如图 2.28(d) 所示。校正工作一般需反复进行至仪器在任何位置时圆水准器气泡均居中为止，最后应注意旋紧固定螺钉。

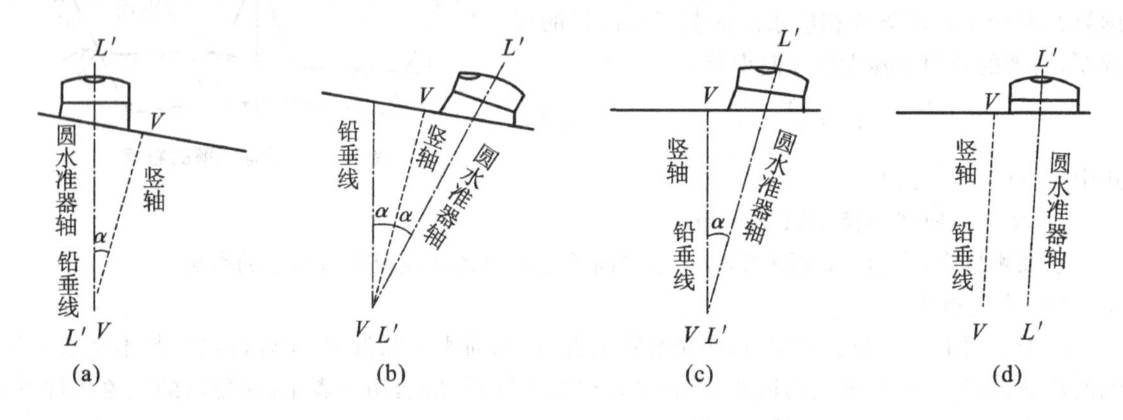

图 2.28　圆水准器轴的检校方法

2. 对十字丝横丝垂直于竖轴的检验和校正

(1) 检验。

检验目的是保证十字丝横丝垂直于仪器竖轴 VV。

首先安置好仪器，用十字丝横丝对准一个明显的点状目标 P，如图 2.29(a) 所示。然后固定制动螺旋，转动水平微动螺旋。如果目标点 P 沿横丝移动，如图 2.29(b) 所示，则说明横丝垂直于竖轴 VV，不需要校正。否则，如图 2.29(c)、2.29(d) 所示，则需要校正。

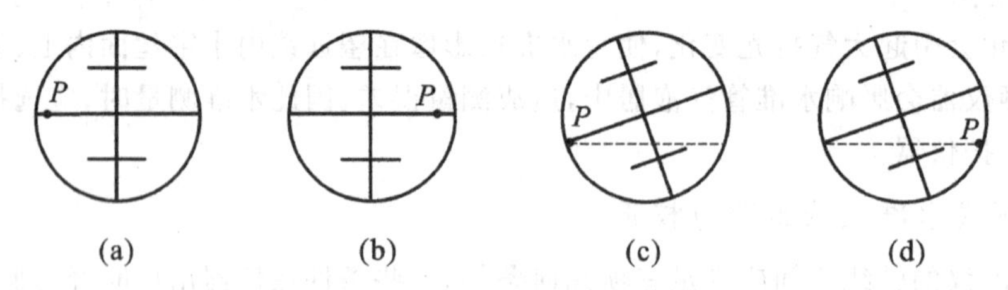

图 2.29　十字丝横丝检验方法

(2) 校正。

由于十字丝装置的形式不同，校正方法也有所不同，多数仪器可直接旋下十字丝分划板护罩，用螺丝刀松开十字丝分划板的固定螺丝，微略转动十字丝分划板，使转动水平微动螺旋时横丝不离开目标点。如此反复检校，直至满足要求，最后将固定螺丝旋紧，并旋上护罩。

3. 对水准管轴平行于视准轴的检验和校正

(1) 检验。

检验目的是保证望远镜视准轴 CC 平行于水准管轴 LL。

检验场地如图 2.30 所示，在 C 处安置水准仪，从仪器向两侧各量约 40 m(即 $S_1=S_2\approx 40$ m)，定出等距离的 A、B 两点，打木桩或放置尺垫标识之。

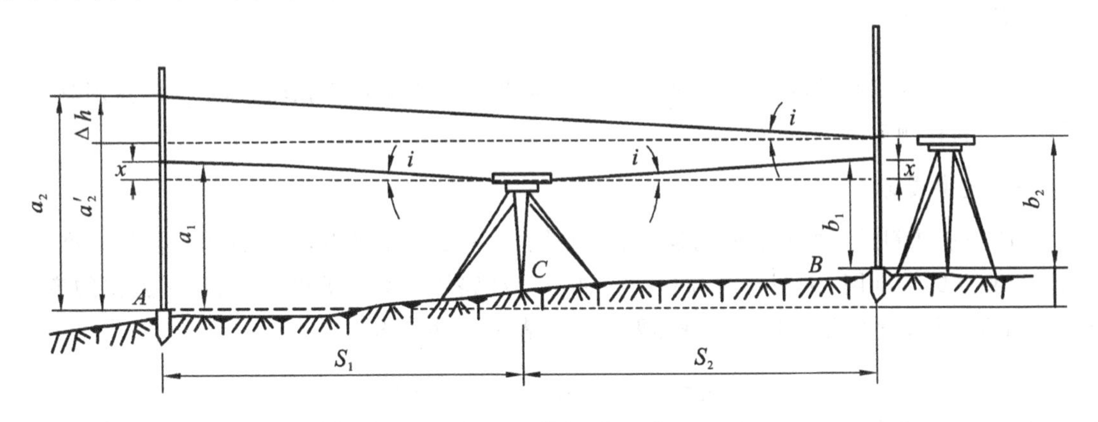

图 2.30 水准仪 i 角的检验方法

在 C 处精确测定 A、B 两点的高差 h_{AB}。需进行测站检核，若两次测出的高差之差不超过 3 mm，则取其平均值作为最后结果。由于距离相等，两轴不平行的误差 x 可在高差计算中消除，故所得高差值不受视准轴误差的影响。

安置仪器于 B 处附近(距 B 处约 3 m 左右)，精平后读取 B 点的尺上读数 b_2，因仪器离 B 点很近，两轴不平行引起的读数误差可忽略不计。故根据 b_2 和 A、B 两点的正确高差 h_{AB}，算出 A 点尺上应有的读数为 $a'_2=b_2+h_{AB}$，然后，瞄准 A 点水准尺，读出水平视线读数 a_2，如果 a'_2 与 a_2 相等，则说明水准管轴平行于视准轴；否则存在 i 角，其值为

$$i=\frac{\Delta h}{D_{AB}}\rho \tag{2.23}$$

式中 $\Delta h=a_2-a'_2$；$\rho=206\ 265''$。

(2) 校正。

转动微倾螺旋使横丝对准 A 点尺上正确读数 a'_2，此时视准轴处于水平位置，但管水准器气泡必偏离中心。可用校正针拨动管水准器一端的左右两颗校正螺钉，再拨动上、下两个校正螺钉，使符合气泡的两个半像吻合为止。校正完毕再旋紧四颗螺钉。此项工作要重复进行几次，直至 i 角误差小于 20″ 为止。

2.2.5 任务延伸

用水准仪测量一附合水准路线。

2.3 用四等水准测量的方法从800 m外引测高程点

2.3.1 知识准备

小区域高程控制测量可采用三、四等水准测量的方法。若地面起伏较大，水准测量困难时，还可采用三角高程测量。

（一）技术要求

三、四等水准测量起算起点的高程一般引自国家一、二等水准点，若测区没有国家水准点，也可以建立独立的水准网，采用相对高程。三、四等水准路线一般沿坡度较小、便于施测的道路布设。三、四等水准测量的技术指标及观测要求参见表2.7、表2.8。

表2.7 三、四等水准测量的技术指标

等级	水准仪型号	视距长度/m	前后视距差/m	前后视距累积差/m	黑面、红面读数之差/mm	黑面、红面所测高差之差/mm	视线离地面最低高度/m
三	DS_1	100	3	6	1.0	1.5	0.3
	DS_3	75			2.0	3.0	
四	DS_3	100	5	10	3.0	5.0	0.2

表2.8 三、四等水准测量的观测要求

等级	水准仪型号	水准尺	线路长度/km	观测次数		每千米高差中误差/mm	往返较差、附合或环线闭合差	
				与已知点连测	附合或环线		平地/mm	山地/mm
三	DS_1	因瓦	≤50	往返各一次	往一次	6	$12\sqrt{L}$	$4\sqrt{n}$
	DS_3	双面						
四	DS_3	双面	≤16	往返各一次	往返各一次	10	$20\sqrt{L}$	$6\sqrt{n}$

注：L为往返测段、附合或环线的水准路线长度(km)；n为测站数。

（二）三、四等水准测量的施测方法

三、四等水准测量的施测方法依据使用的水准仪型号及水准尺类型而有所不同。以下是双面尺法在一个测站上的观测步骤：

(1) 后视黑面尺，精平，读取上、下、中丝读数(1)、(2)、(3) 并记入观测手簿。

(2) 前视黑面尺，精平，读取上、下、中丝读数(4)、(5)、(6) 并记入观测手簿。

(3) 前视红面尺，精平，读取中丝读数(7) 并记入观测手簿；

(4) 后视红面尺，精平，读取中丝读数(8) 并记入观测手簿。

这种观测顺序简称“后 — 前 — 前 — 后”(也称黑、黑、红、红)，四等水准测量也可采用“后 — 后 — 前 — 前”(即黑、红、黑、红) 的顺序。一个测站全部记录、计算与校核完成并合格后方可搬站，否则必须重测。

(三) 计算与校核部分

1. 视距计算

视距等于上丝读数与下丝读数之差乘以 100，即

后视视距：(9) = [(1) − (2)] × 100。

前视视距：(10) = [(4) − (5)] × 100。

视距差等于后视视距与前视视距之差，即(11) = (9) − (10)。

视距差累积为各测站视距差的代数和，即(12) = 上站(12) + 本站(11)。

2. 水准尺读数检核

同一水准尺的红、黑面中丝读数之差应等于红、黑面零点差 K(即 4.687 m或 4.787 m)。检核算式为：

黑、红面分划读数差(13) = (6) + $K_{前}$ − (7)；(14) = (3) + $K_{后}$ − (8)。

其中(13)、(14) 对于三等水准测量不得大于 2 mm，对于四等水准测量不得大于 3 mm。

3. 高差计算与校核

黑面高差：(15) = (3) − (6)。

红面高差：(16) = (8) − (7)。

黑、红面高差之差：(17) = (15) − [(16) ± 0.1 m]。

其中(17) 对于三等水准测量不得超过 3 mm，对于四等水准测量不得大于 5 mm。

计算校核：(17) = (14) − (13)。

测站平均高差：(18) = $\frac{1}{2}$ × (15) + [(16) ± 0.1 m]。

4. 每页测量记录的计算检核

为了检核计算的正确性，需要对每页记录进行以下计算检核。

视距部分：$\sum$(9) − $\sum$(10) = 本页末站(12)− 前页末站(12)。

高差部分：$\sum$(15) = $\sum$(3) − $\sum$(6)；$\sum$(16) = $\sum$(8) − $\sum$(7)。

测站数为偶数：$\sum$(18) = $\frac{1}{2}$ × [$\sum$(15) + $\sum$(16)]。

测站数为奇数：$\sum$(18) = $\frac{1}{2}$ × [$\sum$(15) + $\sum$(16) ± 0.1]。

三、四等水准测量的观测成果的计算与前面介绍的等外水准测量的方法相同。表 2.9 所示为某次观测结果记录举例。

表 2.9　四等水准测量手簿(双面尺法)

日期:______　天气:______　仪器:______　观测者:______　记录者:______

测站编号	点号	后尺 上丝 后尺 下丝 后视距 视距差	前尺 上丝 前尺 下丝 前视距 $\sum d$	方向及尺号	水准尺读数 黑面	水准尺读数 红面	K+黑-红 /mm	平均高差 /m	备注
		(1) (2) (9) (11)	(4) (5) (10) (12)	后 前 后-前	(3) (6) (15)	(8) (7) (16)	(14) (13) (17)	(18)	
1	$BM1$-$TP1$	2.026 1.623 40.3 -1.5	2.217 1.799 41.8 -1.5	后 105 前 106 后-前	1.824 2.009 -0.185	6.512 6.798 -0.286	-1 -2 +1	-0.185 5	
2	$TP1$-$TP2$	1.806 1.260 54.6 +1.0	1.900 1.364 53.6 -0.5	后 106 前 105 后-前	1.533 1.632 -0.099	6.321 6.317 +0.004	-1 +2 -3	-0.097 5	
3	$TP2$-$TP3$	1.965 1.700 26.5 -0.2	2.141 1.874 26.7 -0.7	后 105 前 106 后-前	1.832 2.007 -0.175	6.519 6.793 -0.274	0 +1 -1	-0.174 5	$K_{105}=4.687$ $K_{106}=4.787$
4	$TP3$-$BM2$	1.571 1.197 37.4 -0.2	0.739 0.363 37.6 -0.9	后 106 前 105 后-前	1.384 0.551 +0.833	6.171 5.239 +0.932	0 -1 +1	+0.832 5	
校核	视距差:$\sum(9)-\sum(10)=158.8\ \text{m}-159.7\ \text{m}=-0.9\ \text{m}$。 高差:$\sum(15)=\sum(3)-\sum(6)=6.573\ \text{m}-6.199\ \text{m}=0.374\ \text{m}$; $\sum(16)=\sum(8)-\sum(7)=25.523\ \text{m}-25.147\ \text{m}=0.376\ \text{m}$; $\sum(18)=\frac{1}{2}\times[\sum(15)+\sum(16)]=0.375\ \text{m}$								

2.3.2 任务实施

1. 目的

(1) 学会用双面水准尺法进行四等水准测量的观测、记录以及计算。

(2) 熟悉四等水准测量的主要技术指标，掌握测站及水准路线的校核方法。

2. 任务分析

本任务是采用四等水准测量的方法(双面水准尺法)从 800 m 外引测点的高程，运用水准测量原理，采用附合水准路线方式进行测量，要求熟练地掌握四等水准测量的观测与计算校核方法来完成本任务。

3. 仪器及工具

水准仪一台、水准尺一对，尺垫两个，记录本，计算器，铅笔。

4. 方法及步骤

(1) 根据给定的起始点 *BMA*(高程已知)与待测点 BME，结合测量路线具体情况，进行设站观测。从 *BMA* 点开始，在每一测站上，首先安置仪器，如视距超限，则需移动前视尺或水准仪，以满足要求。

(2) 采用“后 — 前 — 前 — 后”顺序，即

后视黑面尺，精平，读取上、下、中丝读数(1)、(2)、(3) 并记入观测手簿。

前视黑面尺，精平，读取上、下、中丝读数(4)、(5)、(6) 并记入观测手簿。

前视红面尺，精平，读取中丝读数(7) 并记入观测手簿；

后视红面尺，精平，读取中丝读数(8) 并记入观测手簿。

测得上述 8 个数据后，随即进行计算，如果符合规定要求，可以迁站继续施测，否则应重新观测，直至所测数据符合规定要求后，才能迁到下一站。

(3) 测量工作完成后，需进行计算校核及成果校核，最终推算出待测点 *BME* 的高程。

2.3.3 任务小结

四等水准测量的方法比较科学严谨，一般用在精度要求较高的测量中，其测量出的点的精度较高，可作为一般工程中高程控制点使用。实施任务中，必须把握以下几点：

(1) 四等水准测量中，安置仪器的地方在前后视距垂直平分线的附近；

(2) 观测顺序可以是“后 — 前 — 前 — 后”，也可采用“后 — 后 — 前 — 前”；

(3) 转点的位置最好使用尺垫；

(4) 记录与计算要同时进行，计算合格后才能搬到下一站；

(5) 掌握四等水准测量技术指标。

2.3.4 任务延伸

用四等水准测量方法测量一闭合水准路线。

2.4 用水准仪在室内测量 0.5 m 高的水平线

2.4.1 知识准备

已知高程测设是根据现场已有的水准点，通过水准测量，将设计好的高程测设到指定的点位上。根据测设情况不同，分视线高程法和高程传递法。

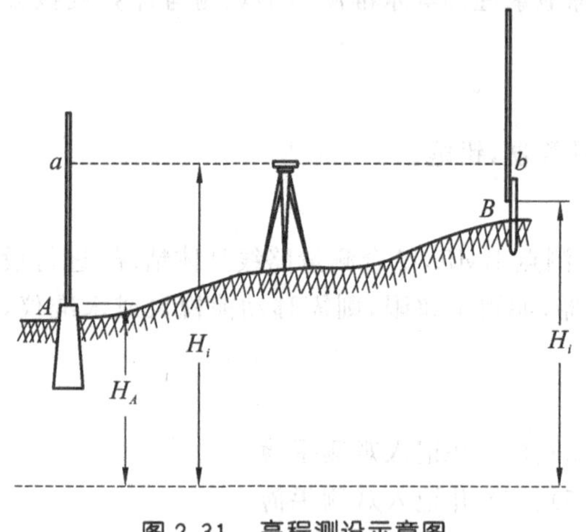

图 2.31 高程测设示意图

1. 视线高程法

如图 2.31 所示，已知水准点 A 的高程为 H_A，欲测设出高程为 H_B 的 B 点，为此在 A、B 两点间安置水准仪，先在 A 点立尺。读取后视读数 a，则 B 点的前视读数 b 应为 $b=H_A+a-H_{设}$，在 B 点处木桩上、下移动尺子，使尺上读数刚好为 b 时，沿尺底位置在木桩侧面划上一红线，该线即为 B 点的位置。

2. 高程传递法

当建筑是深基坑或高层楼房，需要向下或向上传递高程而水准尺的长度不够时，需要借助钢尺配合水准仪进行高程测设。

如图 2.32 所示，欲在深基坑内设置一点 B，使其设计高程为 H_B，已知附近一水准点 A 的高程为 H_A。施测时，用检定过的钢尺，挂一个与要求拉力相等的重锤，悬挂在支架上，零点一端向下，分别在高处和低处设站，读取图中所示水准尺读数 a_1、b_1 和 a_2、b_2，由此，可求得低处 B 点水准尺上的读数应为：

$$b_2=(H_A+a_1)-(b_1-a_2)-H_B$$

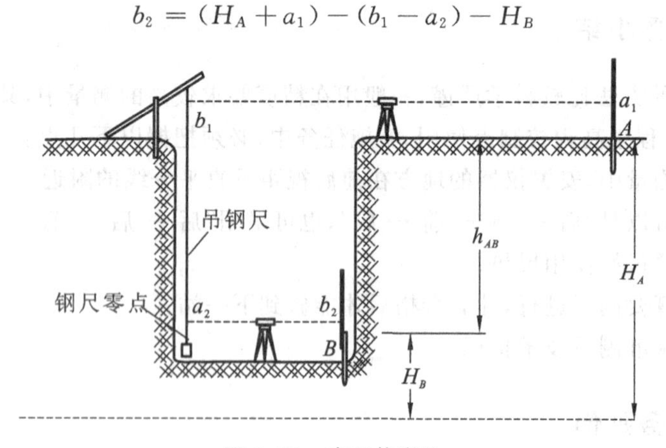

图 2.32 高程传递法

用同样的方法，可从低处向高处测设已知高程的点。

2.4.2 任务实施

1. 目的与要求

(1) 掌握高程测设的原理及方法；

(2) 测设水平线；

(3) 标高允许误差为±3 mm。

2. 任务分析

本任务设置结合工程实践，0.5 m 线常用于室内施工的传递依据。此任务主要根据高程测设原理计算出前视读数 $b_{应}$ 值，即可确定出 0.5 m 线位置。测设完毕后，检核测量成果，如不符合精度要求，要进行调整，直到符合要求为止，最后将测量结果整理于表 2.10 中。

3. 仪器及工具

水准仪一台，脚架一个，水准尺一根，墨斗 1 个，红、蓝铅笔各 1 支。

4. 方法及步骤

(1) 将水准仪架立在给定的楼层标高控制点 A 与待测室内墙面的中间，尽量使前后视距离相等，在标高控制点 A 处立尺，读取后视读数 $a = 1.050$ m。

(2) 计算水准仪的视线高 H_i 及待测点在墙面上的前视读数 $b_{应}$：

$$H_i = H_A + a$$

$$b_{应} = H_i - H_{设}$$

(3) 将水准尺靠在待测墙面并上下移动，当水准仪水平视线正好为 $b_{应}$ 时，在墙面沿水准尺底边画一横线，即为设计高程的位置。用同样的方法在该面墙测设出第 2 个点。

(4) 检核：根据已知点 A 测量所测设各点，所测高程与设计高程之差小于±3 mm，说明精度符合要求，再利用墨斗弹出＋0.5 m 线即可。

表 2.10 高程测设记录手簿

日期：________ 地点：________ 仪器：________ 观测者：________

测设相关记录：
1. 由水准仪读得 $a =$ m，经计算得 $b_1 =$ m，$b_2 =$ m。
2. 请在下面空白处，列出 b 的计算过程：
3. 设后经检查，测设 0.5 m 线高程与已知值相差 mm，精度 要求。
4. 画出测设 1、2 点的略图。

2.4.3 任务小结

在完成本任务时，水准尺必须立直，瞄准目标时，要注意消除视差。另外，如果需要测设很多同样标高的点，可以考虑用轻便的直木条替代水准尺。具体的方法与水准尺操作类似，只是用钢卷尺在木条上 $b_{应}$ 处画一道红线即可。

2.4.4 知识延伸

平整场地、铺设管道及修筑道路等工程中，常需要在地面上测设出已知设计坡度的直线。已知坡度直线的测设是指根据附近水准点的高程、设计坡度和坡度端点的设计高程，应用水准测量的方法将坡度线上各点的设计高程标定在地面上。

测设步骤：如图 2.33 所示，坡度线上两个端点 A、B 的水平距离为 D，已知 A 点的设计高程为 H_A，要沿 AB 方向测设一条坡度为 i 的坡度线。使用水准仪测设的方法如下。

(1) 计算出 B 点的设计高程：

$$H_B = H_A + i \times D$$

式中，坡度上升时 i 为正，反之为负。

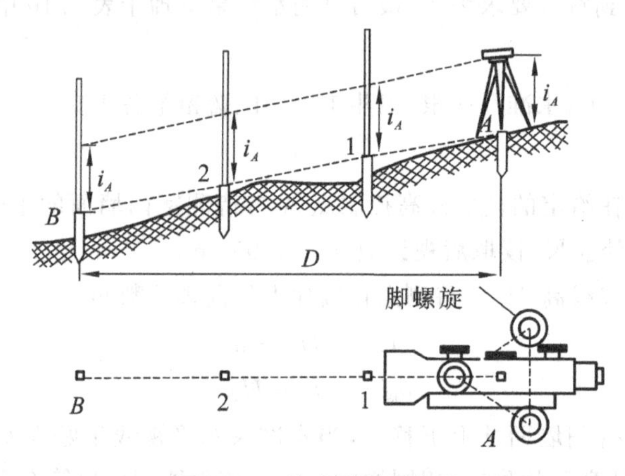

图 2.33　坡度测设示意图

(2) 将水准仪安置在 A 点，使基座上的一个脚螺旋位于 AB 方向上，另外两个脚螺旋的连线与 AB 方向垂直，量取仪器高 i_A，再转动 AB 方向上的脚螺旋和微倾螺旋，使十字丝中丝对准 B 点水准尺上等于仪器高 i_A 的读数。此时，仪器的视线与设计坡度线平行。在 AB 方向的中间各点的木桩侧面立尺，上、下移动水准尺，直至尺上读数等于仪器高 i_A 时，沿水准尺的零刻线在木桩上画一红线，则各桩红线的连线就是设计坡度线。

(3) 当使用全站仪进行测设时，不需要先测设出 B 点的高程，只要将其竖盘显示单位切换成坡度单位，并将望远镜视线的坡度值调整到设计坡度值 i 即可，此时仪器的视线与设计坡度线平行。

2.4.5 任务延伸

(1) 从预留洞口中用水准仪传递高程。

(2) 如图 2.32 所示，用水准仪测量 AB 方向坡度线，要求坡度为 2‰。

课后练习题

1. 选择题

(1) 在水准测量中转点的作用是传递(　　)。

A. 方向　　B. 高程　　C. 距离

(2) 产生视差的原因是(　　)。

A. 仪器校正不完善

B. 物像与十字丝面未重合

C. 十字丝分划板位置不正确

(3) 闭合差的分配原则为(　　)成正比例进行分配。

A. 与测站数　　B. 与高差的大小　　C. 与距离或测站数

(4) 水准测量中,同一测站,当后尺读数大于前尺读数时说明后尺点(　　)。

A. 高于前尺点　　B. 低于前尺点　　C. 高于测站点

(5) 在水准测量中设 A 为后视点,B 为前视点,并测得后视读数为 1.124 m,前视读数为 1.428 m,则 B 点比 A 点(　　)。

A. 高　　B. 低　　C. 等高

(6) 自动安平水准仪的特点是(　　)使视线水平。

A. 用安平补偿器代替管水准器

B. 用安平补偿器代替圆水准器

C. 用安平补偿器和管水准器

(7) 微倾式水准仪应满足(　　)的几何条件。

A. 水准管轴平行于视准轴

B. 横轴垂直于仪器竖轴

C. 水准管轴垂直于仪器竖轴

D. 圆水准器轴平行于仪器竖轴

E. 十字丝横丝垂直于仪器竖轴

(8) 四等水准测量中一个测站的作业限差有(　　)。

A. 前、后视距差　　B. 高差闭合差

C. 红、黑面读数差　　D. 红、黑面高差之差

E. 视准轴不平行于水准管轴的误差

2. 简答题

(1) 水准测量的基本原理是什么?

(2) 查阅有关资料,解释下列概念:水准点、水准路线、视准轴、水准管轴、水准管分划值、转点。

(3) 什么是视差现象?如何消除?

(4) 水准测量中,产生误差的主要原因有哪些?

(5) 双面水准尺有什么特点?

(6) 如图 2.34 所示，在水准点 $BM1$ 至 $BM2$ 间进行水准测量，试在水准测量记录手簿 2.11 中进行记录与计算，求 $BM2$ 点高程并做计算校核(已知 $BM1$ 点高程为 138.952 m)。

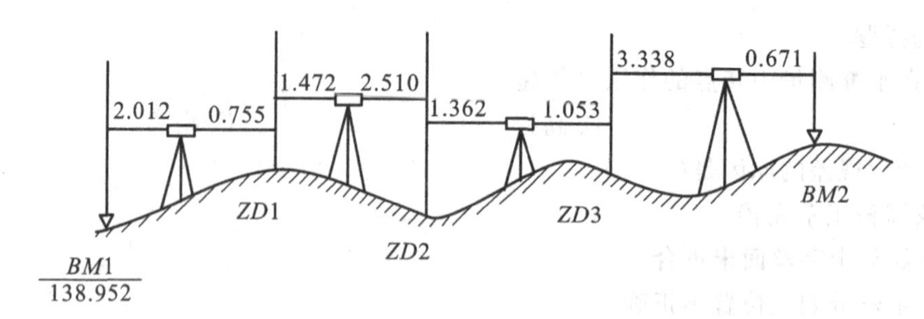

图 2.34 水准测量路线略图(单位:m)

表 2.11 水准测量记录手簿

测站	点号	水准尺读数 /m		高差 /m		高程 /m	备注
		后视读数 a	前视读数 b	+	−		
Ⅰ							
Ⅱ							
Ⅲ							
Ⅳ							
计算检核	$\sum$						

(7) 如图 2.35 所示，在水准点 BMA 和 BMB 之间进行普通水准测量，测得各测段的高差及测站数 n。试将有关数据填在表 2.12 中，并计算水准点 1 和水准点 2 的高程(已知 BMA 的高程为 5.612 m，BMB 的高程为 6.612 m)。

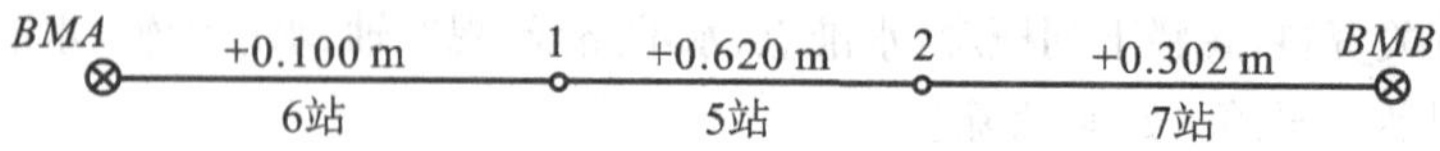

BMA ⊗——+0.100 m / 6站——○ 1 ——+0.620 m / 5站——○ 2 ——+0.302 m / 7站——⊗ BMB

图 2.35 附合水准路线略图(单位:m)

表 2.12　附合水准路线测量成果计算表

点号	测站数	实测高差 /m	改正数 /mm	改正后高差 /m	高程 /m	备注
BMA						
1						
2						
BMB						
$\sum$						
计算检核						

(8) 如图 2.36 所示，已知水准点 *BMA* 的高程为 33.012 m，1、2、3 点为待定高程点，水准测量观测的各段高差及路线长度标注在图中，试计算各点高程。要求在水准测量高程成果计算表 2.13 中计算(写出计算过程)。

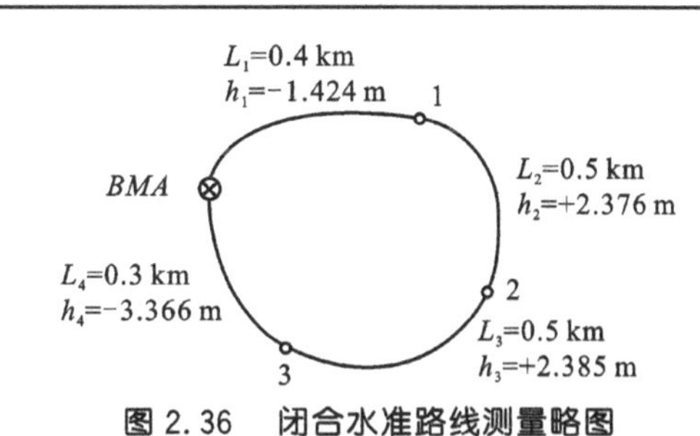

图 2.36　闭合水准路线测量略图

表 2.13　闭合水准路线测量成果计算表

点号	路线长度 /km	实测高差 /m	改正数 /mm	改正后高差 /m	高程 /m	备注
BMA						
1						
2						
3						
BMA						
$\sum$						
计算检核						

Chapter 3

第3章 角度测量

3.1 光学经纬仪的安置与读数

3.1.1 知识准备

一、水平角测量原理

水平角测量是确定地面点位的基本工作之一，空间中相交的两条直线在水平面上的投影所形成的夹角称为水平角，水平角的取值范围是0°～360°，用β表示。如图3.1所示，A、O、B为地面上任意三点，将其分别沿垂线方向投影到水平面P上，便得到相应的A_1、O_1、B_1各点，则O_1A_1与O_1B_1的夹角β，即为地面上OA与OB方向间的水平角。

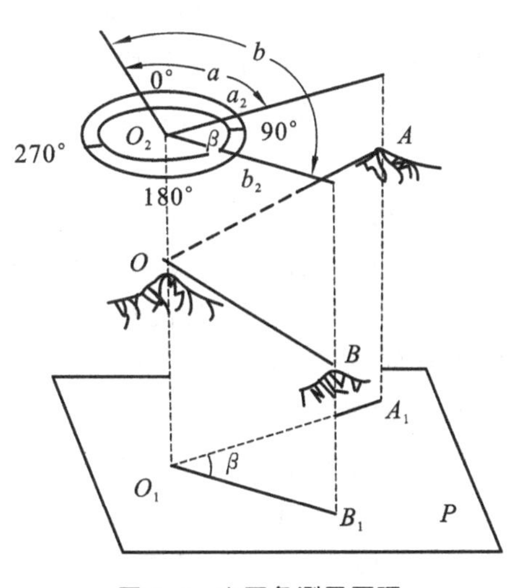

图3.1 水平角测量原理

为了测出水平角的角值，设想在过O点的铅垂线上任一点O_2处，放置一个按顺时针注记的全圆量角器，使其中心与O_2重合，并置于水平位置（相当于水平度盘），则度盘分别与过OA、OB的两竖直面相交，交线分别为O_2a_2和O_2b_2，显然O_2a_2、O_2b_2在水平度盘上可得到读数，设分别为a、b，则圆心角$\beta=b-a$，就是$\angle A_1O_1B_1$的值。

二、DJ_6光学经纬仪的构造与使用

（一）经纬仪的分类

经纬仪是测量角度的仪器，根据度盘刻度和读数方式的不同，分为电子经纬仪和光学经纬仪；根据测角精度不同，我国的经纬仪可分为DJ_{07}、DJ_1、DJ_2、DJ_6、DJ_{15}和DJ_{60}等几个等级。D、J分别为“大地测量”和“经纬仪”的汉语拼音的第一个字母，下标数字为仪器水平方向一测回的观测中误差的秒数。

（二）光学经纬仪的构造

光学经纬仪的主要构造基本相同，主要由基座、度盘和照准部三大部分组成。图 3.2 为北京光学仪器厂生产的 DJ_6 型光学经纬仪。

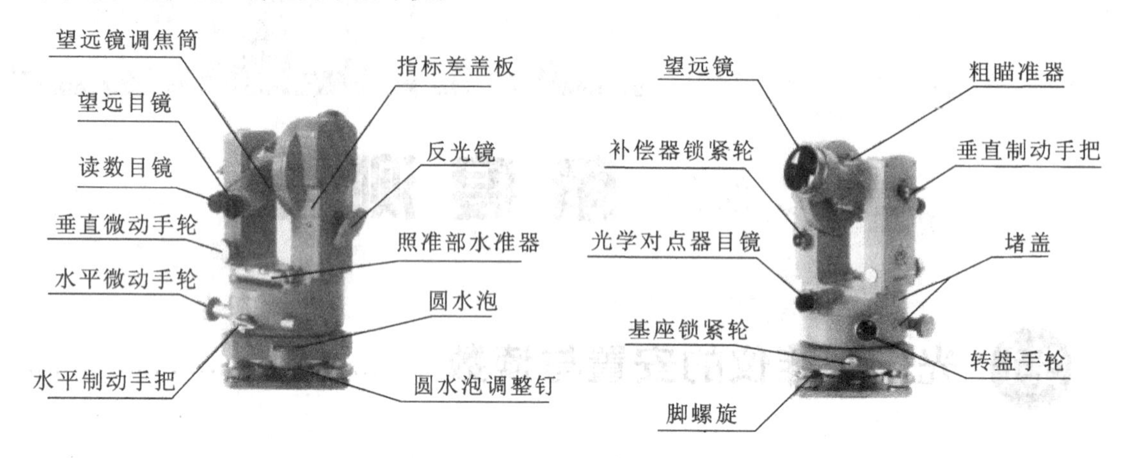

图 3.2　DJ_6 型光学经纬仪

1. 基座

基座是支撑整个仪器的底座，由三个脚螺旋和连接板组成。转动脚螺旋可使水平度盘水平。测量时，将三脚架上的中心螺旋旋进连接板，使仪器和三脚架连接在一起。此外，基座上的基座锁紧轮起连接上部仪器与基座的作用，一般情况下，不可松动基座锁紧轮，以防仪器脱出基座而摔坏。

2. 度盘

光学经纬仪的水平度盘和竖直度盘由玻璃制成，在度盘平面的边缘刻有 0～360°等角距的分划线，相邻两分划线所对应的圆心角称为度盘的格值。水平度盘通常是顺时针刻画的，竖直度盘有顺时针刻画和逆时针刻画两种。水平度盘用于测量水平角，竖直度盘用于测量竖直角。

3. 照准部

照准部为经纬仪上部可转动的部分，由望远镜、竖直度盘、水平度盘、横轴、支架、竖轴、水准器、读数显微镜及其光学读数系统组成。

(1) 望远镜：由物镜、调焦筒、十字丝分划板、目镜和固定用的镜筒组成，用于精确瞄准目标。望远镜可以绕横轴在竖直面内任意旋转，并通过望远镜制动手把和望远镜微动手轮进行控制，其放大倍率一般为 20～40 倍。

(2) 水准器：设有管水准器和圆水准器，与脚螺旋配合，用于整平仪器。圆水准器用于粗略整平，管水准器用于精确整平。

(3) 横轴：望远镜上下转动的旋转轴，由左右两支架支撑。

(4) 竖轴：又称“纵轴”，竖轴插入水平度盘的轴套中，可使照准部在水平方向转动，使望远镜照准不同水平方向的目标。观测作业时要求竖轴与过测站点的铅垂线一致，并使照准部的旋转保持圆滑平稳。

(5) 制动微动装置：为了控制仪器各部件间的相对运动，精确瞄准目标，仪器上设有两套控制装置，即能使照准部水平转动的制动螺旋、微动螺旋，以及能使望远镜上下转动的制动螺旋（手把）、微动螺旋。

（6）度盘配置装置：在角度观测过程中变换各测回的起始方向在水平度盘上的位置，利用度盘不同位置观测同一目标，减小由度盘刻画不均匀引起的误差，常用的结构有拨盘机构和复测机构。

（三）光学经纬仪的使用

经纬仪的使用是将经纬仪安置在测站点上，进行对中、整平、瞄准目标和读数。

1. 对中

对中的目的是使仪器（水平度盘）中心安置在测站点的铅垂线上。有垂球对中和光学对中两种方式。现仅介绍光学对中法，操作步骤如下：

（1）打开脚架至适当高度，使架头中心大致对准测站点，并旋紧连接螺旋使经纬仪固定在脚架架头中央。

（2）转动光学对中器目镜调焦螺旋使圆圈分划板影像清晰，旋转对中器物镜调焦螺旋以看清地面测站点标志。

（3）抬起两只架腿使经纬仪平移直到测站点标志与对中器圆圈基本重合，此时由于仪器没有整平，实际上仪器纵轴是倾斜地对准地面测站点标志的。

（4）在保证仪器架腿不动的情况下，缓慢升降脚架使圆水准器气泡居中，此过程中，对中器圆圈与地面测站点标志影像的相对位置保持不变。

（5）用脚螺旋使水准管气泡精确居中，此过程中，对中器圆圈与地面标志影像的相对位置发生变化。

（6）松开连接螺旋使仪器在架头上滑动直到地面测站点标志与对中器圆圈中心精确重合（误差小于 3 mm）。

（7）进行上一步时，水准管气泡可能偏移，为此重复（5）、（6）两步，直至精确对中与整平后，拧紧连接螺旋。

2. 整平

整平的目的是通过调节脚螺旋使圆水准器和水准管气泡居中，从而使经纬仪的竖轴竖直，水平度盘处于水平位置。其操作步骤如下：

（1）通过升降三脚架使圆水准管气泡居中，并查看仪器对中情况，如有偏差，可稍微松动中心螺旋，在架头上移动仪器，使仪器居中。

（2）旋转照准部，使水准管平行于任意一对脚螺旋，如图 3.3（a）所示。气泡运动方向与左手大拇指运动方向一致，按图中所示，两手相对运动，转动两个脚螺旋，使水准管气泡居中。

（3）将照准部旋转 90°，转动第三个脚螺旋，使水准管气泡居中，如图 3.3（b）所示。

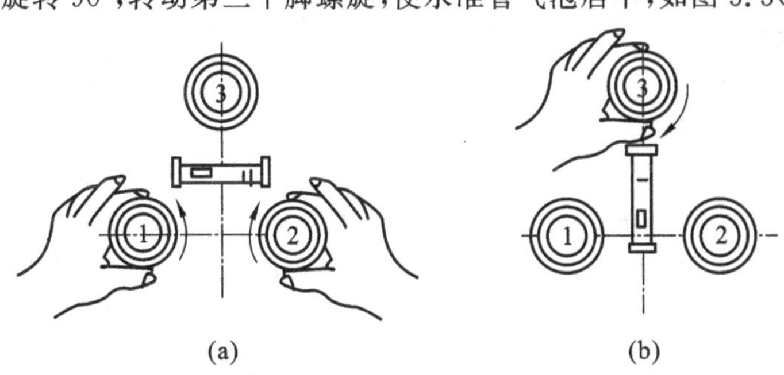

图 3.3　整平

(4) 按以上步骤重复操作，直至在任意位置上水准管气泡都居中为止。

完成整平工作后，应检查对中是否偏离目标，如若偏离应重复对中及整平工作，反复进行，直至对中、整平同时完成。

3. 瞄准目标

瞄准目标的步骤如下。

(1) 目镜对光：将望远镜对向明亮背景，转动目镜对光螺旋，使十字丝成像清晰。

(2) 粗略瞄准：松开照准部制动螺旋与望远镜制动螺旋，转动照准部与望远镜，通过望远镜上的瞄准器对准目标，然后旋紧制动螺旋。

(3) 物镜对光：转动望远镜镜筒上的物镜对光螺旋，使目标成像清晰并检查有无视差存在，如果发现有视差存在，应重新进行对光，直至消除视差。

(4) 精确瞄准：旋转微动螺旋，使十字丝准确对准目标。观测水平角时，应尽量瞄准目标的底部，当目标宽于十字丝双丝距时，宜用单丝平分，如图 3.4(a)所示；目标窄于双丝距时，宜用双丝夹住，如图 3.4(b)所示；观测竖直角时，用十字丝横丝的中心部分对准目标位，如图 3.4(c)所示。

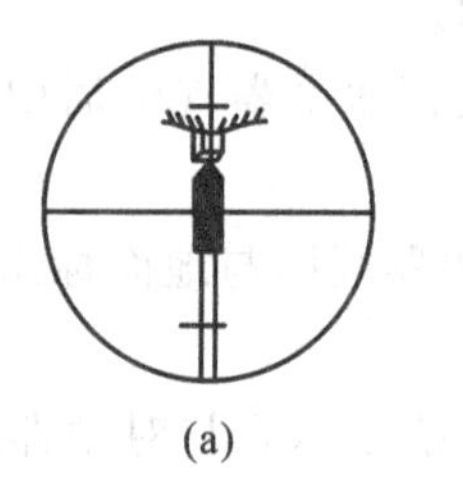
(a)

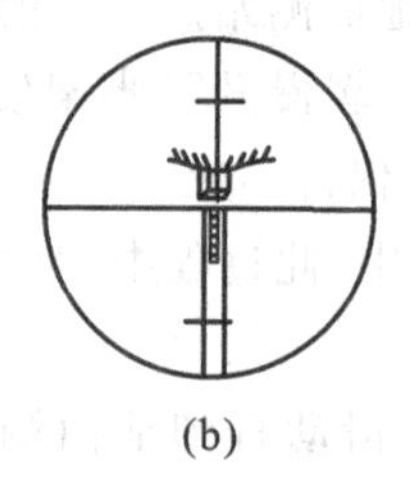
(b)

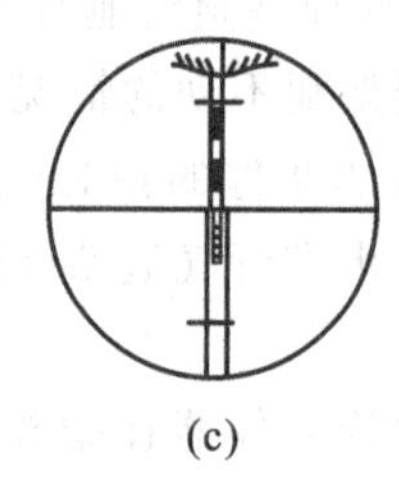
(c)

图 3.4 瞄准目标

4. 读数

DJ_6 型光学经纬仪的读数装置可分为分微尺测微器和单平板玻璃测微器两种。DJ_6 型光学经纬仪的水平度盘和竖直度盘的分划线通过一系列棱镜和透镜的作用，成像于读数显微镜内，观测者用读数显微镜读取读数。

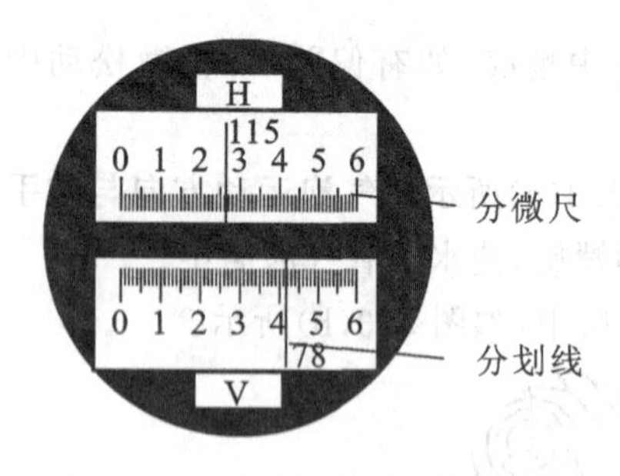

图 3.5 分微尺测微器读数窗口

(1) 分微尺测微器的读数方法。

北京光学仪器厂生产的 DJ_6 型光学经纬仪采用的是分微尺读数装置。通过一系列棱镜和透镜的作用，在读数显微镜内，可以看到水平度盘(H)和竖直度盘(V)及相应的分微尺像，如图 3.5 所示。度盘分划线的间隔为 1°，分微尺全长正好与度盘分划影像 1°的间隔相等，并分为 60 个小格，每一小格为 1′，每 10′作一注记，因此在分微尺上可以直接读到 1′，估读至 0.1′即 6″。

读数时，打开并转动反光镜，使读数窗内亮度适中，调节读数显微镜的目镜，使度盘和分微尺、分划线清晰，以分微尺的 0 分划线为指标线，从指标线开始向右读数。先读取压在分微尺上的度盘分划线上的度数值，分数值则由这根度盘分划线所指的分微尺的位置来读取，秒数值由观测者估读。图 3.5 中水平度盘的读数窗中，分划尺的 0 分划线已过了 115°，读数应该为 115°26′54″；竖直度盘读数为 78°41′54″。

(2) 单平板玻璃测微器的读数方法。

单平板玻璃测微器的主要部件有:单平板玻璃、扇形分划尺和测微轮等。单平板玻璃用金属机构和扇形分划尺连接在一起,通过转动测微轮,单平板玻璃和扇形分划尺绕轴转动,由于平板玻璃可以使通过它的光线平行移动,度盘的影像便可随测微轮的转动而平行移动。其移动量在扇形分划尺上反映出来。

图 3.6 所示为单平板玻璃测微器的读数窗,窗内可以清晰地看到测微盘及指标线、竖直度盘和水平度盘的分划影像。度盘用整度注记,每度分两格,最小分划值为 30′;测微盘把度盘上 30′弧长分为 30 大格,一大格为 1′,每 5′一注记,每一大格又分三小格,每小格 20″,不足 20″的部分可估读,一般可估读到四分之一格,即 5″。

读数时,打开并转动反光镜,调节读数显微镜的目镜,然后转动测微轮,使一条度盘分划线精确地平分双线指标,则该分划线的读数即为读数的度数部分,不足 30′的部分再从测微盘上读出,并估读到 5″,两者相加,即得度盘读数。每次读取水平度盘读数和竖直度盘读数时都应调节测微轮,然后分别读取,两者共用测微尺盘,但互不影响。

图 3.6(a)中,水平度盘读数为 $122°30'+7'20''=122°37'20''$。

图 3.6(b)中,竖直度盘读数为 $87°+19'30''=87°19'30''$。

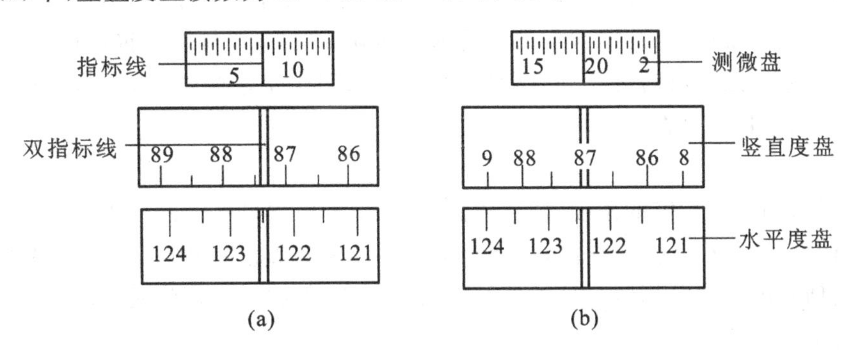

图 3.6 单平板玻璃测微器读数窗口

3.1.2 任务实施

1. 目的

(1) 了解 DJ_6 型光学经纬仪的各部件名称和作用。

(2) 掌握经纬仪的安置方法。

2. 任务分析

通过光学经纬仪的安置任务实施,使学生能够熟悉仪器的构造及操作方法,并学会经纬仪的读数。每人完成 2 次仪器的安置过程,并读数。要求仪器对中误差小于 3 mm,整平误差小于 1 格。

3. 仪器及工具

DJ_6 型经纬仪 1 台,脚架 1 个,花杆 2 根,记录本 1 个,铅笔 1 支。

4. 方法及步骤

各小组将经纬仪安置在测站点上,具体操作如下:

(1) 安置。

松开三脚架腿,调节其长度后拧紧架脚螺旋。将三脚架张开,使其高度约与胸口平齐,移动脚架使其中心大致对准地面测站点标志，架头基本水平，然后将架腿的尖端踩入土中。从仪器箱内取出经纬仪，用中心连接螺旋将其固连到脚架上。

(2) 对中。

将仪器安置于测站点正上方，使架头大致水平，三个脚螺旋的高度适中，调节光学对中器目镜调焦螺旋，使分划板上圆圈清晰，再拉或推光学对中器使测站点影像清晰。使一条架脚固定，两只手分别握住两条架腿，移动两条架腿的同时从光学对中器中观察，使分划板的圆圈对准测站点即可。

(3) 整平。

(a) 粗略整平：调节架腿高度，使圆水准器气泡居中。

(b) 精确整平：旋转照准部使管水准器与任意两个脚螺旋平行，同时相向旋转这两脚螺旋，使管水准器气泡居中。将照准部旋转 90°，再旋转另一个脚螺旋使管水准器气泡居中，将仪器旋转到任意位置，检查气泡是否居中，若有偏离，以上操作反复进行，直到仪器在任何位置气泡都居中为止。

(4) 瞄准。

松开照准部和望远镜的制动螺旋，调节目镜调焦螺旋，使十字丝清晰，然后转动照准部，用望远镜上部的瞄准器对准目标，拧紧照准部和望远镜的制动螺旋；再旋转物镜调焦螺旋使目标影像清晰，消除视差现象；最后旋转水平和望远镜微动螺旋，用十字丝竖丝单丝与较细的目标影像重合，或双丝将较粗的目标夹在中央。

(5) 读数。

打开反光镜，调节反光镜的角度，使读数窗明亮，旋转读数显微镜的目镜，使读数窗内影像清晰。上方注有“H”的为水平度盘影像，下方注有“V”的为竖直度盘影像；采用分微尺读数法，首先读取分微尺所夹的度盘分划线在分微尺上所指的小于 1°的分数，再将其与度注记值相加，即可得到完整的读数。

(6) 练习用水平度盘变换手轮设置水平度盘读数。

(a) 用望远镜照准选定目标。

(b) 拧紧水平制动螺旋，用微动螺旋调节并准确瞄准目标。

(c) 转动水平度盘变换手轮，使水平度盘读数设置到预定数值。

(d) 松开制动螺旋，稍微旋转后，再重新照准原目标，看水平度盘读数是否仍为原读数，如不为原读数则需重新设置。

5. 记录手簿

经纬仪操作记录手簿如表 3.1 所示。

表 3.1　经纬仪操作记录手簿

日期：_____　天气：_____　仪器型号：_____　观测者：_______　记录者：_______

测站	度盘位置	目标	水平度盘读数/(°′″)	备注

3.1.3 任务小结

(1) 仪器安置过程中应注意仪器的安全,一只手握住经纬仪一侧的支架,另一只手将中心连接螺旋与架头连接牢固。

(2) 观测前,需要对中、整平工作都满足精度要求,才可以测量。

(3) 制动螺旋拧紧时,注意用力应适中,有反作用力即可,以免损坏螺旋。

(4) 读数时,秒数应估读,可按 6″的倍数读取。

3.1.4 知识拓展

(一) DJ_2型光学经纬仪

在平面控制测量、位移观测等高精度测量中,需要使用制造工艺更精良、精度更高的精密经纬仪,如 DJ_{07}、DJ_1、DJ_2型等。一般工程测量中,常用 DJ_2型经纬仪,其一个测回的中误差不超过±2″,能满足三、四等平面控制测量和土建工程中勘测、施工等工程测量需要。与普通经纬仪相比,精密光学经纬仪增加了测微系统,虽不同厂家仪器的读数方法不同,但原理基本相同。

DJ_2型光学经纬仪构造如图 3.7 所示,其使用与操作方法与普通经纬仪相同。测微系统包括内置平板玻璃、测微尺、外部测微轮等。完成仪器的安置与照准后,在读数窗中可观察到图 3.8 所示的三个部分。度盘分划影像部分为度盘对径分划,分上下两排竖线,读数前,必须先旋转测微轮,使上下两排竖线(度盘分划线)对齐。度与 10′读数部分包括度数和凸出部分的整 10′数,此处读数为 123°40′。测微读数部分中间长线为测微读数指标线,左边数字为不足 10 的分值,右边的数字为整 10″注记,两短分划线之间间隔对应 1″,可估读到 0.1″,此处读数为 8′12.2″。两部分读数相加,得到完整读数为 123°48′12.2″。

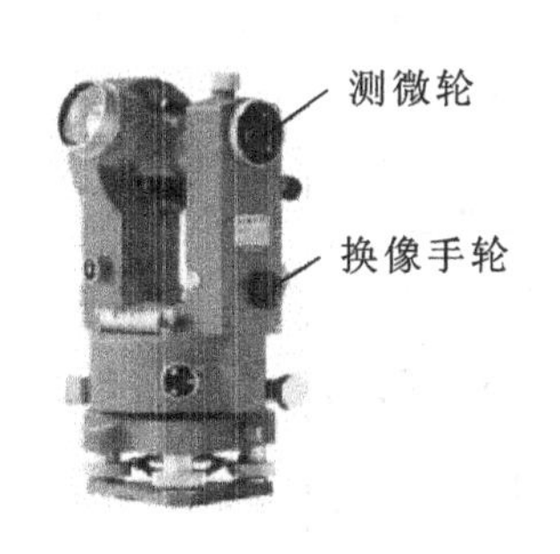

图 3.7 DJ_2 型光学经纬仪构造

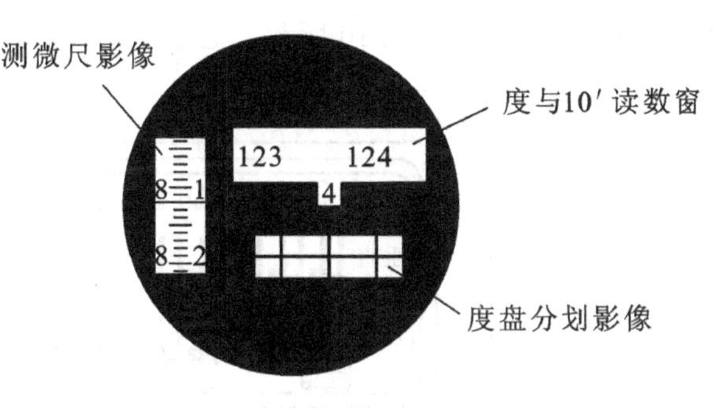

图 3.8 读数窗影像

(二) 电子经纬仪

电子经纬仪是一种集光、机、电为一体的新型测角仪器,与光学经纬仪相比较,电子经纬仪则将光学度盘换为光电扫描度盘,将人工光学测微读数代之以自动记录和显示读数,使测角操作简单化,且可避免读数误差的产生。电子经纬仪的水平度盘和竖直度盘及读数装置是分别采用两个相同的光栅度盘(或编码盘)和读数传感器进行角度测量的。电子经纬仪的自动记录、储存、计算功能以及数据通信功能,进一步提高了测量作业的自动化程度。

各种电子经纬仪的基本构造及性能基本相同，但因不同的仪器制造商而各有特点，区别主要表现在计数系统、电子电路系统、显示及软件系统、数据接口方面的差异及性能。本节以南方测绘公司的DT系列电子经纬仪为例加以说明，其构造如图3.9所示。

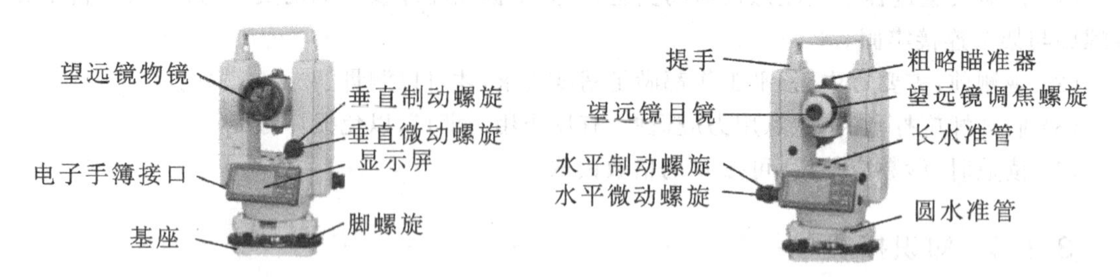

图3.9　DT系列电子经纬仪构造

1. 电子经纬仪的特点

(1) 功能丰富：具备丰富的测量程序，同时具有数据存储功能、参数设置功能，功能强大，适用于各种专业测量和工程测量。

(2) 操作简单：操作按键采用了软键盘的方式，按键少，操作提示直观，易学易用。

(3) 强大的内存管理：具有内存的程序模块，可同时存储大量测量数据和坐标数据，并可以方便地进行内存管理，可对数据进行增加、删除、修改、传输。

(4) 自动化数据采集：野外自动化的数据采集程序，可以自动记录测量数据和坐标数据，可直接向计算机传输数据，实现真正的数字化测量。

(5) 中文界面和菜单：采用了汉化的中文界面，显示更直观，更便于操作。

2. 电子经纬仪的使用

1) 电子显示屏和操作界面的介绍

电子经纬仪的安置操作(对中、整平、瞄准等)与光学经纬仪基本相同，不同的是，电子经纬仪有操作键盘和显示屏，如图3.10所示。通过键盘的操作，显示屏上会显示出各种数据。

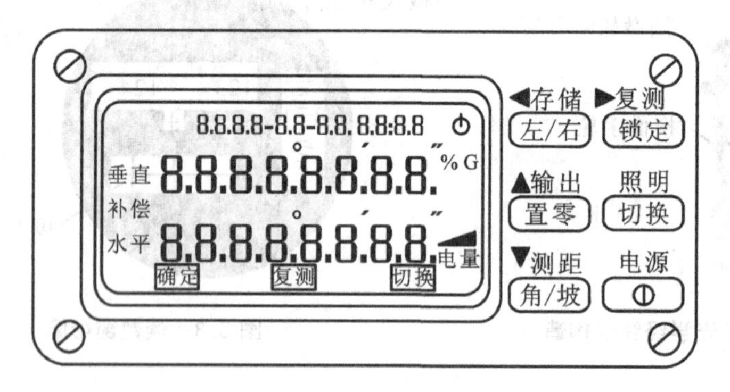

图3.10　操作键盘和显示屏

本仪器键盘具有一键双重功能，一般情况下仪器执行按键上所标示的第一(基本)功能，当按下“切换”键后再按其余各键则执行按键上方面板上所标示的第二(扩展)功能。表3.2所示为电子经纬仪各按键功能说明。

表 3.2　电子经纬仪各按键功能说明

按　键	第 一 功 能	第 二 功 能
◀存储 左/右	水平角右旋增量或左旋增量	测量数据存储
▶复测 锁定	水平角锁定	重复测角测量
▲输出 置零	水平角清零	测量数据串口输出
照明 切换	第二功能选择	显示器照明和分划板照明
▼测距 角/坡	垂直角/坡度角百分比	斜/平/高距离测量
电源 ⏀	电源开关	

2）水平角与竖直角测量

(1) 设置水平角右旋与竖直角天顶为 0°。

盘左瞄准目标 A，按两次"置零"键，目标 A 的水平角度设置为 0°00′00″，作为水平角起算的零方向。照准目标 A 时的具体步骤及显示为：

显示		操作	显示		说明
垂直	93°20′30″	按两次	垂直	93°20′30″	A 方向竖直角(天顶距)值
水平$_{右}$	10°50′40″	→ 置零 →	水平$_{右}$	0°00′00″	A 方向水平角设置为"0"

顺时针方向转动照准部(水平右)，以十字丝中心照准目标 B 时显示为：

显示		说明
垂直	91°05′10″	B 方向竖直角(天顶距)值
水平$_{右}$	40°10′20″	AB 方向右旋水平角值

(2) 倒镜进行盘右观测。

(3) 如果测竖直角，可在读取水平度盘读数的同时读取竖直度盘的显示读数。

3. 注意事项

(1) 仪器不使用时，应将其装入箱内，置于干燥处，并注意防震、防尘和防潮。

(2) 仪器长期不使用时，应将仪器上的电池卸下分开存放。电池应每月充电一次。每次取下电池盒时，都必须先关掉仪器电源。

(3) 请勿将电池存放在高温、高热或潮湿的地方，否则会损坏电池。

(4) 仪器运输时，应将仪器装于箱内，并避免挤压、碰撞和剧烈振动，长途运输最好在箱子周围使用软垫。

(5) 作业前应仔细全面检查仪器，确保仪器各项指标、功能、电源、初始设置和改正参数均符合要求时再进行作业。

（三）陀螺经纬仪

如图 3.11 所示，陀螺经纬仪主要由一个高速旋转的转子支承在一个或两个框架上而构成。具有一个框架的称二自由度陀螺仪；具有内外两个框架的称三自由度陀螺仪。

经纬仪上安置悬挂式陀螺仪，利用其指北性确定真子午线北方向，再用经纬仪测定出真子午线北方向至待定方向所夹的水平角，即真方位角。

陀螺经纬仪主要应用于隧道施工测量，以及盾构掘进中的水平及真北方向测量，可大大弥补导线过长所造成的精度损失。

（四）激光经纬仪

如图 3.12 所示，激光经纬仪将激光器发射的激光束，导入经纬仪的望远镜镜筒内，使其沿视准轴方向射出，以此为基准进行定线、定位和测设角度、坡度，以及大型构件的装配、放样等。具体的操作方法与电子经纬仪操作相同。

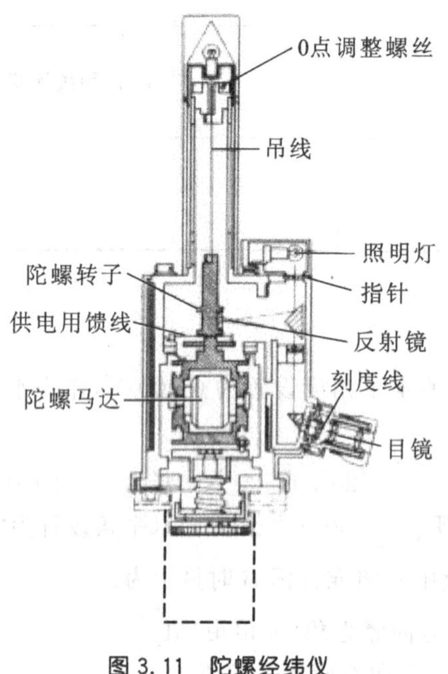

图 3.11　陀螺经纬仪

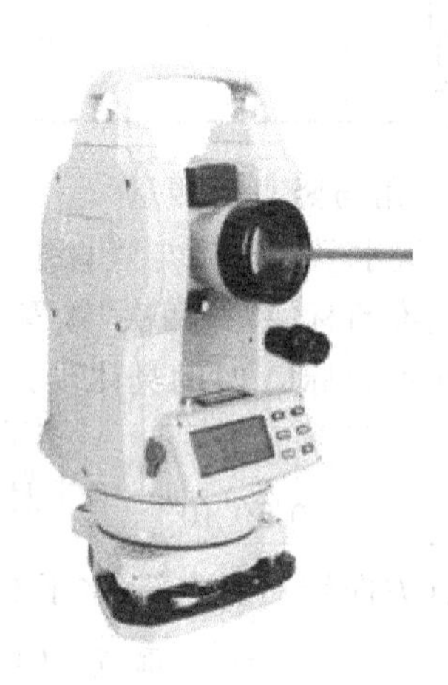

图 3.12　激光经纬仪

3.1.5　任务延伸

反复安置经纬仪，找出快速安置经纬仪的诀窍。

3.2 用 DJ_6 型光学经纬仪测量一水平角

3.2.1　知识准备

水平角观测方法根据观测目标的多少以及工作要求的精度确定，常用的有测回法和方向观测法两种。为了消除仪器的误差，一般采用盘左和盘右两个位置进行观测。盘左——竖盘在望远镜视准轴的左侧，也称正镜；盘右——竖盘在望远镜视准轴的右侧，也叫倒镜。

测回法常用于观测两个方向之间的单角，是观测水平角的一种最基本的方法。如图 3.13 所示，要测出地面上 OA、OB 两方向间的水平角 β，可按下列步骤进行观测。

图 3.13 测回法观测水平角

(1) 在测站 O 点安置经纬仪，在 A、B 点上分别竖立花杆或测钎。

(2) 用盘左位置瞄准左侧目标 A，转动换盘手轮，将水平度盘读数调为 0°附近（略大于 0°），读取水平度盘读数 $a_{左}=0°01'06''$，记入表 3.3 观测手簿。

(3) 松开照准部和望远镜制动螺旋，顺时针转动照准部，瞄准右侧目标 B，读取水平度盘读数 $b_{左}=145°10'24''$，记入观测手簿内，完成了上半个测回工作。

上半测回角值：

$$\beta_{左}=b_{左}-a_{左}=145°10'24''-0°01'06''=145°09'18''$$

为了检核及消除仪器误差对测角的影响，需进行下半个测回观测。

(4) 松开照准部和望远镜制动螺旋，纵转望远镜为盘右位置，先瞄准右侧目标 B，得水平度盘读数 $b_{右}=325°10'48''$，记入观测手簿；逆时针方向转动照准部，瞄准左侧目标 A，读取读数 $a_{右}=180°01'48''$，记录，完成了下半个测回工作。

下半测回角值：

$$\beta_{右}=b_{右}-a_{右}=325°10'48''-180°01'48''=145°09'00''$$

计算时，用右侧目标读数 b 减去左侧目标读数 a，不够减时，应加上 360°。

上、下两个半测回合称为一测回。用 DJ_6 型经纬仪观测水平角时，要求上、下两个半测回角值之差应不大于±40″，符合精度要求的取二者平均值作为一测回的结果。

$$\beta=\frac{1}{2}(\beta_{左}+\beta_{右}) \tag{3.1}$$

由于 $\beta_{左}-\beta_{右}=145°09'18''-145°09'00''=18''<+40''$，符合精度要求，故

$$\beta=\frac{1}{2}(\beta_{左}+\beta_{右})=\frac{1}{2}(145°09'18''+145°09'00'')=145°09'09''$$

若两个半测回的角值之差超过±40″时，则该水平角应重新观测。观测数据的记录格式及计算，如表 3.3 所示。

表 3.3 水平角观测手簿(测回法)

测点	竖盘位置	目标	水平度盘读数	半测回角值	一测回角值	各测回平均角值	备注
O	左	A	0°01′06″	145°09′18″	145°09′09″	145°09′06″	
		B	145°10′24″				
	右	A	180°01′48″	145°09′00″			
		B	325°10′48″				
O	左	A	90°02′36″	145°09′00″	145°09′03″		
		B	235°11′36″				
	右	A	270°02′42″	145°09′06″			
		B	55°11′48″				

3.2.2 任务实施

1. 目的

(1) 掌握测回法测量水平角的观测方法及记录、计算方法。

(2) 了解 DJ_6 型光学经纬仪测角精度要求。

2. 任务分析

水平角的测量任务在实际工作中经常遇到,通过任务训练,可使学生提高对经纬仪的操作熟练度,掌握测回法测量水平角的方法及测量的精度要求。

3. 仪器及工具

DJ_6 型光学经纬仪 1 台,脚架 1 个,花杆 2 个,记录本,计算器,铅笔。

4. 方法及步骤

(1)每组选定一个测站点 O,在测站点上安置经纬仪,对中、整平。选择两个明显的固定点作为观测目标或用花杆标定两个目标 A、B。

(2) 用测回法测量水平角。其观测程序如下:

(a) 盘左位置,瞄准左目标 A,将水平度盘读数调至 0°00′附近(且略大于 0°),并读取水平度盘读数 a,并记录。顺时针旋转照准部瞄准右目标 B,读取水平度盘读数 b,计算上半测回角值 $\beta_{左}=b-a$。

(b) 盘右位置,先瞄准右目标 B,读取水平度盘读数 b';逆时针转动照准部,再瞄准左目标 A,读取水平度盘读数 a',计算下半测回角值 $\beta_{右}=b'-a'$。

(c) 如果上、下半测回角值之差没有超限(±40″),则取其平均值作为一测回的角度观测值,$\beta=\dfrac{\beta_{左}+\beta_{右}}{2}$。

5. 记录手簿

测回法观测手簿如表 3.4 所示。

表 3.4　测回法观测手簿

日期：______　天气：______　仪器型号：______　观测者：__________ 记录者：__________

测站	竖盘位置	目标	水平度盘读数 /(° ′ ″)	半测回角值 /(° ′ ″)	一测回角值 /(° ′ ″)	各测回平均角值 /(° ′ ″)	备注
	左						
	右						
	左						
	右						
	左						
	右						

3.2.3　任务小结

测回法观测水平角时，需要注意以下几点。

(1) 瞄准目标时，尽可能瞄准其底部，以减小目标倾斜引起的误差。

(2) 同一测回观测时，切勿变动或碰动复测扳手和度盘变换手轮，以免发生错误。

(3) 观测过程中若发现气泡偏移超过 1 格时，应重新整平并重测。

(4) 计算半测回角值时，当左目标读数大于右目标读数时应加 360°。

(5) 限差要求：对中误差不大于±3 mm，上下半测回角值互差不大于±40″，超限需重测；各测回角值互差不大于±24″，如超限则重测。

3.2.4　知识拓展

1. 多个测回测量水平角

当测角精度要求较高时，可观测多个测回，取其平均值作为最后结果。为了消除度盘刻画不均匀对水平角的影响，各测回应利用仪器的复测装置或度盘变换手轮按 180°/n(n 为测回数)变换水平度盘起始位置。

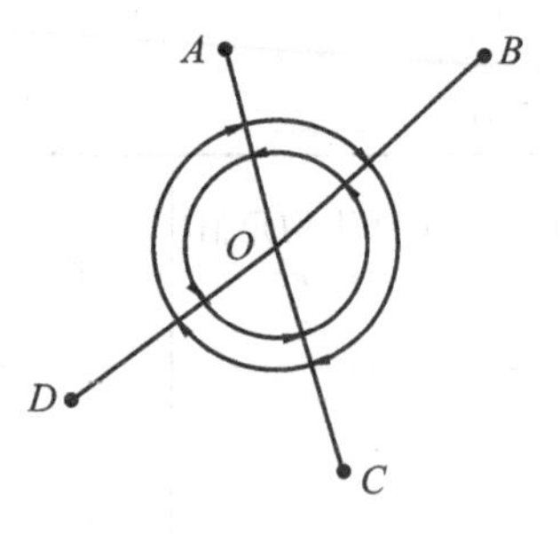

图 3.14　方向观测法观测水平角

2. 方向观测法测量水平角

方向观测法，也称全圆测回法，即从起始方向顺次观测各个方向后，最后要测回到起始方向，即全圆的意思。一般用在当测站上的方向观测数在三个或三个以上时。现以图 3.14 为例介绍如下：

(1) 安置仪器于 O 点，设 OA 为起始方向，也称零方向。

用盘左位置，将水平度盘读数置于略大于 0°的数值，瞄准起始方向 A 点，读取水平度盘读数 a，并记录于观测手簿中。

(2) 顺时针方向转动照准部，依次瞄准 B、C、D 方向，分别读取水平度盘读数 b、c、d，继续转动再瞄准起始方向 A，读取水平度盘读数 a'。此操作称为"归零"，A 方向两次读数差，称为半测回归零差。以上观测过程为方向观测法的上半测回。

对于 DJ_6 型光学经纬仪归零差不应超过 18″。如归零差超限，则说明在观测过程中，仪器度盘位置有变动，应该重测。测量规范要求的限差如表 3.5 所示。

表 3.5　方向观测法观测限差

项目 \ 仪器类型	DJ_2	DJ_6
半测回归零差	8″	18″
一测回 2C 互差	13″	—
同一方向各测回互差	9″	24″

(3) 用盘右位置，按逆时针方向依次瞄准 A、D、C、B、A，并分别读取水平度盘读数并记录。以上观测过程为下半测回，其半测回归零差不应超过限差规定。

上、下半测回合称为一测回。当精度要求较高时，可观测 n 个测回，为了消除度盘刻画不均匀误差，每测回也按 $180°/n$ 的差值变换水平度盘的起始位置。

(4) 计算与限差。

(a) $2C$ 值是上、下半测回同一方向的方向值之差。如果仪器结构没有偏差，两次瞄准、读数准确，则这两次观测的方向值理论上相差 180°，计算 $2C$ 可以发现仪器结构上的偏差和观测误差。$2C$ 值的计算公式为

$$2C = L-(R\pm180°) \tag{3.2}$$

式中　L——盘左读数；

　　　R——盘右读数。

对于 DJ_6 型光学经纬仪，$2C$ 值只作为参考值，不作限差规定。如果其变动范围不大，说明仪器是相对稳定的，不需要校正，取盘左、盘右读数的平均值即可消除视准轴误差的影响。

(b) 一测回内各方向平均读数的计算：

$$\text{同一方向的平均读数}=\frac{1}{2}[L+(R\pm180°)] \tag{3.3}$$

起始方向有前、后两个平均读数，应再求其平均值，将算出的结果填入同一栏的括号内，如第一测回中的(0°01′15″)。

(c) 一测回归零方向值的计算：将各个方向(包括起始方向)的平均读数减去起始方向的平

均读数，即得各个方向的归零方向值。显然，起始方向归零后的值为 0°00′00″。

(d) 各测回平均方向值的计算：每一测回各个方向都有一个归零方向值，当各测回同一方向的归零方向值之差不大于 24″(针对 DJ_6 型光学经纬仪)，则可取其平均值作为该方向的最后结果。

注意：$2C$ 值作为观测成果中一个限差规定的项目，它不是以 $2C$ 的绝对值的大小作为是否超限的标准，而且以各个方向的 $2C$ 的互差(即最大值与最小值之差)作为是否超限的检查标准。

另外，在取平均值时，应保留到秒位，取舍原则为“四舍六入”，遇到五，看前一位根据“奇进偶不进”的原则进行，如 1.5″记作 2″，4.5″记作 4″。

表 3.6 所示为某次观测结果的记录和计算。

表 3.6　方向观测法记录手簿

测区＿＿＿＿＿＿＿　观测者＿＿＿＿＿＿＿　记录者＿＿＿＿＿＿＿

＿＿年＿＿月＿＿日　天气＿＿＿＿＿＿＿　仪器型号＿＿＿＿＿＿＿

测回	测站	目标	水平度盘读数		2C 互差	平均读数	一测回归零方向值	各测回归零方向值	略图及角值
			盘 左	盘 右					
			° ′ ″	° ′ ″	″	° ′ ″	° ′ ″	° ′ ″	
1	O	A	0 01 00	180 01 18	−18	(0 01 15) 0 01 09	0 00 00	0 00 00	
		B	91 54 06	271 54 00	+6	91 54 03	91 52 48	91 52 45	
		C	153 32 48	333 32 48	0	153 32 48	153 31 33	151 31 33	
		D	214 06 12	34 06 06	+06	214 06 09	214 04 54	214 05 00	
		A	0 01 24	180 01 18	+06	0 01 21			
2	O	A	90 01 12	270 01 24	−12	(90 01 27) 90 01 18	0 00 00		
		B	181 54 00	1 54 18	−18	181 54 09	91 52 42		
		C	243 32 54	63 33 06	−18	243 33 00	153 31 33		
		D	304 06 36	124 06 30	+6	304 06 33	214 05 06		
		A	90 01 36	270 01 36	0	90 01 36			

3.2.5　任务延伸

利用 DJ_6 型光学经纬仪测量△ABC 三个内角。

3.3 用 DJ_6 型光学经纬仪测量竖直角

3.3.1　知识准备

竖直角是指在同一竖直面内，观测的目标方向与水平方向间的夹角，用 α 表示。其角值范围为−90°～ +90°。当视线方向在水平线之上时，称为仰角；视线方向在水平线之下时，称为俯角，如图 3.15 所示。

在同一竖直面内，目标方向与天顶方向(即铅垂线的反方向)所构成的角称为天顶距，一般用 Z 表示。天顶距的范围为 0°～ +180°，没有负值。

由竖直角概念可知，在测定竖直角时，需在 O 点设置一个可以在竖直平面内随望远镜仪器转动且带有数值刻画的度盘(竖盘)，并且有一竖盘的读数指标线位于铅垂位置，不随竖盘的转动而转动。因此，竖直角就等于瞄准目标时倾斜视线的读数与水平视线读数的差值。

(一) 竖直度盘的构造

竖直度盘简称竖盘，图 3.16 为 DJ_6 型光学经纬仪竖盘构造示意图，主要包括竖盘、竖盘指标、竖盘指标水准管和竖盘指标水准管微动螺旋。竖盘固定在横轴的一侧，随着望远镜在竖直面内上、下转动；在竖盘上进行读数的指标在读数窗内。竖盘分划的影像，通过光路成像在读数窗内。分微尺的零刻划线是竖盘读数的指标线，它与竖盘指标水准管连接在一个微动架上，转动竖盘指标水准管微动螺旋，可使竖盘读数指标在竖直面内做微小移动。当竖盘指标水准管气泡居中时，指标处于竖直位置，即在正确位置。一个校正好的竖盘，当望远镜视准轴水平、指标水准管气泡居中时，读数窗内指标所指的读数应是 90°或 270°，此读数即为视线水平时的竖盘读数。一些新型的经纬仪安装了自动归零装置来代替水准管，测定竖直角时，放开阻尼器螺旋，待稳定后，直接进行读数，提高了观测速度和精度。

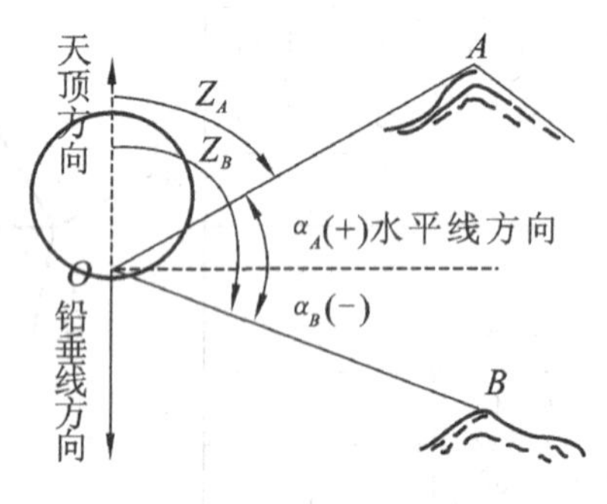

图 3.15 竖直角与天顶距

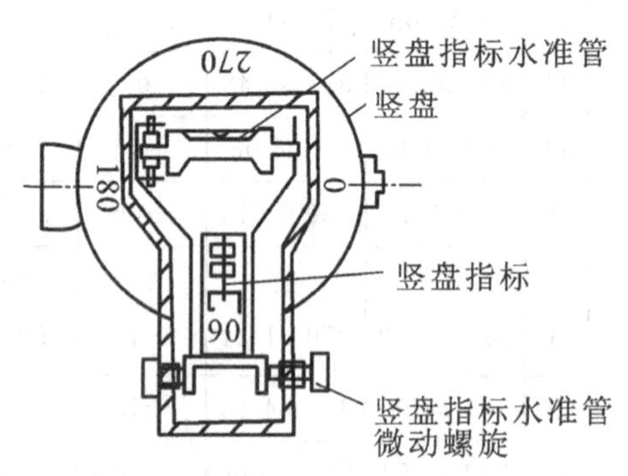

图 3.16 竖盘构造示意图

(二) 竖直角的计算

竖直度盘的注记形式很多，因而由竖盘读数计算竖直角的公式也不相同，但其原理是一样的。常见的注记形式为全圆注记，注记的方向分为顺时针方向(见图 3.17(a))和逆时针方向(见图 3.17(b))两种。

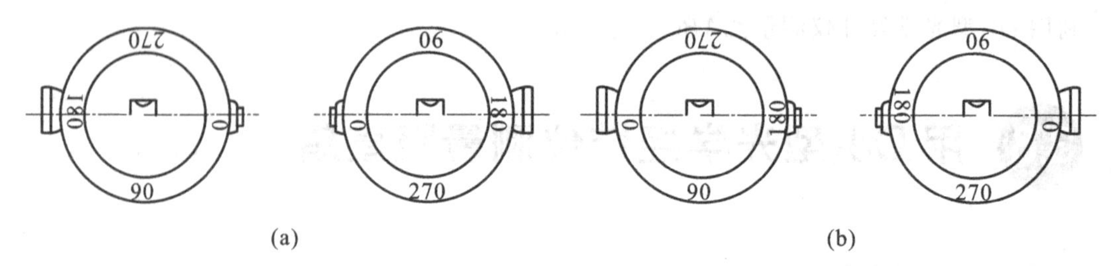

图 3.17 竖盘注记形式

当望远镜视线水平时，不论是盘左还是盘右，其读数均是个定值，正常状态下应该是90°的整倍数。所以测定竖直角时，实际只对视线指向的目标进行读数。以仰角为例，对所用仪器把望远镜放在大致水平位置观察下读数，然后观察望远镜逐渐上倾时读数是增加还是减小，就可得出计算公式。

若望远镜视线慢慢上倾，竖盘读数逐渐减小，则说明该度盘为顺时针刻画的，如图3.18所示。竖直角为

$$\alpha_{左}=90°-L \tag{3.4}$$

$$\alpha_{右}=R-270° \tag{3.5}$$

若望远镜视线慢慢上倾，竖盘读数逐渐增加，则说明该度盘为逆时针刻画的。竖直角为

$$\alpha_{左}=L-90° \tag{3.6}$$

$$\alpha_{右}=270°-R \tag{3.7}$$

式中 L——盘左时视线照准目标时的读数；

R——盘右时视线照准目标时的读数。

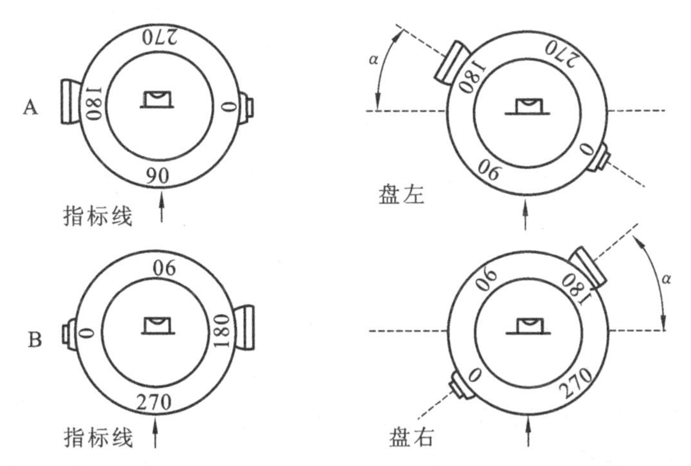

图3.18 竖直角计算示意图

由于竖盘读数 L 和 R 含有误差，$\alpha_{左}$ 和 $\alpha_{右}$ 常不相等，竖角值应取盘左、盘右的竖直角平均值作为观测结果，即

$$\alpha=\frac{1}{2}(\alpha_{左}+\alpha_{右})=\frac{1}{2}(R-L)-90° \tag{3.8}$$

（三）竖盘指标差的计算

当望远镜的视线水平，竖盘指标水准管气泡居中时，竖盘指标所指的读数不在90°或270°位置，而是偏离了正确位置，使读数增大或者减小了一个角度 x，x 为竖盘指标差，如图3.19所示。它是由于竖盘指标水准管与竖盘读数指标的关系不正确等因素而引起的。

竖盘指标差有正、负之分，当指标偏移方向与竖盘注记方向一致时，会使竖盘读数增大一个 x 值，即 x 为正；反之，当指标偏移方向与竖盘注记方向相反时，则使竖盘读数减小了一个 x 值，故 x 为负。

图3.19中，指标偏移方向和竖盘注记方向一致，x 为正值，那么盘左和盘右读数都将增大一个 x 值。因此，若用盘左读数计算正确的竖直角 α，则

$$\alpha=(90°+x)-L=\alpha_L+x \tag{a}$$

若用盘右读数计算竖直角时，应为

$$\alpha=R-(270°+x)=\alpha_R-x \tag{b}$$

由式(a)+式(b)得

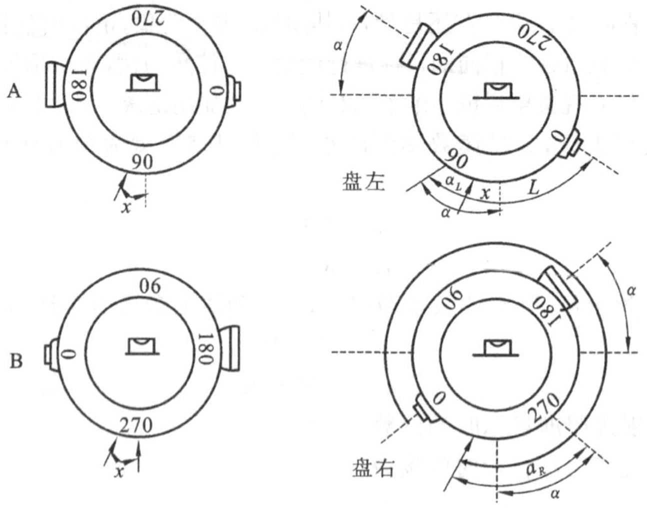

图 3.19 竖盘指标差

$$\alpha = \frac{1}{2}(\alpha_L + \alpha_R) = \frac{1}{2}(R - L) - 90°$$

上式与公式(3.8)完全相同，说明利用盘左、盘右两次读数求算竖直角，可以消除竖盘指标差对竖直角的影响。

由式(b)－式(a)得

$$x = \frac{1}{2}(\alpha_R - \alpha_L) = \frac{1}{2}(L + R) - 180° \tag{3.9}$$

在测量竖直角时，虽然利用盘左、盘右两次观测能消除指标差的影响，但求出指标差的大小可以检查观测成果的质量。同一仪器在同一测站上观测不同的目标时，在某段时间内其指标差应为固定值，但由于观测误差、仪器误差和外界条件的影响，使实际测定的指标差数值总是在不断变化，对于 DJ_6 型光学经纬仪的一般规定是：同一测站指标差互差不应大于 25″，并且同一目标各测回所测竖直角互差限差为 25″。如果超限，应重新观测。

(四) 竖直角观测步骤

(1) 在测站 O 点上安置经纬仪，以盘左位置用望远镜的十字丝横丝，瞄准目标上某一点 M。

(2) 转动竖盘指标水准管微动螺旋，使气泡居中。读取竖盘读数 L。

(3) 倒转望远镜，以盘右位置再次瞄准目标 M 点。调节竖盘指标水准管气泡居中，读取竖盘读数 R。计算竖直角。竖直角的观测记录手簿如表 3.7 所示。

表 3.7 竖直角观测记录手簿

测站	目标	竖盘位置	竖盘读数 /(° ′ ″)	半测回竖直角 /(° ′ ″)	指标差 /(″)	一测回竖直角 /(° ′ ″)	备注
O	A	左	80 20 36	9 39 24	+15	9 39 39	盘左时竖盘注记 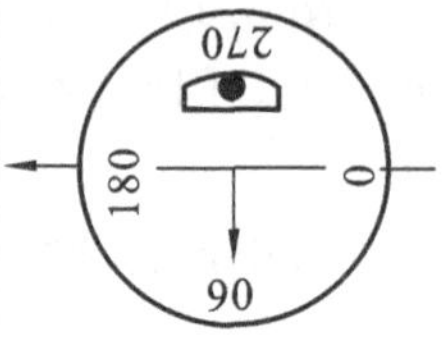
		右	279 39 54	9 39 54			
	B	左	96 05 24	−6 05 24	+6	−6 05 18	
		右	263 54 48	−6 05 12			

3.3.2 任务实施

1. 目的

(1) 掌握竖直角的观测、记录和计算方法。

(2) 了解竖盘指标差的计算方法。

2. 任务分析

选择实训场地中 3 个不同高度的目标,使观测值有仰角和俯角。要求各组分别观测所选目标并计算竖直角、竖盘指标差值。

精度要求:同组成员所测竖直角、竖盘指标差互差不得超过$\pm 25''$。

3. 仪器及工具

DJ_6 型光学经纬仪 1 台,脚架 1 个,记录本,计算器,铅笔。

4. 方法及步骤

(1) 在测站点上安置经纬仪,对中、整平后,选取 A、B、C 三个不同高度的目标。

(2) 判断并确定仪器竖直角计算公式。

(3) 竖直角观测步骤:

(a) 安置经纬仪,盘左时瞄准目标 A,以中丝与目标顶端相切,使竖盘指标水准管气泡居中后,读取竖盘读数 L,记录并计算盘左竖直角 $\alpha_{左}=90°-L$。

(b) 盘右时,仍以中丝与目标 A 顶端相切,使竖盘指标水准管气泡居中后,读取竖盘读数 R,记录并计算盘右竖直角 $\alpha_{右}=R-270°$。

(c) 计算一测回竖直角值平均值。

$$\alpha=\frac{1}{2}(\alpha_{左}+\alpha_{右})$$

(d) 竖盘指标差的确定。

$$x=(\alpha_{左}-\alpha_{右})/2 \quad 或 \quad x=(L+R-360°)/2$$

其余两点的测量过程同上。

5. 记录手簿

竖直角观测记录手簿如表 3.8 所示。

表 3.8 竖直角观测记录手簿

日期:________ 天气:________ 仪器型号:________ 观测者:________ 记录者:________

测站	目标	竖盘位置	竖盘读数/(° ′ ″)	半测回竖直角/(° ′ ″)	指标差/(″)	一测回竖直角/(° ′ ″)	备注

3.3.3 任务小结

竖直角测量时必须注意下列几点：

(1) 仪器安置的高度要合适，三脚架要踩牢，仪器与脚架连接要牢固；观测时不要手扶或碰动三脚架，转动照准部和使用各种螺旋时，用力要轻。

(2) 对中、整平要准确，测角精度要求越高或边长越短的，对中要求越严格；如观测的目标之间高低相差较大时，更应注意仪器整平。

(3) 每次读数之前，必须使竖盘指标水准管气泡居中或将自动归零开关设为“ON”。

(4) 竖直角观测时，宜用十字丝横丝切于目标的指定部位。

(5) 不要把水平度盘和竖直度盘读数弄混淆；记录要清楚，并当场计算校核，若误差超限应查明原因并重新观测。

3.3.4 知识拓展

(一) 测角误差分析

在角度观测中有各种各样的误差来源，这些误差对角度的观测精度又有着不同的影响。

1. 仪器误差

(1) 仪器本身误差。

由于仪器制造加工不完善所引起的误差，如照准部偏心误差、度盘分划误差等。经纬仪照准部旋转中心应与水平度盘中心重合，如果两者不重合，即存在照准部偏心误差，在水平角测量中，此项误差影响可通过盘左、盘右观测取平均值的方法加以消除。水平度盘分划误差的影响一般较小，当测量精度要求较高时，可采用各测回间变换水平度盘位置的方法进行观测，以减弱这项误差的影响。

(2) 仪器校正不完善所引起的误差。

如望远镜视准轴不严格垂直于横轴、横轴不严格垂直于竖轴所引起的误差，可以采用盘左、盘右观测取平均值的方法来消除，而竖轴不垂直于水准管轴所引起的误差则不能通过盘左、盘右观测取平均值或其他观测方法来消除，因此，必须认真做好仪器的检验、校正工作。

2. 角度观测误差

(1) 对中误差。

仪器对中不准确，仪器中心偏离测站中心的位移叫偏心距，偏心距将使所观测的水平角值不是大就是小。经研究可知，对中问题引起的水平角观测误差与偏心距成正比，并与测站到观测点的距离成反比。因此，在进行水平角观测时，仪器的对中误差不应超出相应规范规定的范围，特别对于短距离角度进行观测时，更应该精确对中。

(2) 整平误差。

若仪器未能精确整平或在观测过程中气泡不再居中，竖轴就会偏离铅直位置。整平误差不能用观测方法来消除，此项误差的影响与观测目标时视线竖直角的大小有关，当观测目标与仪器视线大致同高时，影响较小；当观测目标时，视线竖直角较大，则整平误差的影响明显增大，此时，应特别注意认真整平仪器。当发现水准管气泡偏离零点超过一格以上时，应重新整平仪器，重新观测。

(3) 目标偏心误差。

由于测点上的标杆倾斜而使照准目标偏离测点中心所产生的偏心差称为目标偏心误差。目标偏心是由于目标点的标志倾斜引起的。观测点上一般都是竖立标杆，当标杆倾斜而又瞄准其顶部时，标杆越长，瞄准点越高，则产生的方向值误差越大，边长短时误差的影响更大。为了减少目标偏心对水平角观测的影响，观测时，标杆要准确而竖直地立在测点上，且尽量瞄准标杆的底部。

(4) 瞄准误差。

引起这种误差的因素很多，如望远镜的孔径大小、分辨率、放大率，十字丝粗细、清晰度，人眼的分辨能力，目标的形状、大小、颜色、亮度和背景，以及周围的环境，空气透明度，大气的湍流、温度等，其中与望远镜放大率的关系最大。经计算，DJ_6型光学经纬仪的瞄准误差为$\pm 2''\sim\pm 2.4''$，观测时应注意消除视差，调节十字丝至最佳状态。

(5) 读数误差。

读数误差与读数设备、照明情况和观测者的经验有关。一般来说，主要取决于读数设备。对于 DJ_6 型光学经纬仪，估读误差不超过分划值的 1/10，即不超过$\pm 6''$。如果照明情况不佳，读数显微镜存在视差，以及读数不熟练，估读误差还会增大。

3. 外界条件的影响

影响角度测量的外界因素很多，大风、松土会影响仪器的稳定；地面辐射热会影响大气稳定而引起物像跳动；空气的透明度会影响照准的精度，温度的变化会影响仪器的正常状态等。这些因素都会在不同程度上影响测角的精度，要想完全避免这些影响是不可能的，观测者只能采取措施及选择有利的观测条件和时间，使这些外界因素的影响降低到最小的程度，从而保证测角的精度。

（二）经纬仪的检验与校正

1. 光学经纬仪应满足的几何条件

由测角原理可知，为了精确地测量角度，当经纬仪整平后，望远镜视准轴绕水平轴上下转动时，其视线应能扫出一个竖直面。为了达到这一要求，一台完善的经纬仪，其各条轴线之间应满足以下三项主要的几何条件，即三轴(见图 3.20)相互垂直条件：

(1) 照准部水准管轴 LL 应垂直于竖轴 VV；

(2) 视准轴 CC 应垂直于横轴 HH；

(3) 横轴 HH 应垂直于竖轴 VV。

如果经纬仪满足了上述三个条件，当仪器整平后，则竖轴垂直，水准管轴和横轴水平，因视准轴垂直于横轴，所以当视准轴绕水平轴上下转动时即能扫出一个竖直面。

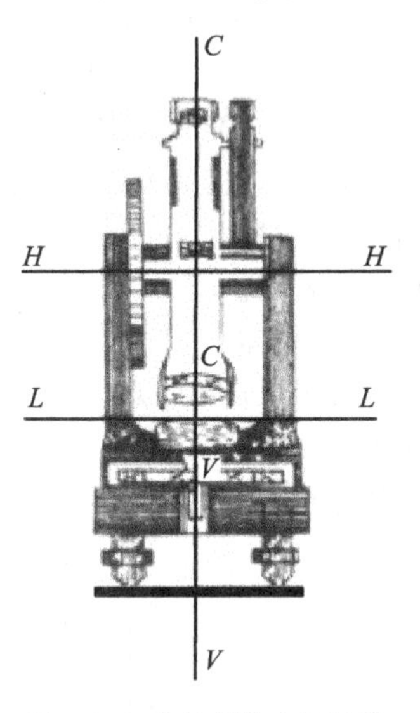

图 3.20　经纬仪的主要轴线

2. 光学经纬仪的检验与校正

1) 照准部水准管轴应垂直于竖轴的检验与校正

(1) 检验。

先整平经纬仪，转动照准部使水准管轴与任意一对脚螺旋平行，并转动这对脚螺旋使气泡严格居中，再将照准部旋转 180°，如果气泡仍居中，说明该条件满足，否则需要校正。

(2) 校正。

先旋转这一对脚螺旋，使气泡向中央零点位置移动偏离格数的一半，再用校正针拨动水准管一端的校正螺丝，使气泡居中。反复检验与校正，直到水准管在任何位置气泡偏离量都在一格以内为止。

2）十字丝竖丝垂直于横轴的检验与校正

（1）检验。

整平仪器，以十字丝的交点精确瞄准任一清晰的点 P，如图 3.21 所示。拧紧照准部和望远镜制动螺旋，转动望远镜微动螺旋，使望远镜上、下微动，如果所瞄准的小点始终不偏离纵丝，则说明条件满足；若十字丝交点移动的轨迹明显偏离了 P 点，如图中的虚线所示，则需进行校正。

（2）校正。

卸下目镜处的外罩，即可见到十字丝分划板校正设备，如图 3.22 所示。松开四个十字丝分划板套筒压环固定螺钉，转动十字丝套筒，直至十字丝纵丝始终在 P 点上移动，然后再将压环固定螺钉旋紧。

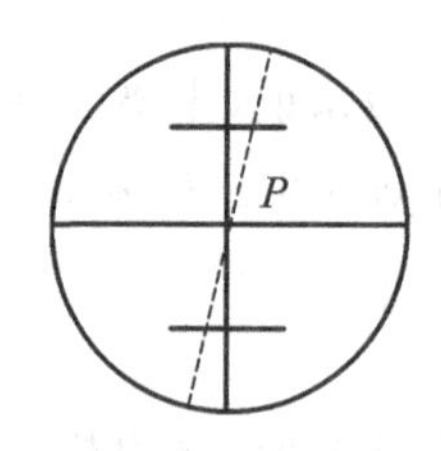

图 3.21　十字丝检验

图 3.22　十字丝分划板校正设备

3）视准轴应垂直于横轴的检验与校正

（1）检验。

在平坦地面上选择一条长约 100 m 的直线 AB，A、B 两点的中点为 O，在 A 点设置一瞄准标志，在 B 点横放一根刻有毫米分划的标尺，使标尺与 OB 尽量垂直，标志、标尺应大致与仪器同高；用盘左瞄准 A 点，制动照准部，倒转望远镜在 B 点尺上读出 B_1；用盘右再瞄准 A 点，制动照准部，倒转望远镜再在 B 点尺上读出 B_2。若 B_1 与 B_2 两读数相同，则说明条件满足。如不相同，由于 $\angle B_1OB_2=4c$，由此算得 $c''=B_1B_2\times\rho''/(4D)$，式中 D 为 O 点到小尺的水平距离，若 $c''>60''$，则必须校正。

（2）校正。

在尺上定出一点 B_3，使 $B_2B_3=B_1B_2/4$，OB_3 便与横轴垂直。此时用校正针拨动左右两个十字丝校正螺丝，一松一紧，左右移动十字丝分划板，直至十字丝交点与 B_3 影像重合。这项校正需反复进行。

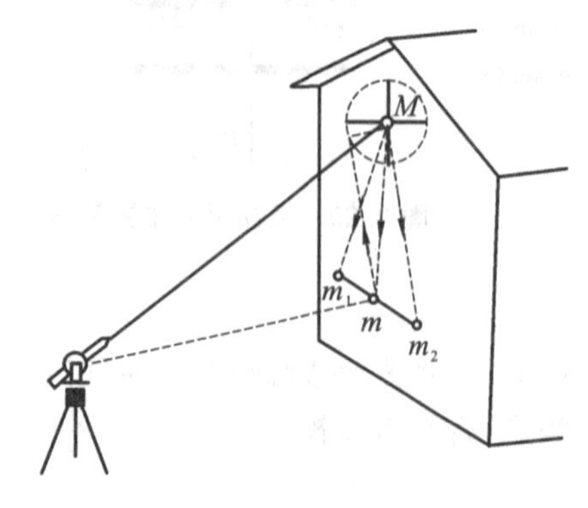

图 3.23　横轴的检验

4）横轴垂直于竖轴的检验与校正

（1）检验。

仪器安置在距建筑物 20～30 m 处，如图 3.23 所示。盘左位置照准目标 M，仰角稍大于 30°为宜。然后制动照准部，将望远镜放水平，在墙上标出 m_1 点。倒转望远镜成盘右位置仍照准目标 M，再放平望远镜，在墙上标出 m_2 点。若 m_1、m_2 两点重合，说明此条件满足，否则需要校正。

（2）校正。

在墙上定出 m_1、m_2 两点连线的中点 m，仍以盘右位置转动水平微动螺旋，照准 m 点后，转动望远镜，仰视 M，此时十字丝交点必将偏离 M 点。打开仪器支架的护盖，松开望远镜横轴的校正螺丝，转动偏心轴承，抬高或降低横轴一端，使十字丝交点瞄准 M 点，最后拧紧校正螺丝。反复检校，直到满足条件为止。此项校正一般应送到专业修理单位检修。

5）竖盘指标差的检验与校正

（1）检验。

整平仪器，用盘左、盘右观测同一目标 P，使竖盘指标水准管气泡居中后，读取竖盘读数 L 和 R，计算竖盘指标差 $x=\frac{1}{2}(\alpha_R-\alpha_L)$，当 $x>1'$时，需要校正。

（2）校正。

校正时先计算出盘右正确的读数 $R_0=R-x$，保持盘右照准的原目标不变，转动竖直指标水准管微动螺旋使竖盘读数为 R_0，这时，气泡必然偏离。用校正针一松一紧竖盘指标水准管的校正螺丝，使气泡居中。此项检校应反复进行，直至指标差小于规定的限值。

3.3.5 任务延伸

用电子经纬仪测量水平角和竖直角，并与光学经纬仪测角相比，说明电子经纬仪的优越性。

3.4 用经纬仪测设60°的水平角

3.4.1 知识准备

水平角测设的任务是根据地面已有的一个已知方向，将设计角度的另一方向测设到地面上。

如图3.24所示，设地面上已有 AB 方向，欲在 A 点以 AB 方向为起始方向，向右测设出设计的水平角 β。将经纬仪安置在 A 点后，操作过程如下：

（1）用盘左瞄准 B 点，读取水平度盘读数为 L；松开水平制动螺旋，顺时针旋转照准部，当水平度盘读数约为 $L+\beta$ 角值时，制动照准部，旋转水平微动螺旋，使水平度盘读数准确为 $L+\beta$角值，在视线方向上定出 C点。

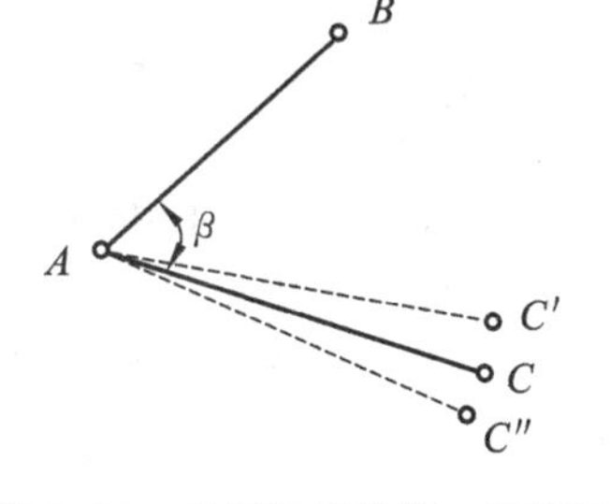

图3.24 水平角测设的一般方法

（2）为了消除仪器误差和提高测设精度，倒转望远镜为盘右位置，重复上述步骤，在视线方向定出 C''点，取 C' 和 C'' 的中点 C，则$\angle BAC$ 即为要测设的 β 角。

3.4.2 任务实施

1. 目的

（1）继续熟悉经纬仪的使用方法。

（2）掌握测设已知水平角的一般方法。

2. 任务分析

测设水平角的实际应用非常广泛，如建筑物的角点、道路等所涉及的角度测设工作均需使用此方法。通过任务的实施，使学生能够掌握水平角测设的方法及了解角度测设的精度要求。

3. 仪器及工具

经纬仪1台，钢尺1把，水准仪1台，水准尺1把，温度计，弹簧秤1个，木桩若干，测钎，锤，工具包，铅笔，记录本。

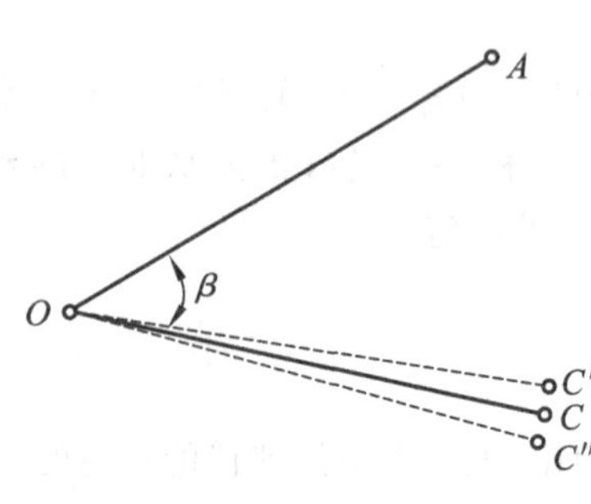

图 3. 25　正倒镜分中法测设水平角

4. 方法及步骤

当测设精度要求不高时，采用正倒镜分中法，具体步骤如下：

(1) 如图3.25所示，在地面选取O、A两点并打上木桩，桩顶钉一小钉或划一"+"字标志点位，并作为已知方向。

(2) 在O点安置经纬仪，盘左位置瞄准A点，将水平度盘数配置为$0°00'00''$，顺时针方向转动照准部，使水平度盘读数$\beta=60°00'00''$，固定照准部，沿视线方向在地面上定出C'点的点位。纵转望远镜为盘右位置，重复以上操作，沿视线方向标出C''，若C'和C''两点不重合，则定出C'、C''两点的中点C，$\angle AOC$即为测设角度。

3.4.3　任务小结

测设水平角是工程中常见的操作，在施工测量中经常用到，如在建筑物放线中，测设90°角。现在由于电子经纬仪和全站仪的普遍应用，角度测设工作变得比较简单了，但要注意的是，瞄准已知方向一定要准确，测设完成后一定要进行检验复核，确保测设点位的正确性。

3.4.4　知识拓展

当测设水平角β的精度要求较高时，需要采用更加精密的方法测设水平角。具体做法为：先按正倒镜分中法测设，定出C_1点。在此基础上，用测回法观测$\angle AOC_1$若干测回，取各测回的平均值得水平角β_1，如图3.26所示。则实地测设水平角β_1与要求测设的水平角β之差为$\Delta\beta=\beta-\beta_1$。对$\Delta\beta$的校正，按下述垂线支距法进行。

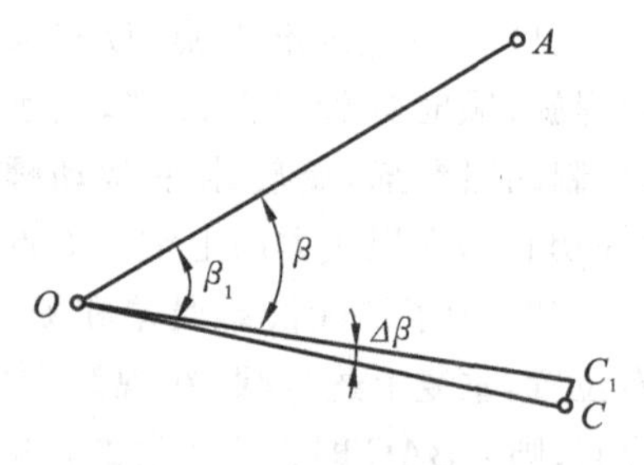

图 3.26　水平角测设精密方法

(1) 实地量取OC的水平距离，计算垂线支距长度C_1C。

$$C_1C=OC\cdot\tan\Delta\beta$$

(2) 过C_1点作OC_1垂线，沿垂线向角外($\Delta\beta>0$)或向角内($\Delta\beta<0$)量取C_1C定出C点，则$\angle AOC$为所要测设的β角。

3.4.5　任务延伸

根据地面A、B两点用电子经纬仪测设出一正方形$ABCD$。

课后练习题

简答题

(1) 何为水平角？何为竖直角？它们各自的取值范围是多少？

(2) 普通经纬仪一般由哪几部分组成？光学经纬仪与电子经纬仪的读数系统有何不同？

(3) 水平角观测中，为什么要配置水平度盘？若观测水平角 4 个测回，则第三测回第一个方向的水平度盘配置为多少度？

(4) 采用盘左、盘右观测水平角，能消除哪些误差？

(5) 经纬仪有哪些主要轴线？它们之间满足哪些几何关系？

(6) 影响角度测量的误差来源有哪些？

(7) 如图 3.27 所示，测回法观测水平角 β 的盘左和盘右读数，并填写表 3.9，计算∠CAB 的值。

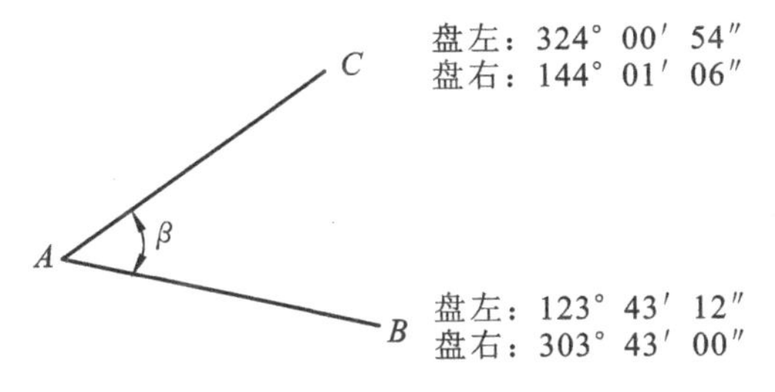

图 3.27 测回法测量水平角

表 3.9 测回法观测记录手簿

测站	目标	竖盘位置	水平度盘读数/(° ′ ″)	半测回角值/(° ′ ″)	一测回角值/(° ′ ″)
A	C	左			
	B				
	C	右			
	B				

(8) 完成表 3.10 所示的竖直角观测记录手簿。

表 3.10 竖直角观测记录手簿

测站	目标	竖盘位置	竖盘读数/(° ′ ″)	竖直角/(°′″)		竖盘指标差/(″)	
				半测回	一测回		竖盘为顺时针注记
O	A	左	86 47 48				
		右	273 11 54				

(9) 水平角的测设方法有哪些？精密测设水平角的步骤如何？

Chapter 4

第4章 距离测量

4.1 测量A、B两点间的水平距离

4.1.1 知识准备

一、钢尺量距

钢尺量距是指用丈量工具在地面上测量两点之间的水平距离。丈量工作包括点的标志、直线定线和丈量等内容。

（一）丈量工具

距离测量所使用的丈量工具由量距所要求的精度确定。常用的量距工具有钢尺、皮尺、绳尺（测绳）等。

(1) 钢尺：钢制的带尺，用于较高精度的量距工作。根据尺的零点位置不同，钢尺可分为端点尺和刻线尺两种，如图4.1所示。

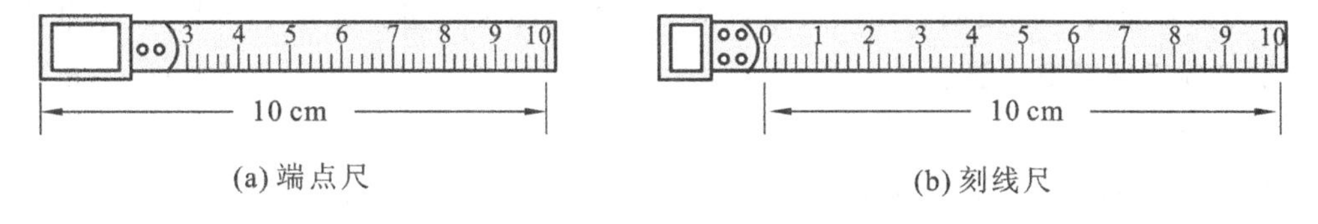

图4.1 端点尺和刻线尺

(a) 端点尺：零点位于尺端的称为端点尺。

(b) 刻线尺：零点标注于尺上某处的称为刻线尺。

(2) 皮尺：麻线与细金属丝织成的带状尺。皮尺的长度有20 m、30 m、50 m几种，最小刻画至厘米，在米和分米处有标记。

(3) 绳尺：又称测绳，是内含金属丝的绳子，外用棉线包裹，一般长度有50 m、100 m等。起点有“0”符号的金属圈，整米处有金属圈标记。精度较低，用于粗略的量距工作。

(4) 标杆：又称花杆，用以标定点位或直线的方向，由坚实不易弯曲的木杆制成，也有用铝合金制成的金属标杆。

(5) 测钎：在测量距离的过程中，用以标志所量尺段的起止点，计算整尺段数。

(6) 垂球：用金属制成，上大下尖呈圆锥形。

(二) 直线定线

直线定线即在两点的直线方向上竖立一系列标杆，把中间若干点确定在已知直线的方向上。直线定线按精度要求可采用目估定线，也可用仪器进行定线，如图 4.2、图 4.3 所示。

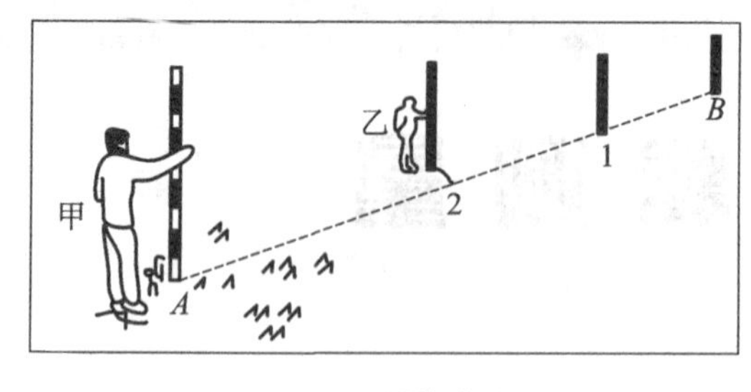

图 4.2 目估定线

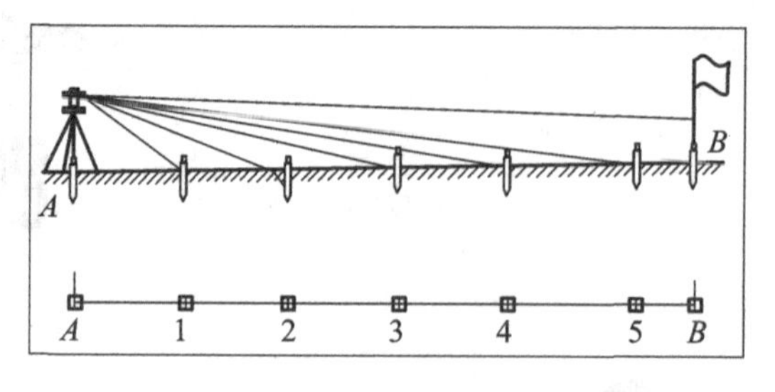

图 4.3 经纬仪定线

1. 目估定线

(1) 两点间定线，设有 A、B 两点，且能互相通视，分别在 A、B 两点上竖立标杆，一个测量员站在 A 标杆后 1～2 m 处，另一测量员持标杆在 AB 方向上移动，当观测到标杆与 A、B 两点重合时，即三点在同一直线上，然后将标杆竖直地插在地上。

(2) 两点延长线上定线，与上述方法一样，但要尽量避免两点间距离过短而延线却很长的情况，这种情况下定线不容易精确。

2. 仪器定线

(1) 甲在 A 点上安置仪器，乙在 B 点上竖立标杆。

(2) 甲用望远镜瞄准 B 点的标杆，乙携带标杆由点 B 走向点 A，甲根据望远镜的视线指挥乙将标杆左右移动，直至标杆精确对准视线为止。

当距离丈量精度要求不高时，采用目估定线，如果精度要求较高，一般采用经纬仪定线。

(三) 距离丈量的一般方法

距离丈量可分为平坦地面的距离丈量和倾斜地面的距离丈量。丈量工作要求平、直、准。

1. 平坦地面的距离丈量法

(1) 观测与计算。

丈量工作一般由三人完成，包括前尺员、后尺员和记录员各一人。丈量时，后尺员持一测钎和尺的零点端位于 A 点，前尺员携带一束测钎和尺的末端沿 AB 方向前进，到一整尺段处停下，两人同时用力将钢尺拉平，后尺员将尺的零点对准点 A 时喊好，前尺员同时在尺的末端处且在 AB 连线上插一测钎作为标记，这样就完成了第 1 尺段的丈量工作，然后后尺员拔出测钎与前尺员一起抬尺前进，依次丈量第 2，第 3，…，第 n 个整尺段，到最后不足一整尺段时，后尺员将尺的零点对准测钎，前尺员用钢尺对准 B 点并读出尺读数 q，则 A、B 间的水平距离可按下式计算：

$$D=n\times l+q \tag{4.1}$$

式中 n——整尺段数；

l——整尺段长；

q——余长。

（2）检核：应往返进行丈量。

（3）精度：距离丈量的精度用相对误差 K 来衡量。

$$K=\frac{1}{D_{均}/|D_{往}-D_{返}|} \tag{4.2}$$

相对误差：在平坦地区应不大于1/3 000，在地形起伏较大地区应不大于1/2 000，在测量困难地区应不大于1/1 000。距离丈量的记录计算表见表4.1。

表4.1　距离丈量记录表

线段名称	丈量方向	整尺长度/m	丈量数值			平均长度/m	相对误差	备注
			整尺段	余数/m	全长/m			
AB	往	30	6	8.764	188.764	188.749	1/6 292	
	返	30	6	8.734	188.734			
CD	往	30	5	10.601	160.601	160.621	1/4 016	
	返	30	5	10.641	160.641			

2. 倾斜地面的距离丈量法（见图4.4）

（1）平量法：丈量时将钢尺的一端抬高或两端同时抬高，使尺子水平地测量距离。

（2）斜量法：当倾斜地面的坡度比较均匀时，可沿斜坡丈量斜距 L，同时用经纬仪测得地面的倾斜角 α，然后计算出水平距离 D。

（3）计算：按倾斜角计算出水平距离 D。

$$D=L\times\cos\alpha \tag{4.3}$$

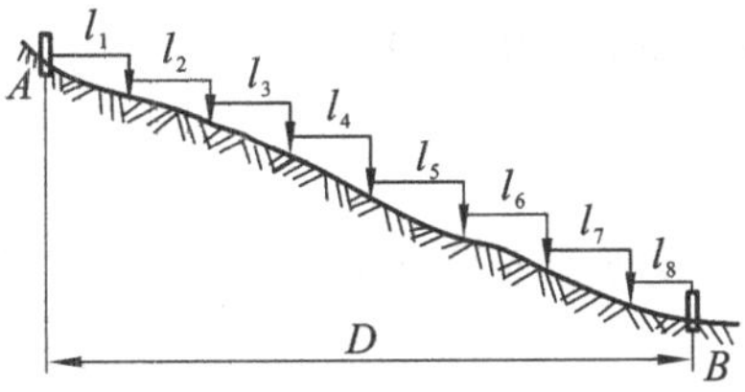

(a) 平量法 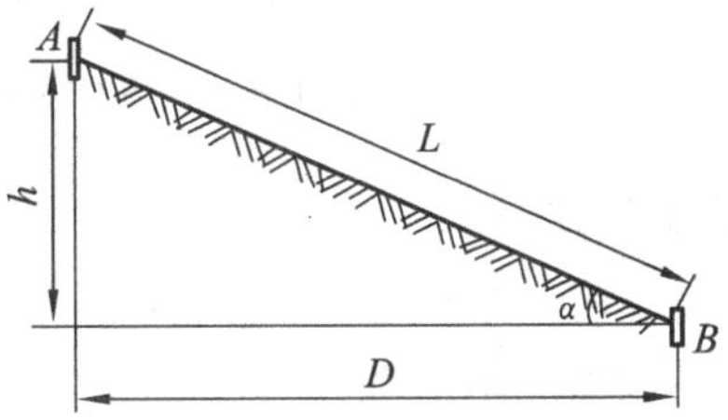　　(b)斜量法

图4.4　倾斜地面的距离丈量法

二、测距仪与全站仪

（一）测距仪

电子测距仪是以电磁波作为载波，通过传输光信号来测量距离的一种仪器。

1. 基本原理

测距仪是利用仪器发出的光波（光速 c 已知），通过测定出光波在测线两端点间往返传播的时间 t 根据公式 $S=ct/2$ 来计算距离，式中乘以1/2是因为光波经历了两倍的路程。

2. 分类

测距仪分为脉冲式测距仪和相位式测距仪。

(1) 脉冲式测距仪，直接测定光波在测线上往返的传播时间 t 并求得距离。由于受到脉冲的宽度和电子计数器时间分辨率的限制，测距精度不高，其特点是采用可见激光作为光源，测程可达十余公里；在有合作目标模式下，测距精度可达毫米级。

(2) 相位式测距仪，是利用测相电路直接测定光波从起点出发经终点反射回到起点时因往返时间差引起的相位差来计算距离，该法测距精度较高，其特点是采用红外线作为光源，测程在数公里之内；精度高于脉冲式光电测距仪。

(二) 全站仪

全站仪由电子测角、光电测距、微型机和数据处理系统组成。全站仪的基本功能是测角、测距，并借助机内固化软件，可以组成多种测量功能。

1. 全站仪的安置方法(以南方 NTS660 全站仪为例)

全站仪的安置方法(对中、整平、瞄准等)与经纬仪基本相同，不同的是，全站仪有操作键盘和显示屏，通过操作键盘，显示屏会显示出各种命令或数据。

2. 认识全站仪

了解仪器各部件及键盘各按键的名称、作用和使用方法，如图 4.5 所示。

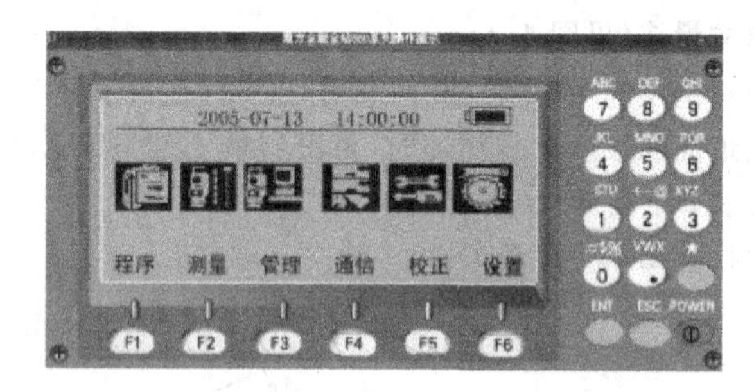

图 4.5 南方 NTS660 全站仪操作键盘和显示屏

3. 仪器操作方法

(1) 开机自检。打开电源，进入仪器自检，进行竖直度盘和水平度盘初始化，直至竖直度盘和水平度盘的读数显示出来。

(2) 输入参数。输入的参数包括棱镜常数、气象参数(温度、气压、湿度)等。

(3) 选定模式。选定模式包括测量模式(角度测量、距离测量、坐标测量)、程序模式(应用测量程序)等。本次实验只选择测量模式。

(4) 角度测量。进入角度测量模式。

(a) 盘左瞄准起始目标 A，按“置零”键和“设置”键。设置水平度盘读数为 $0°00'00''$，顺时针旋转照准部，瞄准第二目标 B，显示该目标的水平方向角及竖直角(或天顶距)。

(b) 同样方法可以进行盘右观测。

(c) 如果测竖直角，可在读取水平度盘的同时读取竖盘的显示读数。

(5) 距离测量。在“角度测量”模式下按下“平距”或“斜距”键即可进入距离测量模式，其测距模式分为单次模式 S、精测模式 F、连续测量模式 R、跟踪模式 T，一般设置为单次精测模式 F. S。

(a) 照准目标，需照准其棱镜中心。

(b) 按下“平距”或“斜距”键，选择平距式斜距测量模式，显示的数据有：HD 为水平距离，

SD 为倾斜距离，VD 为仪器中心至目标棱镜中心的高差。

精测模式是正常距离测量模式，最小显示距离为 1 mm。跟踪模式下的测量时间要比精测模式短，主要用于放样测量中，在跟踪运动目标或工程放样中非常有用。

(6) 坐标测量。

(a) 首先确定是在角度测量模式下，按下“坐标”键，设置测站坐标和仪器高、棱镜高。

(b) 先瞄准后视点，将其水平度盘的方向角设置为起始方位角 A_2，否则该方向值将自行设为±180°，从而导致结果出错。

(c) 瞄准待测点棱镜中心，按下“测量”键则完成坐标测量，得出测点的三维坐标(N,E,Z)。

4. 注意事项

(1) 运输仪器时，应采用包装箱运输、搬动，近距离测量中将仪器和脚架一起搬动时，应保持仪器竖直向上。

(2) 充电时，周围温度应在 10～30 ℃之间。换电池前必须关机。

(3) 全站仪是精密贵重的测量仪器，要防日晒、雨淋、碰撞、震动。严禁将仪器直接照准太阳。

4.1.2 任务实施

(一) 用钢尺测量 A、B 两点间的水平距离

1. 目的

(1) 了解钢尺的构造和使用方法。

(2) 掌握钢尺量距的一般方法。

2. 任务分析

该任务需采用目估法进行直线定线，再往返丈量 A、B 两点间的水平距离。要求丈量时做到“平、直、准”，且需要满足精度要求，平坦地区钢尺量距的相对误差不应大于 1/3 000，测量困难地区的相对误差不应大于 1/1 000。

3. 仪器及工具

钢尺一把，标杆，测钎若干，记录本，铅笔。

4. 方法及步骤

(1) 在地面上选定 A、B 两点，分别架立标杆并使其竖直。

(2) 进行直线定线，采用量距的一般方法丈量。

(a) 后尺员手持一测钎和尺的零点端立于 A 点，前尺员手持尺的末端和一根花杆，并携带五根测钎向 B 方向前进，到达一整尺段时止步。

(b) 用三点定一条直线的方法，前尺员根据后尺员的指挥用花杆定出中间点 1 的点位后，两人同时蹲下，并用适当均匀的拉力把尺拉紧、拉平、拉稳。此时后尺员应将尺的零点刻画正确对准 A 点地面标志，前尺员则拔去花杆使尺通过花杆脚孔中心，待后尺员发出丈量信号“好”时，前尺员即紧贴尺的末端刻画，在地面上竖直地插下第一根测钎，这样就完成了第一个尺段的测量工作。

(c) 两人同时携尺前进，当后尺员到达第一根测钎处时喊“停”，同法丈量第二尺段。自此，

后尺员应在每量完一尺段的距离后，就收取前尺员插在地面上的测钎，以作计数用。如果集满五根或十根，则应做记录，并将测钎交还给乙，以便再用。

(d) 丈量至 B 点时，最后一段距离一般不足一整尺，可在尺上准确读取尾数 q，尾数视需要读至厘米或毫米。以上便完成了 A、B 两点间的往测过程。

(e) 进行 B 至 A 的返测工作。

(3) 计算 A、B 两点的水平距离 D_{AB} 和相对误差 K。

5. 记录手簿

钢尺量距记录手簿如表 4.2 所示。

表 4.2 钢尺量距记录手簿

日期:_____ 天气:_____ 仪器型号:_____ 观测者:_____ 记录者:_____

线段名称	观测次数	整尺段数 n	余尺段 Δl/m	水平距离 D/m	平均距离/m	相对误差 K
	往					
	返					
	往					
	返					
	往					
	返					
	往					
	返					

(二) 用全站仪测量 A、B 两点间的水平距离

1. 目的

(1) 了解全站仪的构造和使用方法。

(2) 掌握全站仪测距的一般方法。

2. 仪器及工具

全站仪，棱镜，记录本，铅笔。

3. 方法及步骤

(1) 安置全站仪。将仪器安置在 A 点上，棱镜架立在 B 点处，对中。仪器开机后首先进行气象参数(如温度、气压等)的设置。

(2) 选定“测量”模式中的“角度测量”，按以下步骤进行测量。

在“角度测量”模式下按下“平距”或“斜距”键即可进入距离测量。

(a) 照准目标 B，需照准其棱镜中心。

(b) 按下“平距”键，即可测量出水平距离 HD，倾斜距离 SD，以及仪器中心至目标棱镜中心的高差 VD。

4.1.3 任务小结

测量距离有很多方法，将钢尺量距和全站仪测距进行比较，会发现测量距离较大时，用全站

仪测距无论在精度还是速度等各方面都远远优于钢尺量距，但如果测量距离很短，且地势平坦，则用钢尺量距更为方便。在进行钢尺量距时要注意以下几点。

(1) 注意钢尺零点端及终端的点位位置以及米、分米的注记特点，以防读错。

(2) 钢尺质脆易断，不要脚踏、车压，应轻拉轻卷。不允许在地上拖拉钢尺，以防磨损。

(3) 丈量结束后，如钢尺被水浸湿，必须用干布或纸擦干后再卷入盒内，以防生锈。

(4) 钢尺应抬平，拉力应力求均匀。在斜坡或坑洼不平地带，应采用测钎或垂球将尺的端点投在地面上，以直接丈量水平距离。

(5) 距离丈量的基本要求：尺子放平、读数准确、拉直尺子。

4.1.4 知识拓展

利用经纬仪也可以测量出距离，其方法称为视距测量法。

视距测量是利用仪器的视距装置，配合视距尺，根据光学和三角学原理间接测定两点间水平距离和高差的方法，属于普通视距测量。

普通视距测量精度较低，通常只能达到1/300～1/200，但是它与距离丈量相比，具有操作简便、速度快、不受地形起伏影响等优点，可同时测出两点间的水平距离和高差，常用于地形图测绘和工程勘测。

1. 视距测量原理

视距测量是利用望远镜十字丝平面上的上、下两根视距丝 a 与 b，配合视距尺和测得的竖直角 α，用视距公式算得水平距离及高差的一种方法。

2. 视距计算公式

(1) 视线水平时的视距公式，如图4.6所示。

水平距离 $$D=kl+c\text{（外对光式望远镜）} \qquad (4.4)$$

$$D=kl\text{（内对光式望远镜）} \qquad (4.5)$$

两点之间的高差 $$h=i-v \qquad (4.6)$$

式中 k——视距乘常数，$k=100$；

l——尺间隔，$l=a-b$；

c——视距加常数；

i——仪器高；

v——中丝读数。

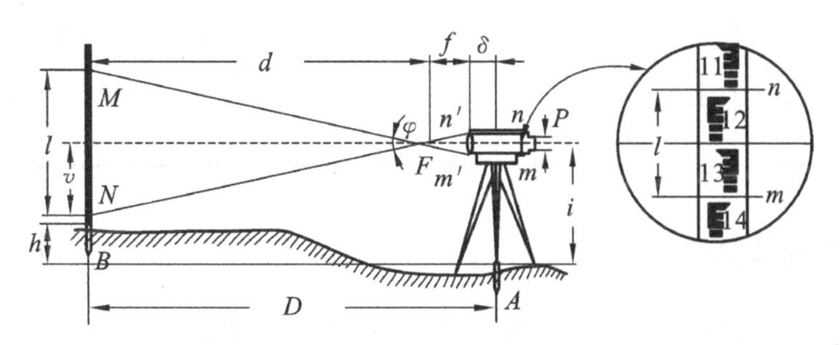

图4.6 视线水平时的视距公式的推导

(2) 视线倾斜时的视距公式，如图 4.7 所示。

水平距离 $$D=D'\cos\alpha=kl\cos^2\alpha \tag{4.7}$$

A、B 两点高差 $$h=h'+i-v=D\tan\alpha+i-v \tag{4.8}$$

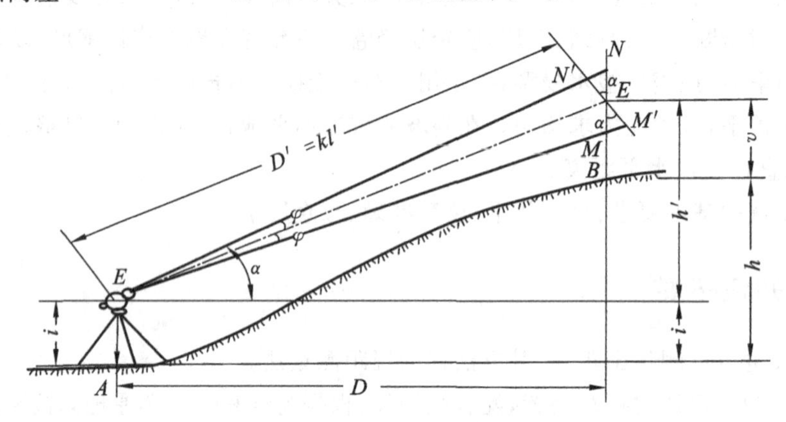

图 4.7 视线倾斜时视距公式的推导

3. 视距测量的观测方法

(1) 在测站上安置经纬仪，量取仪器高 i，精确至厘米。

(2) 瞄准竖直立于测点上的标尺，并读取中丝在标尺上的读数 v。

(3) 读取上、下视距丝在标尺上的读数。

(4) 调节使竖盘指标水准管气泡居中，读取竖盘读数，求出竖直角。

(5) 根据视距公式，计算高差及立尺点的高程，并将所有观测数据记录于表 4.3 中。

表 4.3 视距测量记录计算表

测站：A 测站高程：1042.60 m 仪器型号：DJ6 仪器高：1.32 m

测点	下丝读数 上丝读数/m	视距间隔/m	中丝读数/m	竖盘读数 ° ′	竖直角 ° ′	高差/m	水平距离/m	测点高程/m	备注
1	1.560 1.000	0.560	1.32	86 10	+3 50	+3.74	55.75	1 046.34	
2	2.530 1.000	1.530	1.32	91 03	−1 03	−2.80	152.95	1 039.80	
3	2.700 0.500	2.200	1.60	90 06	−0 06	−0.66	220.00	1 041.94	

4.1.5 任务延伸

用经纬仪进行视距测量，测量 A、B 两点间的水平距离和高差。

在 AB 方向线上测设一点 C，使 AC 水平距离为 21.660 m

4.2.1 知识准备

已知水平距离的测设，是从地面上一个已知点出发，沿给定的方向，量出已知（设计）的水平距离，在地面上定出这段距离另一端点的位置。可以用钢尺测设，也可以用测距仪、全站仪等仪器进行测设。

（一）钢尺测设法

1. 一般方法

测设已知距离时，线段起点和方向是已知的，如图 4.8 所示。若要求以一般精度进行测设，可在给定的方向，根据给定的距离值，从起点用钢尺丈量的一般方法，量得线段的另一端点。为了检核起见，再往返丈量测设的距离，若在限差之内，取其平均值作为最后结果，然后与已知距离比较，对测设的端点进行修正。

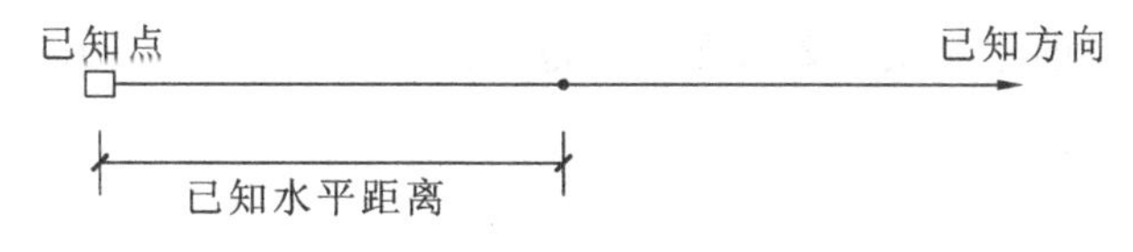

图 4.8　钢尺测设水平距离

2. 精确方法

当测量工具只有钢尺且测设精度要求较高时，须按钢尺量距的精确方法进行测设，即进行尺长改正、倾斜改正和温度改正，根据已知水平距离 D，计算出精确的地面上应量取的距离 D' 进行放样。需注意：放样时三项改正数的符号与量距时相反。

$$D'=D-\Delta D_1-\Delta D_t-\Delta D_h \tag{4.9}$$

式中　ΔD_1——尺长改正数；

ΔD_t——温度改正数；

ΔD_h——倾斜（高差）改正数。

（二）测距仪测设法（全站仪测设法）

如图 4.9 所示，安置仪器于起点，瞄准给定方向并水平制动，指挥立镜员按此方向移动棱镜，当仪器显示值为所放样的水平距离时，即为终点的准确位置。此时可用仪器测定距离并与已知测设距离对比，起到检核作用。

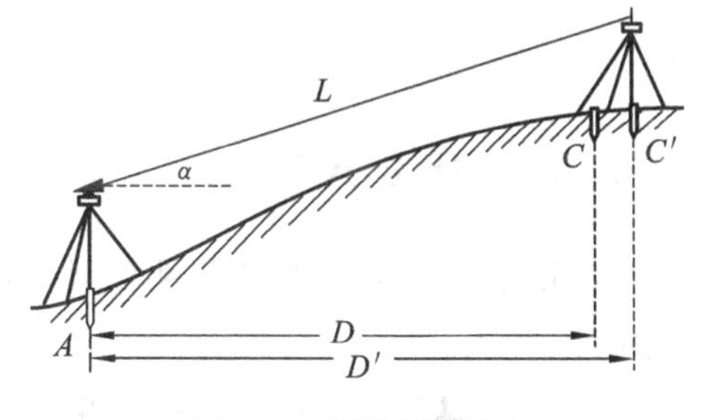

图 4.9　测距仪测设法

4.2.2 任务实施

(一) 用钢尺测设

1. 目的

(1) 掌握钢尺测设水平距离的一般方法。

(2) 熟悉距离测设的精度要求。

2. 仪器及工具

钢尺一把,木桩,钉子,红蓝铅笔,锤子。

3. 方法及步骤

(1) 提前给定地面上 A、B 两点的位置,钉上木桩,做好标记。

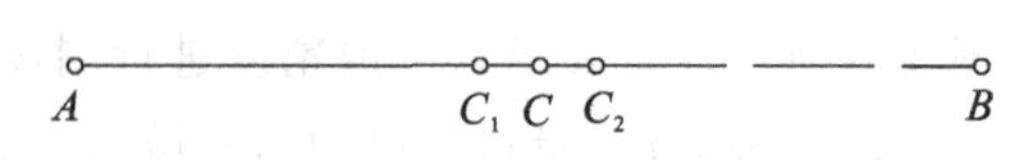

图 4.10 水平距离测设示意图

(2) 如图 4.10 所示,以 A 点为起点,将钢尺零点对准 A 点位置,AB 为已知方向,拉平尺子,确定出测设长度,钉上木桩。C_1 为第一次测设所定的端点,C_2 为第二次测设所定的端点,C 为 C_1、C_2 的中点,即要测设线段的终点。当测设距离较长,超过一尺段时,可采用经纬仪定线。

(3) 校核,两点距离的相对误差要求在允许范围内,一般为 1/5 000～1/3 000。

(二) 用全站仪测设

1. 目的

(1) 掌握全站仪测设水平距离的方法。

(2) 进一步熟悉全站仪的使用方法。

2. 仪器及工具

全站仪一套,棱镜一组,红蓝铅笔,木桩,锤子。

3. 方法及步骤

测设时,将仪器安置在已知点 A,瞄准 B 点方向,输入气温及气压,此时按功能键盘上的测量水平距离和自动跟踪键,一人手持反光棱镜杆(杆上圆水准气泡居中,以保持反光棱镜杆竖直)立在 C 点附近。只要观测者指挥手持棱镜者沿已知方向线前后移动棱镜,观测者即能在速测仪显示屏上测得瞬时水平距离。当显示值等于待测设的已知水平距离值,即可定出 C 点。

4.2.3 任务小结

当测设距离较大时,用钢尺测设就很费劲,并且精度很难保证,此时,用全站仪测设就显示出其优越性。

在用全站仪测设水平距离时,如果棱镜的位置与测设点相距不大,可以借助小卷尺定出架设棱镜的大概的点的位置,这样会节省很多时间。

4.2.4 知识拓展

随着科学技术的发展，手持测距仪发展很快，广泛应用于建筑工程测量、装潢设计、测绘行业、室内房屋质量鉴定、房地产评估、市政工程管理、工程验收、展会布置定位、物流仓库测量等方面，因其小巧实用而备受欢迎。

图 4.11 喜利得 PD40 型手持激光测距仪

目前，生产手持测距仪的厂家有很多，如图 4.11 所示为德国喜利得 PD40 型手持激光测距仪。喜利得 PD40 型手持激光测距仪的量程为 200 m，测距精度小于±1.5 mm，测量速度快，达到 4 次/s，可以进行距离测量、面积测量、体积测量、连续测量，存储测量数据等；机身采用高强度工程塑料，坚固耐用、防水防尘；体积小巧，可以轻松放入上衣口袋中，方便携带。

4.2.5 任务延伸

1. 测量 A、B 两点间的倾斜距离。
2. 用全站仪测量一建筑物的高度。
3. 在 AB 方向线上测设一点 C，使 AC 的水平距离为 85 m。

课后练习题

简答题

(1) 距离测量可以用哪些方法？
(2) 什么是端点尺、刻线尺？尺的零点为什么要有不同刻画？
(3) 量距的精度用什么来衡量？
(4) 什么是视距测量？有何优缺点？
(5) 分析一下用钢尺测量水平距离产生误差的主要原因。
(6) 据你了解目前有哪些厂家生产全站仪？都生产哪些型号的全站仪？
(7) 什么是直线定线？

Chapter 5

第5章 控制测量

5.1 用全站仪测量闭合四边形导线

5.1.1 知识准备

一、控制测量的规定

根据测量工作的基本原则，测绘地形图或工程放样，都必须先在整体范围内进行控制测量，然后在控制测量的基础上进行碎部测量或施工放样。因此控制测量的目的就是为地形图测绘和各种工程测量提供控制基础和起算基准，其实质是测定具有较高精度的平面坐标和高程的点位，这些点称为控制点。控制测量提供了控制点的精确位置，并以控制点的位置来确定碎部点的位置。测定地物地貌特征点位置的工作称为碎部测量。

控制测量分为平面控制测量和高程控制测量。平面控制测量的任务是在某地区或全国范围内布设平面控制网，精密测定控制点的平面位置。高程控制测量的任务是在某地区或全国范围内布设高程控制网，精密测定控制点的高程。

（一）平面控制网

1. 国家平面控制网

在全国范围内建立的平面控制网，称为国家平面控制网，它是全国各种比例尺测图的基本控制，并为确定地球形状和大小提供研究资料。国家平面控制网是用精密测量仪器和方法，依照施测精度按一等、二等、三等、四等四个等级建立的，它的低级点受高级点逐级控制。

我国原有的国家平面控制网首先是一等天文大地锁网，在全国范围内大致沿经线和纬线方向布设，形成间距约 200 km 的格网，三角形的平均边长约 20 km，如图 5.1 所示。在格网中部用平均边长约 13 km 的二等全面网填充，如图 5.2 所示。一、二等三角网构成全国的全面控制网。然后用平均边长约为 8 km 的三等网和边长为 2～6 km 的四等网逐步加密，主要为满足测绘全国性的 1∶10 000～1∶5 000 地形图的需要。

三、四等三角网为二等三角网的进一步加密，以插网或插点的方式布设（见图 5.3），平均边长分别为 8 km 和 4 km。

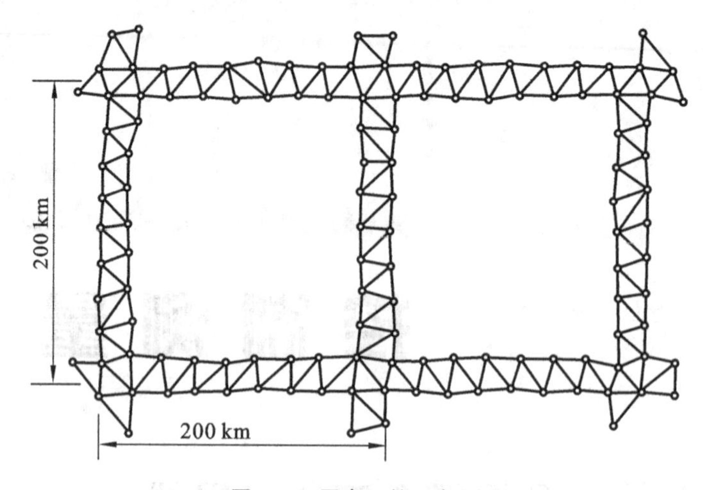

图 5.1　国家一等三角网

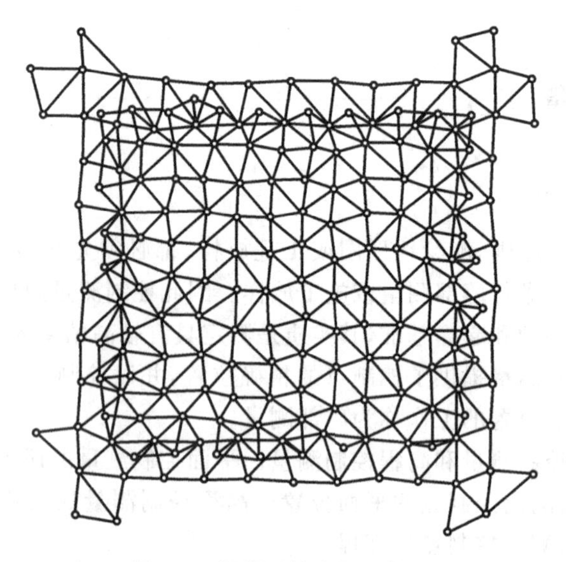

图 5.2　国家二等全面三角网

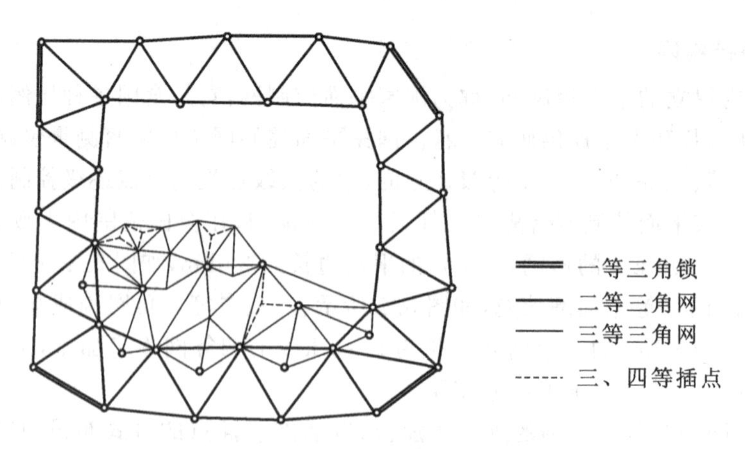

图 5.3　三、四等三角网

国家三角网测量的精度要求见表 5.1。

表 5.1　国家三角网测量技术要求

等级	平均边长/km	测角中误差/(″)	三角形最大闭合差/(″)	起始边相对中误差
一等网	20～25	±0.7	±2.5	1∶350 000
二等网	13	±1.0	±3.5	1∶350 000
三等网	8	±1.8	±7.0	1∶150 000
四等网	2～6	±2.5	±9.0	1∶80 000

2. 城市平面控制网

在城市地区，为测绘大比例尺地形图、进行市政工程和建筑工程放样，在国家平面控制网的控制下而建立的控制网，称为城市平面控制网。

城市平面控制网分为二、三、四等和一、二级小三角网，或一、二、三级导线网。最后，再布设为直接测绘大比例尺地形图所用的图根小三角和图根导线。

直接供地形测图使用的控制点，称为图根控制点，简称图根点。测定图根点位置的工作，称为图根控制测量。图根控制点的密度(包括高级控制点)，取决于测图比例尺和地形的复杂程度。平坦开阔地区图根点的密度一般不低于表 5.2 的规定；地形复杂地区、城市建筑密集区和山区，可适当加大图根点的密度。

表 5.2　图根点的密度

测图比例尺	1∶500	1∶1 000	1∶2 000	1∶5 000
图根点密度(点/km^2)	150	50	15	5

3. 小地区平面控制测量

在面积小于 15 km^2 范围内建立的平面控制网，称为小地区平面控制网。

建立小地区平面控制网时，应尽量与国家(或城市)已建立的高级控制网连测，将高级控制点的坐标和高程，作为小地区平面控制网的起算和校核数据。如果周围没有国家(或城市)控制点，或附近有这种国家控制点而不便连测时，可以建立独立控制网。此时，控制网的起算坐标和高程可自行假定，坐标方位角可用测区中央的磁方位角代替。

小地区平面控制网，应根据测区面积的大小按精度要求分级建立。在全测区范围内建立的精度最高的控制网，称为首级控制网；直接为测图而建立的控制网，称为图根控制网。首级控制网和图根控制网的关系如表 5.3 所示。

表 5.3　首级控制网和图根控制网

测区面积/km^2	首级控制网	图根控制网
1～10	一级小三角或一级导线	二级图根
0.5～2	二级小三角或二级导线	二级图根
0.5 以下	图根控制	—

(二) 高程控制网

高程控制网的建立主要用水准测量方法。布设的原则也是从高级到低级，从整体到局部，逐步加密。国家水准网分为一、二、三、四等，一、二等水准测量称为精密水准测量，一等水准网在全国范围内沿主要干道和河流等布设成格网形的高程控制网，然后用二等水准网进行加密，作为全国各地的高程控制网。三、四等水准网按各地区的测绘需要而布设。

城市水准测量分为二、三、四等，根据城市的大小及所在地区国家水准点的分布情况，从某一等开始布设。在四等水准以下，再布设为直接测绘大比例尺地形图所用的图根水准网。

城市二、三、四等水准网的设计规格应满足表 5.4 的规定。二、三、四等水准测量和图根水准测量的主要技术指标如表 5.5 所示。

表 5.4 城市水准测量设计规格(单位:km)

水准点间距(测段长度)	建筑区	1～2
	其他地区	2～4
闭合路线或附合路线的最大长度	二等	400
	三等	45
	四等	15

表 5.5 水准测量主要技术指标

等级	每公里高差中误差/mm	附合路线长度/km	水准仪的级别	测段往返测高差不符值/mm	附合路线或环线闭合差/mm	
					平地	山地
二等	±2	400	DS1	$\pm 4\sqrt{R}$	$\pm 4\sqrt{L}$	—
三等	±6	45	DS_2	$\pm 12\sqrt{R}$	$\pm 12\sqrt{L}$	$\pm 4\sqrt{n}$
四等	±10	15	DS3	$\pm 20\sqrt{R}$	$\pm 20\sqrt{L}$	$\pm 6\sqrt{n}$
图根	±20	8	DS3	—	$\pm 40\sqrt{L}$	$\pm 12\sqrt{n}$

注：表中 R 为测段长度，L 为环线或附合路线长度，均以 km 为单位；n 为测段数。

随着电子全站仪和 GPS 技术的普及应用，三角高程测量、GPS 高程测量可代替四等水准测量。

二、导线测量

(一) 导线测量概述

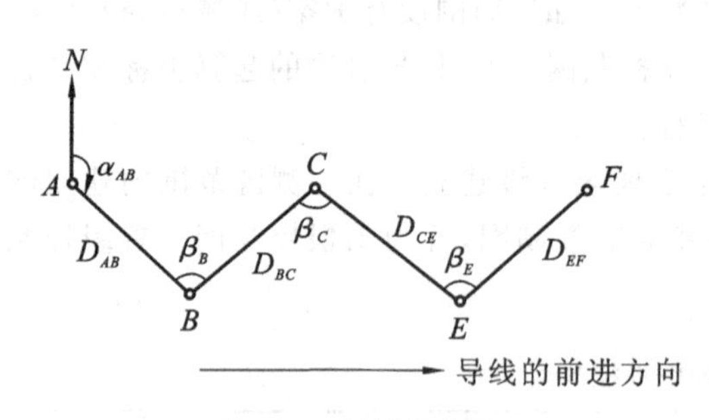

图 5.4 导线示意图

导线测量是平面控制测量的一种方法。所谓导线就是由测区内选定的控制点组成的连续折线，如图 5.4 所示。折线的转折点 A、B、C、E、F 称为导线点；转折边 D_{AB}、D_{BC}、D_{CE}、D_{EF} 称为导线边；水平角 β_B、β_C、β_E 称为转折角，其中 β_B、β_E 在导线前进方向的左侧，叫作左角，β_C 在导线前进方向的右侧，叫作右角；α_{AB} 称为起始边 D_{AB} 的坐标方位角。导线测量主要是测定导线边长及其转折角，然后根据起始点的已知坐标和起始边的坐标方位角，计算各导线点的坐标。

1. 导线的布设形式

根据测区的情况和要求，导线可以布设成以下几种常用形式：

(1) 闭合导线。如图 5.5(a)所示，由某一高级控制点出发最后又回到该点，组成一个闭合多边形，它适用于面积较宽阔的独立地区作测图控制。

(2) 附合导线。如图 5.5(b)所示,自某一高级控制点出发最后附合到另一高级控制点上的导线,它适用于带状地区的测图控制,此外也广泛用于公路、铁路、管道、河道等工程的勘测与施工控制点的建立。

(3) 支导线。如图 5.5(c)所示,从一控制点出发,即不闭合也不附合于另一控制点上的单一导线,这种导线没有已知点进行校核,错误不易发现,所以导线的点数不得超过 3 个。

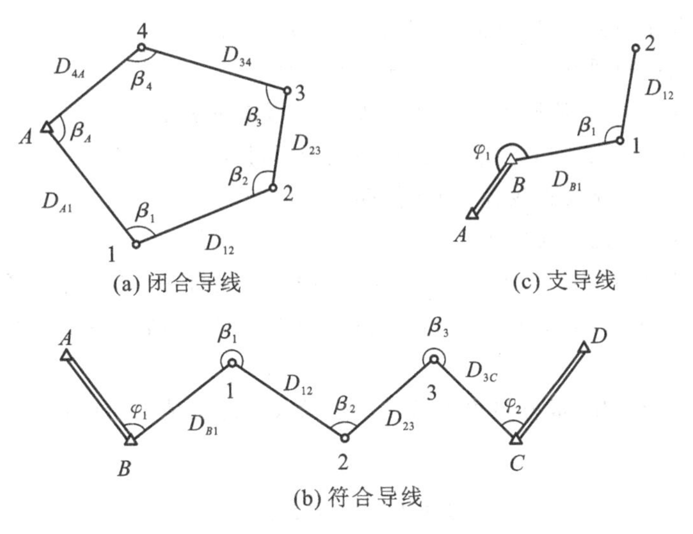

图 5.5 导线的布设形式

2. 导线的等级

导线测量根据所使用的仪器、工具的不同,可分为经纬仪钢尺导线和光电测距导线两种。导线测量是建立小地区平面控制网的主要方法之一,其等级及技术要求见表 5.6。

表 5.6 钢尺量距与光电测距导线的主要技术要求

等级		导线长度(km)	平均边长(m)	测角中误差(″)	量距较差相对误差或测距中误差	测回数		方位角闭合差(″)	导线全长相对闭合差
						DJ_2	DJ_6		
钢尺量距	一级	2.5	250	≤5	≤1/20 000	2	4	$10\sqrt{n}$	≤1/10 000
	二级	1.8	180	≤8	≤1/15 000	1	3	$16\sqrt{n}$	≤1/7 000
	三级	1.2	120	≤12	≤1/10 000	1	2	$24\sqrt{n}$	≤1/5 000
	图根	≤1.0*M*/1 000	≤1.5 最大视距	≤20	≤1/3 000	—	1	$40\sqrt{n}$	≤1/2 000
光电测距	一级	3.6	300	≤5	≤±15 cm	2	4	$10\sqrt{n}$	≤1/14 000
	二级	2.4	200	≤8	≤±15 cm	1	3	$16\sqrt{n}$	≤1/10 000≤1/6 000
	三级	1.5	120	≤12	≤±15 cm	1	2	$24\sqrt{n}$	≤1/4 000
	图根	≤1.5*M*/1 000	—	≤20	≤±15 cm	—	1	$40\sqrt{n}$	—

注:*M* 为测图比例尺分母;*n* 为测站数。

(二) 导线测量的外业工作

导线测量的工作分外业和内业。外业工作一般包括选点、测角和量边;内业工作是根据外业

的观测成果经过计算，最后求得各导线点的平面直角坐标。

1. 选点

导线点位置的选择，除了要满足导线的等级、用途及工程的特殊要求外，选点前还应进行实地踏勘，根据地形情况和已有控制点的分布等确定布点方案，并在实地选定位置。在实地选点时应注意下列几点。

(1) 导线点应选在地势较高、视野开阔的地点，便于施测周围地形；

(2) 相邻两导线点间要互相通视，便于测量水平角；

(3) 导线应沿着平坦、土质坚实的地面设置，便于丈量距离；

(4) 导线边长要选得大致相等，相邻边长不应差距过大；

(5) 导线点的位置须能安置仪器，便于保存；

(6) 导线点应尽量靠近路线位置。

导线点的位置选好后要在地面上标定下来，一般方法是打一木桩并在桩顶中心钉一小铁钉。对于需要长期保存的导线点，则应埋入石桩或混凝土桩，桩顶刻凿十字或浇入锯有十字的钢筋作标志。

为了便于日后寻找使用，最好将重要的导线点及其附近的地物绘成草图，注明尺寸，如表 5.7 所示。

表 5.7　导线点之标记

草图	导线点	相关位置	
李庄 平阳路 化肥厂 7.23 m 8.15 m 6.14 m P_3	P_3	李 庄	7.23 m
		化肥厂	8.15 m
		独立树	6.14 m

2. 测角

导线的水平角即转折角，是用经纬仪按测回法进行观测的。在导线点上可以测量导线前进方向的左角或右角。一般在附合导线中，测量导线的左角，在闭合导线中均测内角。当导线与高级点连接时，需测出各连接角，如图 5.5(b)中的 φ_1，φ_2 角。如果是在没有高级点的独立地区布设导线，需测出起始边的方位角以确定导线的方向，或假定起始边方位角。

3. 测量距离

导线测量有条件时，最好采用光电测距仪测量边长，一、二级导线可采用单向观测，2 测回，各测回较差应不大于 15 mm，三级及图根导线可只测 1 测回。图根导线也可用检定过的钢尺，往返丈量导线边各一次，往返丈量的相对精度在平坦地区应不低于 1/3 000，起伏变化稍大的地区也不应低于 1/2 000，测量困难地区允许到 1/1 000，如符合限差要求，可取往返中数为该边长的实长。

三、直线定向

直线定向即确定直线与标准方向之间的角度关系。

（一）标准方向的种类

(1) 真子午线方向：地理子午线就称真子午线。

(2) 磁子午线方向：过地球表面某点的磁子午线的切线方向即该点的磁子午线方向。

(3) 坐标纵轴方向：指高斯投影带中的中央子午线方向。

在工程中常用坐标纵轴方向为标准方向。

（二）磁偏角

真、磁子午线之间的夹角叫磁偏角，如图 5.6 所示，磁子午线位于真子午线以东为东偏（为正）；磁子午线位于真子午线以西为西偏（为负）。

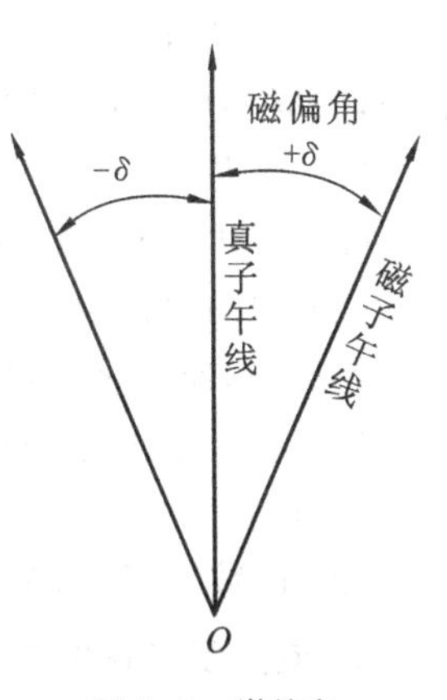

图 5.6 磁偏角

（三）直线方向的表示方法

(1) 方位角。从标准方向北端起，顺时针方向量到某直线的夹角，角值范围：0°～360°。

从坐标纵轴正方向起，顺时针量到某直线的水平夹角，称为该直线的坐标方位角，用 α 表示。

(2) 正反坐标方位角。一条直线有正反两个方向，通常以直线前进的方向为正方向。正反方位角的数值相差 180°，如图 5.7 所示，可见：$\alpha_{21}=\alpha_{12}\pm180°$

(3) 象限角。测量上有时用象限角来确定直线的方向。所谓象限角，就是由标准方向的北端或南端起量至某直线所夹的锐角，常用 R 表示，角值范围：0°～90°，如图 5.8 所示。

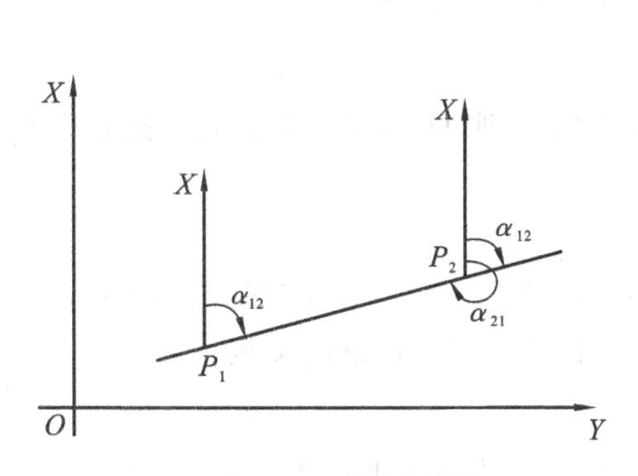

图 5.7 正反坐标方位角

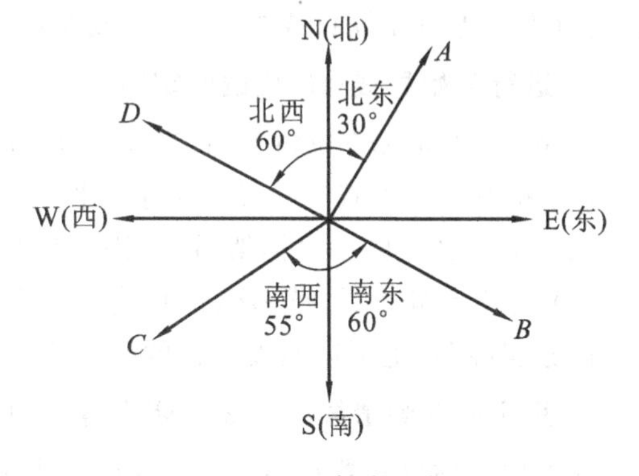

图 5.8 坐标象限角

（四）用罗盘仪测量直线的方向

罗盘仪是用来测量直线的磁方位角的仪器，也可以粗略的测量水平角和竖直角，还可以进行视距测量。

1. 罗盘仪的构造

罗盘仪包括罗盘、望远镜、水准器和安平机构。

2. 直线磁方位角的测量

(1) 将仪器搬到测线的一端，并在测线另一端插上花杆。

(2) 安置仪器。

(a) 对中:将仪器装于三脚架上并挂上垂球,移动三脚架,使垂球尖对准测站点,此时仪器中心与地面点处于同一条铅垂线上。

(b) 整平:松开仪器球形支柱上的螺旋,上、下俯仰度盘位置,使度盘上的两个水准气泡同时居中,旋紧螺旋,固定度盘,此时罗盘仪主盘处于水平位置。

(3) 瞄准读数。

(a) 转动目镜调焦螺旋,使十字丝清晰。

(b) 转动罗盘仪,使望远镜对准测线另一端的目标,调节调焦螺旋,使目标成像清晰稳定,再转动望远镜,使十字丝对准立于测点上的花杆的最底部。

(c) 松开磁针制动螺旋,等磁针静止后,从正上方向读取磁针指北端所指的读数,即为测线的磁方位角。

(d) 读数完毕后,旋紧磁针制动螺旋,将磁针顶起以防磁针磨损。

3. 使用罗盘仪的注意事项

(1) 在磁铁矿区或离高压线、无线电天线、电视转播台等较近的地方不宜使用罗盘仪,会产生电磁干扰现象。

(2) 观测时一切铁制物品,如斧头、钢尺、测钎等不要接近仪器。

(3) 读数时,眼睛的视线方向与磁针应在同一竖直面内,以减小读数误差。

(4) 观测完毕后搬动仪器时应拧紧磁针制动螺旋,固定好磁针以防损坏磁针。

5.1.2 任务实施

围绕一幢教学楼,在道路上选择四个点 A、B、C、D 组成闭合导线。在 A、B、C、D 四个点上打入木桩(木桩上钉小铁钉或画十字线)或在地面上画十字线作为点位标志。

1. 进行起始导线 *AB* 直线的定向

如果 AB 的坐标方位角未知,或者没有办法与已知点连测,则可以用罗盘仪测定其磁方位角。

(1) 将罗盘仪安置在 A 点,进行整平和对中。

(2) 瞄准 B 点的小目标架后,放松磁针制动螺旋。

(3) 待磁针静止后,读出磁针北端在刻度盘上所标的读数,即为直线 AB 的磁方位角。

任务实施前,也可以假设 AB 的坐标方位角为某一值,这不影响任务的实施。

2. 用全站仪测量导线距离和闭合导线内角

分别把全站仪安置在 A、B、C、D 四个点上,测量出四根导线的水平距离和四个内角。

3. 计算

根据 A 点坐标(如果未知,可以假设给定,如 $X=500$,$Y=500$),AB 的方位角和测量的水平距离、水平角,计算出其他三点的坐标(具体计算可以参照任务延伸中的导线内业计算)。

5.1.3 任务小结

完成本次导线测量工作,需要对全站仪的操作比较熟练。在操作中,对中杆要精确架在点位上,最好用架子把对中杆整平并使其保持稳定,这样才能更加准确地测量出导线的水平距离和水平角。在测量水平角时,可以瞄准棱镜中心也可以直接瞄准地面上的点位,要采用盘左和盘右取平均值的测量方法来得到最终水平角测量值。

5.1.4 知识拓展

导线测量的最终目的是获得各导线点的平面直角坐标，因此外业工作结束后就要进行内业计算，以求得各导线点的坐标。

1. 坐标和坐标增量

在测量工作中，高斯平面直角坐标系是以投影带的中央子午线投影为坐标纵轴，用 X 表示，赤道线投影为坐标横轴，用 Y 表示，两轴交点为坐标原点。两坐标轴将平面分为四个部分，即四个象限，从北东开始，按顺时针方向依次编为Ⅰ、Ⅱ、Ⅲ、Ⅳ象限。由坐标原点向上（北）、向右（东）为正方向，反之则为负。某点的坐标就是该点到坐标纵、横轴的垂直距离。如图 5.9 所示的 P 点的位置，即 P 点的纵坐标 x_P；横坐标 y_P。

平面上两点的直角坐标值之差称为坐标增量。纵坐标增量用 Δx_{ij} 表示，横坐标增量用 Δy_{ij} 表示。坐标增量是有方向性的，脚标 i、j 的顺序表示坐标增量的方向。如图 5.10 所示，设 A、B 两点的坐标分别为 $A(x_A, y_A)$、$B(x_B, y_B)$，则 A 至 B 点的坐标增量为：

$$\left.\begin{aligned}\Delta x_{AB}&=x_B-x_A\\\Delta y_{AB}&=y_B-y_A\end{aligned}\right\}$$

而 B 至 A 点的坐标增量为：

$$\left.\begin{aligned}\Delta x_{BA}&=x_A-x_B\\\Delta y_{BA}&=y_A-y_B\end{aligned}\right\}$$

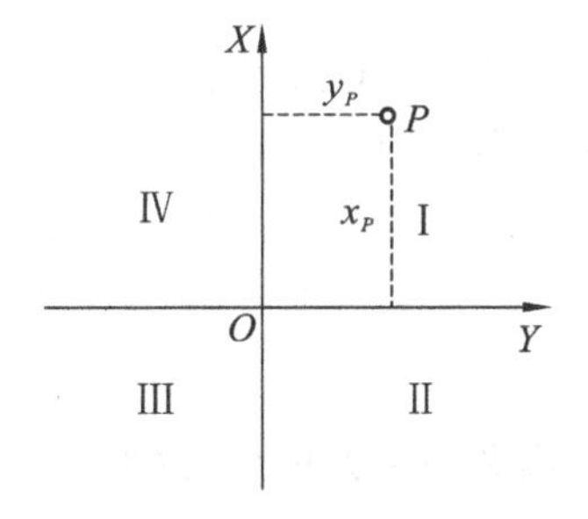

图 5.9 点的坐标

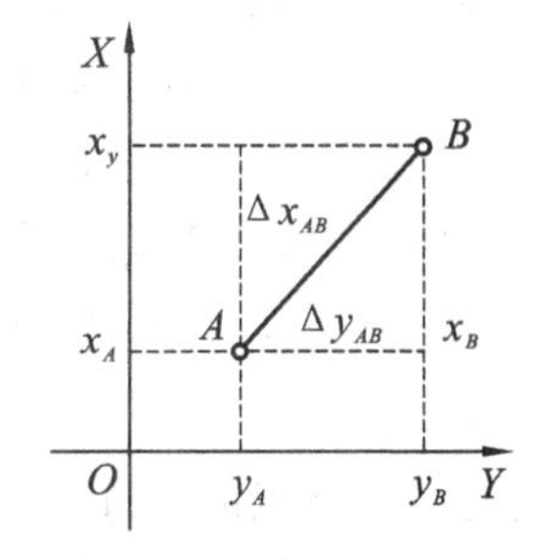

图 5.10 坐标增量

很明显，A 至 B 与 B 至 A 的坐标增量，绝对值相等，符号相反。可见，直线上两点的坐标增量的符号与直线的方向有关。坐标增量的符号与直线方向的关系如表 5.8 所示。由于坐标增量和坐标方位角均有方向性，务必注意其下标的书写。

表 5.8 坐标增量的符号与直线方向的关系

直线方向		坐标增量符号	
坐标方位角	相应的象限	Δx	Δy
0°～90°	Ⅰ（北东）	+	+
90°～180°	Ⅱ（南东）	−	+
180°～270°	Ⅲ（南西）	−	−
270°～360°	Ⅳ（北西）	+	−

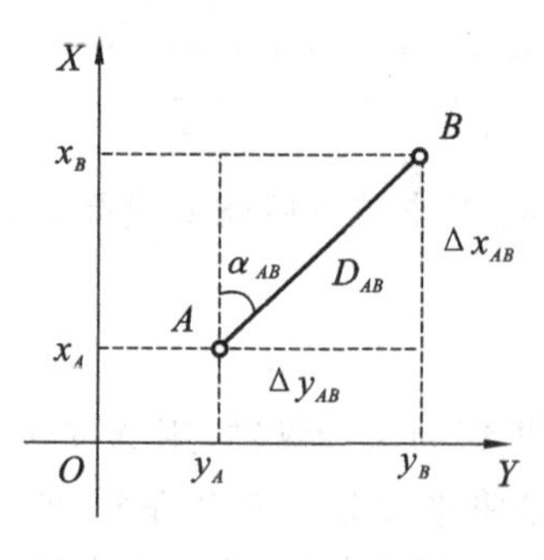

图 5.11　坐标正算与坐标反算

2. 坐标正算

根据直线的起点坐标及该点至终点的水平距离和坐标方位角，来计算直线终点的坐标，称为坐标正算。

如图 5.11 所示，已知 $A(x_A, y_A)$、D_{AB}、α_{AB}，求 B 点坐标(x_B，y_B)。由图根据数学公式，可得其坐标增量为：

$$\left.\begin{aligned}\Delta x_{AB}&=D_{AB}\cdot\cos\alpha_{AB}\\\Delta y_{AB}&=D_{AB}\cdot\sin\alpha_{AB}\end{aligned}\right\}\tag{5.1}$$

按式(5.1)求得增量后，加起算点 A 点坐标可得未知点 B 点的坐标：

$$\left.\begin{aligned}x_B&=x_A+\Delta x_{AB}=x_A+D_{AB}\cdot\cos\alpha_{AB}\\y_B&=y_A+\Delta y_{AB}=y_A+D_{AB}\cdot\sin\alpha_{AB}\end{aligned}\right\}\tag{5.2}$$

上式是以方位角在第一象限导出的公式，当方位角在其他象限时，其公式仍适用。坐标增量计算公式中的方位角决定了坐标增量的符号，计算时无须再考虑坐标增量的符号。如式(5.2)中，若 $\Delta x_{BA}=D_{BA}\cdot\cos\alpha_{BA}$ 是负值，$\Delta y_{BA}=D_{BA}\cdot\sin\alpha_{BA}$ 也是负值，A 点坐标仍为：

$$\left.\begin{aligned}x_A&=x_B+\Delta x_{BA}\\y_A&=y_B+\Delta y_{BA}\end{aligned}\right\}$$

【例 5.1】 已知 N 点的坐标为 $x_N=376\ 996.541$ m，$y_N=36\ 518\ 528.629$ m，NP 的水平距离 $D_{NP}=484.759$ m，NP 的坐标方位角 $\alpha_{NP}=259°56'12''$，试求 P 点的坐标 x_P、y_P。

解　由坐标正算公式(5.1)、(5.2)得：

$$\Delta x_{NP}=484.759\times\cos259°56'12''=-84.705\ \text{m}$$

$$\Delta y_{NP}=484.759\times\sin259°56'12''=-477.301\ \text{m}$$

$$x_P=x_N+\Delta x_{NP}=376\ 996.541+(-84.705)=376\ 911.836\ \text{m}$$

$$y_P=y_N+\Delta y_{NP}=36\ 518\ 528.629+(-477.301)=36\ 518\ 051.328\ \text{m}$$

3. 坐标反算

根据直线起点和终点的坐标，求两点间的水平距离和坐标方位角，称为坐标反算。

如图 5.11 所示，已知 A、B 两点坐标分别为(x_A，y_A)、(x_B，y_B)，求直线 AB 的坐标方位角 α_{AB} 和水平距离 D_{AB}。由于反三角函数计算结果具有多值性，而有些计算器的反三角函数运算结果仅给出小于 90°的角值。因此，计算坐标方位角 α_{AB} 时，需先计算直线的象限角。由图可得：

$$\tan\alpha_{AB}=\frac{|\Delta y_{AB}|}{|\Delta x_{AB}|}=\frac{|y_B-y_A|}{|x_B-x_A|}$$

则

$$\alpha_{AB}=\arctan\frac{|\Delta y_{AB}|}{|\Delta x_{AB}|}=\arctan\frac{|y_B-y_A|}{|x_B-x_A|}\tag{5.3}$$

按式(5.3)计算得直线 AB 的象限角后，依照 Δy_{AB} 和 Δx_{AB} 的正负号来确定直线 AB 的坐标方位角所在的象限，然后根据所在象限中方位角与象限角之间的关系，将求得的象限角换算成相应的坐标方位角。

利用两点坐标计算其水平距离的公式如下：

$$D_{AB}=\frac{\Delta y_{AB}}{\sin\alpha_{AB}}=\frac{\Delta x_{AB}}{\cos\alpha_{AB}}\text{或}\ D_{AB}=\sqrt{(x_B-x_A)^2+(y_B-y_A)^2}\tag{5.4}$$

实际反算距离时，可用式(5.4)中的某一式计算，用另外两个计算公式进行计算检核。

【例 5.2】 已知 A、B 两点的坐标分别为：$x_A=70\ 025.283$ m，$y_A=18\ 065.642$ m；$x_B=69\ 891.879$ m，$y_B=18\ 257.454$ m。试求 AB 的水平距离 D_{AB} 和坐标方位角 α_{AB}。

$$\Delta x_{AB}=x_B-x_A=69\ 891.879-70\ 025.283=-133.404(\text{m})$$

$$\Delta y_{AB}=y_B-y_A=18\ 257.454-18\ 065.642=191.812(\text{m})$$

$$\alpha_{AB}=\arctan\frac{|\Delta y_{AB}|}{|\Delta x_{AB}|}=\arctan\left(\frac{|191.812|}{|-133.404|}\right)=55°10'54''$$

由于 Δx_{AB} 符号为负，Δy_{AB} 符号为正，所以直线 AB 的方位角在第二象限，根据第二象限方位角与象限角的关系可得：

$$\alpha_{AB}=180°-\alpha_{AB}=180°-55°10'54''=124°49'06''$$

$$D_{AB}=\sqrt{(x_B-x_A)^2+(y_B-y_A)^2}=\sqrt{(-133.404)^2+(191.812)^2}=233.642(\text{m})$$

检核计算：$D_{AB}=\dfrac{\Delta y_{AB}}{\sin\alpha_{AB}}=\dfrac{191.812}{\sin 124°49'06''}=233.642(\text{m})$

在测量工作中，我们常用的函数计算器，一般都有极坐标与直角坐标互相换算的功能，很方便进行坐标正算和反算，由此功能计算出的结果直接是该直线的边长和坐标方位角。

5.1.5 任务延伸

1. 闭合导线的坐标计算

现以如图 5.12 所示的图根导线为例，介绍导线内业计算的步骤，具体运算过程及结果见表 5.9。

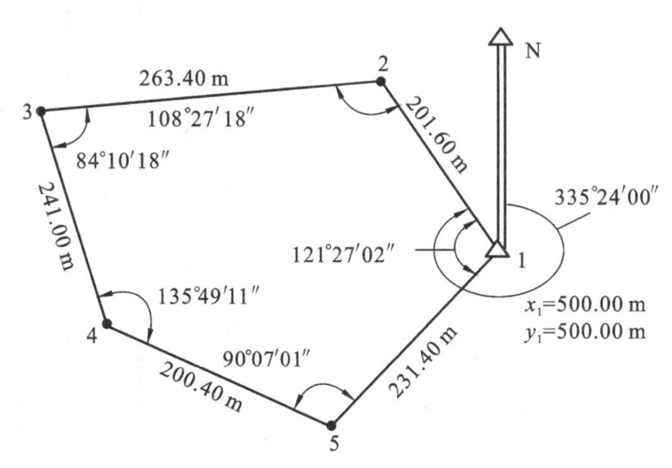

图 5.12 闭合导线示意图

计算前，首先将点号、角度观测值、边长量测值以及起始边的方位角、起始点坐标填入表中。

(1) 角度闭合差的计算与调整。

闭合导线从几何上看，是一个 n 边形，其内角和在理论上应满足下列关系：

$$\sum_1^n \beta_{理}=180°\cdot(n\pm 2) \tag{5.5}$$

但由于测角时不可避免地有误差存在，使实测的内角之和不等于理论值，这样就产生了角度闭合差，以 f_β 来表示，则：

$$f_\beta=\sum_1^n \beta_{测}-\sum_1^n \beta_{理}=\sum_1^n \beta_{测}-180°\cdot(n\pm 2) \tag{5.6}$$

表 5.9　闭合导线坐标计算

点号	角度观测值	改正数	改正后角度	方位角	水平距离	纵坐标增量(Δx)			横坐标增量(Δy)			坐标		点号
	° ′ ″	″	° ′ ″	° ′ ″	m	计算值/m	改正数/cm	改正后值/m	计算值/m	改正数/cm	改正后值/m	X/m	Y/m	
1	2	3	4	5	6	7	8	9	10	11	12	13	14	15
1												500.00	500.00	1
				335 24 00	201.60	183.30	+5	183.35	−83.92	+2	−83.90			
2	108 27 18	−10	108 27 08									683.35	416.10	2
				263 51 08	263.40	−28.21	+8	−28.13	−261.89	+2	−261.87			
3	84 10 18	−10	84 10 08									655.22	154.27	3
				168 01 16	241.00	−235.75	+6	−235.69	50.02	+2	50.04			
4	135 49 11	−10	135 49 01									419.53	204.25	4
				123 50 17	200.40	−111.59	+5	−111.54	166.46	+1	166.47			
5	90 07 01	−10	90 06 51									307.99	370.74	5
				33 57 08	231.40	191.95	+6	192.01	129.24	+2	129.26			
1	121 27 02	−10	121 26 52									500.00	500.00	1
				335 24 00										
$\sum$	540 00 50	−50	540 00 00		1137.80	−0.30	+30	0	−0.09	+9	0			
辅助计算	$f_\beta=\sum\beta_{测}-(n-2)\cdot 180°=540°00'50''-540°=+50''$, $f_x=\sum\Delta x=-0.30\ \text{m}$, $f_y=\sum\Delta y=-0.09\ \text{m}$; $f_{\beta容}=\pm 40''\sqrt{n}=\pm 89''$, $f_D=\sqrt{f_x^2+f_y^2}=0.31\ \text{m}$, $K=\frac{f_D}{\sum D}=\frac{1}{3\ 633}<\frac{1}{2\ 000}$													

式中　n—— 闭合导线的转折角数；

　　$\sum\beta_{测}$—— 观测角的总和。

算出角度闭合差之后，如果 f_β 的值不超过允许误差的限度（一般为 $\pm 40\sqrt{n}$，n 为角度个数），说明角度观测符合要求，即可进行角度闭合差调整，使调整后的角值满足理论上的要求。

由于导线的各内角是采用相同的仪器和方法，在相同的条件下观测的，所以对于每一个角度来讲，可以认为它们是等精度观测，产生的误差大致相同，因此在调整角度闭合差时，可将闭合差按相反的符号平均分配于每个观测内角中。设以 v_{β_i} 表示各观测角的改正数，$\beta_{测i}$ 表示观测角，β_i 表示改正后的角值，则：

$$\left.\begin{aligned} v_{\beta_1} = v_{\beta_2} = \cdots\cdots = v_{\beta_n} = -\frac{f_\beta}{n} \\ \beta_i = \beta_{测i} + v_{\beta_i} \quad (i = 1,2,\cdots,n) \end{aligned}\right\} \tag{5.7}$$

当上式不能整除时；则可将余数凑整到导线中与短边相邻的角上，这是因为在短边测角时仪器对中、照准所引起的误差较大。

各内角的改正数之和应等于角度闭合差，但符号相反，即 $\sum v_\beta = -f_\beta$。改正后的各内角值之和应等于理论值，即 $\sum\beta_i = (n-2)\cdot 180°$。

(2) 坐标方位角的推算。

根据起始边的坐标方位角 α_{AB} 及改正后（调整后）的内角值 β_i，按顺序依次推算各边的坐标方位角。

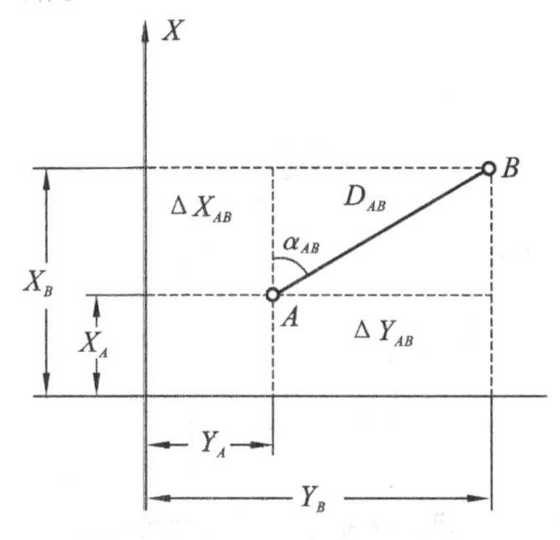

图 5.13　坐标增量计算示意图

(3) 坐标增量的计算。

如图 5.13 所示，在坐标系中，A、B 两点坐标分别为 $A(X_A,Y_A)$ 和 $B(X_B,Y_B)$，它们相应的坐标差称为坐标增量，分别以 ΔX 和 ΔY 表示，从图中可以看出：

$$\left.\begin{aligned} X_B - X_A = \Delta X_{AB} \\ Y_B - Y_A = \Delta Y_{AB} \end{aligned}\right\}$$

即

$$\left.\begin{aligned} X_B = X_A + \Delta X_{AB} \\ Y_B = Y_A + \Delta Y_{AB} \end{aligned}\right\} \tag{5.8}$$

导线边 AB 的距离为 D_{AB}，其方位角为 α_{AB}，则：

$$\left.\begin{aligned} \Delta X_{AB} = D_{AB}\cdot\cos\alpha_{AB} \\ \Delta Y_{AB} = D_{AB}\cdot\sin\alpha_{AB} \end{aligned}\right\} \tag{5.9}$$

ΔX_{AB}、ΔY_{AB} 的正负号从图 5.14 中可以看出，当导线边 AB 位于不同的象限，其纵、横坐标增量的符号也不同。也就是当 α_{AB} 在 $0°\sim 90°$（即第一象限）时，ΔX、ΔY 的符号均为正，α_{AB} 在 $90°\sim 180°$（第二象限）时，ΔX 为负，ΔY 为正；当 α_{AB} 在 $180°\sim 270°$（第三象限）时，它们的符号均为负；当 α_{AB} 在 $270°\sim 360°$（第四象限）时，ΔX 为正，ΔY 为负。

(4) 坐标增量闭合差的计算与调整。

(a) 坐标增量闭合差的计算。

如图 5.15 所示，导线边的坐标增量可以看成是在坐标轴上的投影线段。从理论上讲，闭合多边形各边在 X 轴上的投影，其 $+\Delta X$ 的总和与 $-\Delta X$ 的总和应相等，即各边纵坐标增量的代数和应等于零。同样在 Y 轴上的投影，其 $+\Delta Y$ 的总和与 $-\Delta Y$ 的总和也应相等，即各边横坐标增量的代数和也应等于零。也就是说闭合导线的纵、横坐标增量之和在理论上应满足下述关系。

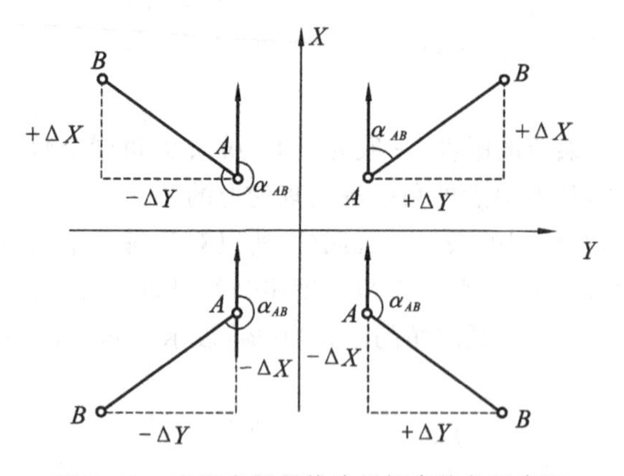

图 5.14　不同象限导线边坐标方位角示意图

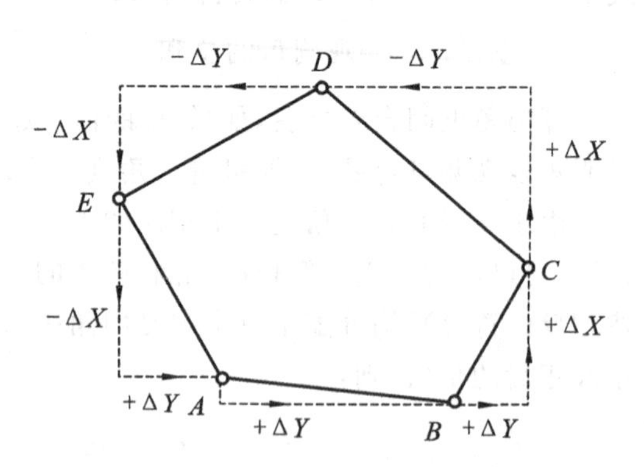

图 5.15　闭合导线坐标增量示意图

$$\left.\begin{aligned}\sum \Delta X_{理} &= 0 \\ \sum \Delta Y_{理} &= 0\end{aligned}\right\} \tag{5.10}$$

但因测角和量距都不可避免地存在误差，因此根据观测结果计算的 $\sum \Delta X_{算}$、$\sum \Delta Y_{算}$ 都不等于零，而等于某一个数值 f_x 和 f_y。即：

$$\left.\begin{aligned}\sum \Delta X_{算} &= f_x \\ \sum \Delta Y_{算} &= f_y\end{aligned}\right\} \tag{5.11}$$

式中　f_x—— 称为纵坐标增量闭合差；

f_y—— 称为横坐标增量闭合差。

从图 5.16 中可以看出 f_x 和 f_y 的几何意义。由于 f_x 和 f_y 的存在，就使得闭合多边形出现了一个缺口，起点 A 和终点 A' 没有重合，设 AA' 的长度为 f_D，称为导线的全长闭合差，而 f_x 和 f_y 正好是 f_D 在纵、横坐标轴上的投影长度。所以

$$f_D = \sqrt{f_x^2 + f_y^2} \tag{5.12}$$

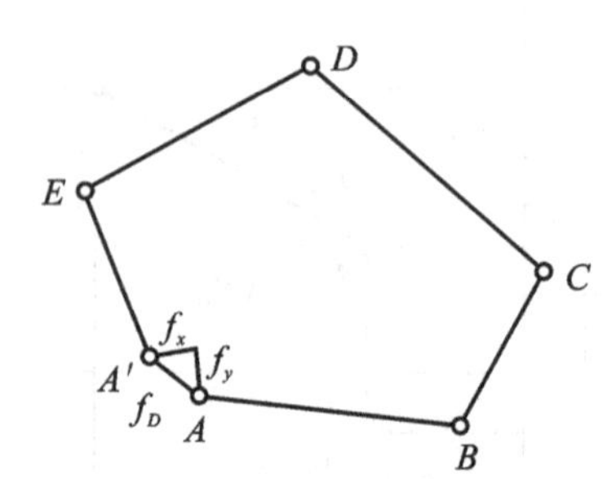

图 5.16　闭合导线坐标增量闭合差示意图

(b) 导线精度的衡量。

导线全长闭合差 f_D 的产生，是由于测角和量距中存在误差，所以一般用它来衡量导线的观测精度。可是导线全长闭合差是一个绝对闭合差，且导线愈长，所量的边数与所测的转折角数就愈多，全长闭合差的值也就愈大，因此，须采用相对闭合差来衡量导线的精度。设导线的总长为 $\sum D$，则导线全长相对闭合差 K 为：

$$K = \frac{f_D}{\sum D} = \frac{1}{\sum D / f_D} \tag{5.13}$$

若 $K \leqslant K_{允}$，则表明导线的精度符合要求，否则应查明原因进行补测或重测。

(c) 坐标增量闭合差的调整。

如果导线的精度符合要求，即可将增量闭合差进行调整，使改正后的坐标增量满足理论上的要求。由于是等精度观测，所以增量闭合差的调整原则是将它们以相反的符号按与边长成正比例

的方式分配在各边的坐标增量中。设 v_{x_i}、v_{y_i} 分别为纵、横坐标增量的改正数，即

$$\left.\begin{aligned} v_{x_i} &= \frac{-f_x}{\sum D} \cdot D_i \\ v_{y_i} &= \frac{-f_y}{\sum D} \cdot D_i \end{aligned}\right\} \tag{5.14}$$

式中　$\sum D$—— 导线边长总和；

　　D_i—— 导线某边长($i = 1,2,\cdots,n$)。

所有坐标增量改正数的总和，其数值应等于坐标增量闭合差，而符号相反，即：

$$\left.\begin{aligned} \sum v_{x_i} &= -f_x \\ \sum v_{y_i} &= -f_y \end{aligned}\right\} \tag{5.15}$$

(5) 坐标推算。

用改正后的坐标增量，就可以从导线起点的已知坐标依次推算其他导线点的坐标，即：

$$\left.\begin{aligned} x_{i+1} &= x_i + \Delta x_{i,i+1} + v_{x_{i,i+1}} \\ y_{i+1} &= y_i + \Delta y_{i,i+1} + v_{y_{i,i+1}} \end{aligned}\right\} \tag{5.16}$$

利用上式依次计算出各点坐标，最后再次计算起算点坐标应等于已知值，否则，说明在 f_x、f_y、v_x、v_y、x、y 的计算过程中有差错，应认真查找错误原因并改正。

必须指出，如果边长测量中存在系统性的、与边长成比例的误差，即使误差值很大，闭合导线仍能以相似形闭合，若未参加闭合差计算的连接角观测有错，导线整体方向发生偏转，导线自身也能闭合。也就是说，这些误差不能反映在闭合导线的 f_β、f_x、f_y 上。因此布设导线时，应考虑在中间点上，以其他方式做必要的点位检核。

2. 附合导线的坐标计算

附合导线与闭合导线的坐标计算方法基本相同，但由于导线布置形式不同，且附合导线两端与已知点相连，因而只是角度闭合差与坐标增量闭合差的计算公式有些不同。下面介绍这两项的计算方法。

(1) 角度闭合差的计算。

如图 5.17 所示，附合导线连接在高级控制点 A、B 和 C、D 上，已知 B、C 的坐标，起始边坐标方位角 α_{AB} 和终边坐标方位角 α_{CD}。由起始边方位角 α_{AB} 可推算出终边的方位角 α'_{CD}，此方位角应与给出的方位角(已知值)α_{CD} 相等。由于测角有误差，推算的 α'_{CD} 与已知的 α_{CD} 不可能相等，其差数即为附合导线的角度闭合差 f_β，即：

$$f_\beta = \alpha'_{CD} - \alpha_{CD} \tag{5.17}$$

用观测导线的左角来计算方位角，其公式为：

$$\alpha'_{CD} = \alpha_{AB} - n \times 180^\circ + \sum \beta_{左} \tag{5.18}$$

用观测导线的右角来计算方位角，其公式为：

$$\alpha'_{CD} = \alpha_{AB} + n \times 180^\circ - \sum \beta_{右} \tag{5.19}$$

式中　n—— 转折角的个数。

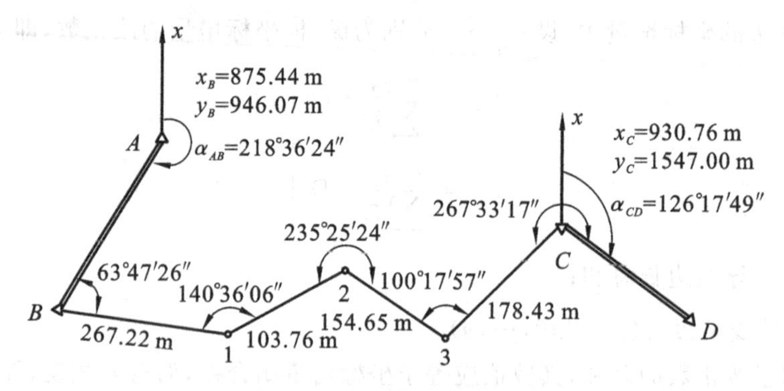

图 5.17　附合导线示意图

附合导线角度闭合差的调整方法与闭合导线相同。需要注意的是，在调整过程中，转折角的个数应包括连接角，若观测角为右角时，改正数的符号应与闭合差相同。用调整后的转折角和连接角所推算的终边方位角应等于反算求得的终边方位角。

(2) 坐标增量闭合差的计算。

如图 5.18 所示，附合导线各边坐标增量的代数和在理论上应等于起、终两已知点的坐标值之差，即

$$\sum \Delta X_{理} = X_B - X_A$$
$$\sum \Delta Y_{理} = Y_B - Y_A$$

由于测角和量边有误差存在，所以计算的各边纵、横坐标增量代数和不等于理论值，产生纵、横坐标增量闭合差，其计算公式为：

$$\left.\begin{aligned} f_x &= \sum \Delta X_{算} - (X_B - X_A) \\ f_y &= \sum \Delta Y_{算} - (Y_B - Y_A) \end{aligned}\right\} \tag{5.20}$$

附合导线坐标增量闭合差的调整方法以及导线精度的衡量均与闭合导线相同。

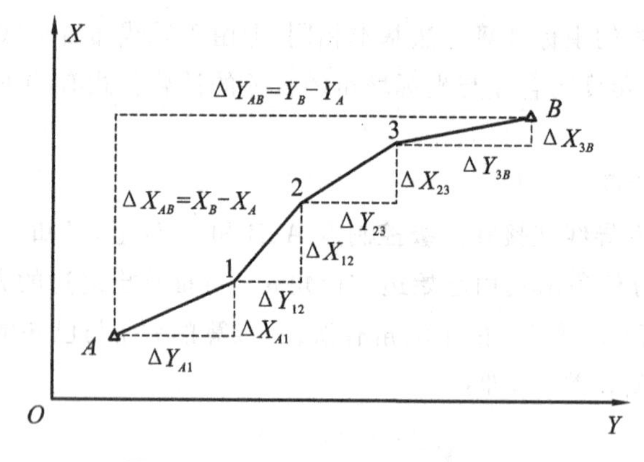

图 5.18　附合导线坐标增量示意图

表 5.10 为附合导线坐标计算全过程的一个算例，仅供参考。

表 5.10　附合导线坐标计算

点号	角度观测值	改正数	改正后角度	方位角	水平距离	纵坐标增量(Δx)			横坐标增量(Δy)			坐标		点号
	° ′ ″	″	° ′ ″	° ′ ″	m	计算值/m	改正数/cm	改正后值/m	计算值/m	改正数/cm	改正后值/m	X/m	Y/m	
1	2	3	4	5	6	7	8	9	10	11	12	13	14	15
B	63 47 26	+15	63 47 41									875.44	946.07	B
				218 36 24	267.22	−57.39	+3	−57.36	260.98	−6	260.92			
1	140 36 06	+15	140 36 21									818.08	1 206.99	1
				102 24 05	103.76	47.09	+1	47.10	92.46	−2	92.44			
2	235 25 24	+15	235 15 39									865.18	1 299.43	2
				63 00 26	154.65	−73.63	+1	−73.62	135.99	−3	135.96			
3	100 17 57	+15	100 18 12									791.56	1 435.39	3
				118 26 05	178.43	139.18	+2	139.20	111.65	−4	111.61			
C	267 33 17	+15	267 33 22									930.76	1 547.00	C
				38 44 17										
D														D
				126 17 49										
$\sum$	807 40 10	+75	807 41 25		704.06	55.25	+7	55.32	601.08	−15	600.93			

辅助计算：

$\alpha'_{CD}=\alpha_{AB}+\sum\beta_{测}-5\times180°=126°16'34'',f_x=\sum\Delta x_{测}-(x_C-x_B)=55.32-(930.76-875.44)=-0.07\ \text{m}$;

$f_\beta=\alpha'_{CD}-\alpha_{CD}=-75'',f_y=\sum\Delta y_{测}-(y_C-y_B)=601.08-(1547.00-946.07)=+0.15\ \text{m}$;

$f_{\beta容}=\pm40''\sqrt{n}=\pm89'',f_D=\sqrt{f_x^2+f_y^2}=0.17\ \text{m},K=\frac{f_D}{\sum D}=\frac{1}{4\ 253}<\frac{1}{2\ 000}$

3. 支导线平差

支导线因终点为待定点，不存在复合条件。但为了进行检核和提高精度，一般采取往返观测，因观测存在误差，所以会产生方位角闭合差和坐标闭合差。

支导线因采取往返观测，故又称复测支导线。复测支导线的平差计算过程与附合导线基本相同，计算的方法简述如下。

(1) 方位角闭合差的计算与角度平差。

方位角闭合差为终止边往测方位角与终止边反测方位角之差，即

$$f_\beta = \alpha_{往} - \alpha_{返} \tag{5.21}$$

其限差为

$$f_{\beta限} = \pm 2m_\beta \sqrt{2n} \tag{5.22}$$

式中　m_β—— 测角中误差；

$2n$—— 往返观测的总测站数。

当 $f_\beta \leqslant f_{\beta限}$ 时，进行角度闭合差的平差，原则是往返测量所测水平角的改正数绝对值相等，符号相反，即

$$\left.\begin{aligned} v_{\beta往} &= -\frac{f_\beta}{2n} \\ v_{\beta返} &= +\frac{f_\beta}{2n} \end{aligned}\right\} \tag{5.23}$$

(2) 坐标闭合差的平差。

坐标闭合差为终止点往返测量坐标之差，即

$$\left.\begin{aligned} f_x &= \sum \Delta x_{往} - \sum \Delta x_{返} \\ f_y &= \sum \Delta y_{往} - \sum \Delta y_{返} \end{aligned}\right\} \tag{5.24}$$

导线全长闭合差为　$f_s = \sqrt{f_x^2 + f_y^2}$

导线全长相对闭合差为　$K = \dfrac{f_s}{\sum D_{往} + \sum D_{返}}$　(5.25)

导线全长相对闭合差小于限差时，进行坐标增量改正数的计算，即

往测：

$$\left.\begin{aligned} v_{\Delta x_{ij}} &= -\frac{f_x}{\sum D_{往} + D_{返}} \times D_{ij往} \\ v_{\Delta y_{ij}} &= -\frac{f_y}{\sum D_{往} + D_{返}} \times D_{ij往} \end{aligned}\right\} \tag{5.26}$$

返测：

$$\left.\begin{aligned} v_{\Delta x_{ij}} &= +\frac{f_x}{\sum D_{往} + D_{返}} \times D_{ij返} \\ v_{\Delta y_{ij}} &= +\frac{f_y}{\sum D_{往} + D_{返}} \times D_{ij返} \end{aligned}\right\} \tag{5.27}$$

5.2 利用 RTK 做静态控制测量

5.2.1 知识准备

一、GPS 基本知识

全球定位系统(英语:Global Positioning System,通常简称 GPS),又称全球卫星定位系统,是一个中距离圆形轨道卫星导航系统,它可以为地球表面绝大部分地区提供准确的定位、测速和高精度的时间标准。该系统由美国国防部研制和维护,可满足位于全球任何地方或近地空间的军事用户连续精确的确定三维位置、三维运动和时间的需要。该系统包括太空中的 24 颗 GPS 卫星,地面上的 1 个主控站、3 个数据注入站和 5 个监测站及作为用户端的 GPS 接收机。最少只需其中 3 颗卫星,就能迅速确定用户端在地球上所处的位置及海拔高度;所能连接到的卫星数越多,解码出来的位置就越精确。

(一) GPS 系统的组成

GPS 系统主要由空间星座部分、地面监控部分和用户设备部分组成。

1. 空间星座部分

GPS 卫星星座由 24 颗卫星组成,其中 21 颗为工作卫星,3 颗为备用卫星。24 颗卫星均匀分布在 6 个轨道平面上,即每个轨道平面上有 4 颗卫星。卫星轨道平面相对于地球赤道面的轨道倾角为 55°,各轨道平面的升交点的赤经相差 60°,一个轨道平面上的卫星比西边相邻轨道平面上的相应卫星升交角距超前 30°。这种布局的目的是保证在全球任何地点、任何时刻至少可以观测到 4 颗卫星。

2. 地面监控部分

地面监控部分主要由 1 个主控站、3 个注入站和 5 个监测站组成。

主控站位于美国科罗拉多州的谢里佛尔空军基地,是整个地面监控系统的管理中心和技术中心,另外还有一个位于马里兰州盖茨堡的备用主控站,在发生紧急情况时启用。

注入站的作用是把主控站计算得到的卫星星历、导航电文等信息注入相应的卫星。

监测站的主要作用是采集 GPS 卫星数据和当地的环境数据,然后发送给主控站。

3. 用户设备

用户设备主要为 GPS 接收机,主要作用是从 GPS 卫星接收信号并利用传来的信息计算用户的三维位置及时间。GPS 卫星接收机种类很多,根据型号分为测地型、全站型、定时型、手持型、集成型;根据用途分为车载式、船载式、机载式、星载式、弹载式;按接收机的载波频率分为单频接收机和双频接收机;按接收机通道数分为多通道接收机、序贯通道接收机、多路多用通道接收机。

(二) GPS 系统工作的基本原理

24 颗 GPS 卫星在离地面 12 000 km 的高空上,以 12 小时的周期环绕地球运行,使得在任意时刻,在地面上的任意一点都可以同时观测到 4 颗以上的卫星。

由于卫星的位置精确可知,在 GPS 观测中,我们可得到卫星到接收机的距离,利用三维坐标中的距离公式,利用 3 颗卫星,就可以组成 3 个方程式,解出观测点的位置(X,Y,Z)。考虑到卫星的时钟与接收机时钟之间的误差，实际上有4个未知数，X、Y、Z和钟差，因而需要引入第4颗卫星，形成4个方程式进行求解，从而得到观测点的经纬度和高程。

（三）GPS系统在工程中的应用

道路、桥梁、隧道的施工中大量采用GPS设备进行工程测量。GPS系统在道路工程中的应用，主要是用于建立各种道路工程控制网及测定航测外控点等。随着高等级公路的迅速发展，对勘测技术提出了更高的要求，由于线路长，已知点少，因此，用常规测量手段不仅布网困难，而且难以满足高精度的要求。中国已逐步采用GPS技术建立线路首级高精度控制网，然后用常规方法布设导线加密。实践证明，几十公里范围内的点位误差只有2 cm左右，达到了常规方法难以实现的精度，同时也大大提前了工期。GPS技术也同样应用于特大桥梁的控制测量中，由于无须通视，可构成较强的网形，提高点位精度，同时对检测常规测量的支点也非常有效。GPS技术在隧道测量中也具有广泛的应用前景。GPS测量减少了常规方法的中间环节，因此，速度快、精度高，具有明显的经济和社会效益。

二、RTK简介

RTK(real-time kinematic)即实时动态差分法，这是一种新的常用的GPS测量方法，以前的静态、快速静态、动态测量都需要事后进行解算才能获得厘米级的精度，而RTK是能够在野外实时得到厘米级定位精度的测量方法，它采用的载波相位动态实时差分法，是GPS应用的重大里程碑，它的出现为工程放样、地形测图等各种控制测量带来了曙光，极大地提高了外业作业效率。

（一）RTK的特点

RTK技术的关键在于使用了GPS的载波相位观测，并利用了参考站和移动站之间观测误差的空间相关性，通过差分的方式除去移动站观测数据中的大部分误差，从而实现高精度（分米甚至厘米级）的定位。

（二）RTK在测量中的应用

1. 在控制测量中的应用

传统的大地测量、工程控制测量采用三角网、导线网的方法施测，不仅费工费时，要求点间通视，而且精度分布不均匀；采用常规的GPS静态测量、快速静态、伪动态方法，在外业测设过程中不能实时知道定位精度，如果测设完毕，内业处理后发现精度不符合要求，还必须返测，而采用RTK来进行控制测量，能够实时知道定位精度，如果点位精度要求满足了，用户就可以停止观测，并且可知道观测质量如何，这样可以大大提高作业效率。如果把RTK用于公路控制测量、电力线路测量、水利工程控制测量、大地测量，则不仅大大减少了人力强度，可节省费用，而且大大提高了工作效率，一个控制点的测设在几分钟甚至几秒钟内就可完成。

2. 在地形测图中的应用

过去测地形图时一般要在测区建立图根控制点，然后在图根控制点上架立全站仪或经纬仪配合小平板测图，后来发展到外业用全站仪和电子手簿配合地物编码，利用大比例尺测图软件来进行测图，最近甚至发展到外业电子平板测图等，但这些测图方法都要求在测站上测出四周的地貌等碎部点，这些碎部点都必须与测站通视，而且一般要求至少3人操作，在拼图时一旦精度不符合要求还得进行返测，采用RTK时，仅需一人背着仪器在要测的地貌碎部点立上1～2 s，并同时输入特征编码，通过手簿即可实时知道点位精度，把一个区域测完后回到室内，由专业的软件接口就可以输出所要求的地形图，这样仅需一人操作，不要求点间通视，大大提高了工作效率，采用 RTK 配合电子手簿可以测设各种地形图，如铁路线路带状地形图的测设、公路管线地形图的测设，配合测深仪可以用于测设水库地形图，以及进行航海海洋测图等。

3. 在施工放样中的应用

施工放样要求通过一定方法采用一定仪器把人为设计好的点位在实地给标定出来，过去采用的常规放样方法很多，如经纬仪交会放样、全站仪边角放样等，一般要放样出一个设计点位，往往需要来回移动目标，而且要 2～3 人操作，同时在放样过程中还要求点间通视情况良好，在生产应用上效率不是很高，有时遇到困难的情况需借助很多方法才能放样，如果采用 RTK 技术放样，仅需把设计好的点位坐标输入到电子手簿中，背着 GPS 接收机，它会提醒你走到要放样点的位置，既迅速又方便，由于 GPS 是通过坐标来直接放样的，而且精度很高也很均匀，因而使外业放样的效率大大提高。

5.2.2 任务实施

1. 作业前准备工作

(1) 在已有的测区布设控制网，控制点注意布设均匀、全面，在测区的各个边缘是一定要有点的，选点应注意以下几方面：

(a) 选在易于保存的地方；

(b) 尽量远离经常有变动的地方；

(c) 远离干扰源，如高大建筑物、大面积水面、高压线下等；

(d) 布设为控制网，尽量让控制网的三角形趋向于等边三角形，这样静态数据更好解算。

(2) 控制网布设好后对实际位置进行埋桩标点。

(3) 对仪器进行设置，将所有仪器都设置成静态模式，采取同样的采样间隔、高度截止角。

(4) 做好人员安排、记录等。

(5) 设计好每一时段的移站方式。

2. 操作步骤及外业人员注意事项

(1) 负责仪器的外业人员将仪器架设在对应的点上，整平对中。

(2) 量取仪器高。

(3) 在记录本上记录外业人员名字、日期，以及每一时段的开始时间、结束时间、第几时段、仪器号、仪器高。

(4) 当第一时段的所有仪器都准备好后同时开机，不用严格的同时，保证正常的同时观测时间足够即可(一般观测十公里需观测一小时左右)。

(5) 待观测完成后则按照设计好的搬站方式进行搬站。

(6) 开始观测后尽量不要碰动仪器，即使气泡偏离中心也勿动，有可能是自然沉降的结果。

3. 内业处理

以南方静态内业处理软件为例进行说明。

(1) 导出数据。

首先用数据线把主机与电脑连接起来(注意连接在仪器后面的七针口中并红点对红点插入)，电脑自动读取主机，进入主机磁盘将主机中对应的当天的静态数据导出。主机中的静态数据文件夹都是按照当天日期起名，文件夹中的每个时段的静态数据的后缀名都是.sth，而且数据的文件名是按照前四位为点名，最后一位为时段，中间三位为一年的第多少天来取名，如21351231.sth 即点名为 2135，时段为第一时段，时间为一年的第 123 天。

(2) 用南方静态处理软件处理数据。

双击“南方测绘 Gnss 数据处理”桌面快捷方式进入基线处理软件。软件主界面由菜单栏、工具栏、状态栏、工程菜单栏以及显示窗口组成，并采用了工程化的管理模式，因此，在使用之前必须按照要求创建工程项目。

软件简单操作步骤如下：

(a) 点击“文件”菜单下的“新建”项目。在对话框中按照要求填入“项目名称”“施工单位”“负责人”，选择相应的“坐标系统”“控制网等级”“基线剔除方式”，最后点击“确定”按钮，完成操作。

(b) 增加野外观测数据，将野外 GPS 采集数据调入软件。

(c) GPS 基线处理，处理合格后要检查异步、同步环闭合差。

(d) 对整网进行约束平差。

(e) 检查和打印成果。

上述各项操作将在下面进行详述。

(1) 软件基本功能。

(a) 能对南方公司各种型号 GPS 接收机所采集的静态测量和后差分的数据进行完全解算，如 NGS200、NGS100、9800、9600、82 系列、86 系列、银河系列等。

(b) 软件工具中自带坐标转换及四参数计算。

(c) 软件具备星历预报功能，以便选择最佳星历情况进行野外作业。

(d) 软件基线处理结果更为严密，平差模型更加可靠。

(e) 能根据需要，方便地输出各种格式的平差成果。

(f) 既可全自动处理所有基线，也可进行手动单条处理。

(2) 软件主界面。

软件界面非常直观，由菜单栏、工具栏、状态栏、工程菜单栏以及显示窗口组成。点击相应的状态栏，当前窗口将显示程序的相应状态(详见每个栏中的详细功能查看说明书)。

(3) 处理基本步骤。

(a) 新建工程。根据要求完成各个项目的填写并点击“确认”按钮确认。在选择坐标系时若是自定义坐标系则点击“定义坐标系统”按钮，根据“系统参数”中的配置完成自定义坐标系。

(b) 增加观测数据。将野外采集的数据调入软件，可以用鼠标左键点击文件一个个单选，也可“全选”所有文件。点击“确定”按钮，然后稍等片刻，调入完毕。

(c) 解算基线。选择“解算所有基线”，这一解算过程可能等待时间较长，处理过程中若想中断，可点击“停止”。基线处理完全结束后，颜色由原来的绿色变成红色或灰色，基线方差比大于 3 的基线颜色会变红(软件默认值为 3)，方差比小于 3 的基线颜色会变灰。灰色基线方差比过低，可以进行重解。

(d) 解算完成后对不合格的基线进行调节。在“数据选择”系列中的条件是对基线进行重解的重要条件。可以对高度截止角和历元间隔及观测组合方案进行组合设置完成基线的重新解算以提高基线的方差比。历元间隔中左边第一个数字历元项为解算历元，第二个数字为数据采集历元。当解算历元小于采集历元时，软件解算采用采集历元，反之则运用设置的解算历元。“编辑”中的数字表示误差放大系数。

在基线简表窗口中将显示基线处理的情况，先解算三差解，最后解算出双差解，点击该基线可查看三差解、双差浮动解、双差固定解的详细情况。无效历元过多可在左边状态栏中的观测数据文件下剔除。

(e) 检查闭合环和重复基线。待基线解算合格后(少数几条解算基线不合格可让其不参与平差)，在"闭合环"窗口中进行闭合差计算。首先，对同步时段任一三边同步环的坐标分量闭合差和全长相对闭合差按独立环闭合差要求进行同步环检核，然后计算异步环。程序将自动搜索所有的同步、异步闭合环。

(f) 数据录入。点击"数据输入"菜单中的"坐标数据录入"，输入已知点坐标，给定约束条件。

(g) 平差处理。进行整网无约束平差和已知点联合平差。

(h) 三维平差。进行 WGS-84 坐标系下的自由网平差。

(i) 二维平差。把已知点坐标带入网中进行整网约束二维平差。

(j) 高程拟合。根据"平差参数设置"中的高程拟合方案对观测点进行高程计算。

(k) 平差成果输出或者打印。

5.2.3 任务小结

用 RTK 做静态测量，必须不少于三台仪器，并且要有两个以上的已知点，只有这样才能保证测量结果的准确性。

5.2.4 知识拓展

1. GPS 的发展历史

GPS 系统的前身为美军研制的一种子午仪卫星定位系统，1958 年研制，1964 年正式投入使用，该系统用 5～6 颗卫星组成的星网工作，每天最多绕过地球 13 次，并且无法给出高度信息，在定位精度方面也不尽如人意。然而，子午仪系统使得研发部门对卫星定位取得了初步的经验，并验证了由卫星系统进行定位的可行性，为 GPS 系统的研制埋下了铺垫。由于卫星定位显示出在导航方面的巨大优越性及子午仪系统存在对潜艇和舰船导航方面的巨大缺陷。美国海陆空三军及民用部门都感到迫切需要一种新的卫星导航系统。为此，美国海军研究实验室提出了名为 Tinmation 的用 12 到 18 颗卫星组成 10 000 km 高度的全球定位网计划，并于 1967 年、1969 年和 1974 年各发射了一颗试验卫星，在这些卫星上初步试验了原子钟计时系统，这是 GPS 系统精确定位的基础。

美国空军则提出了以每星群 4 到 5 颗卫星组成 3 至 4 个星群的计划，这些卫星中除 1 颗采用同步轨道外其余的都使用周期为 24 h 的倾斜轨道。该计划以伪随机码(PRN)为基础传播卫星测距信号，其强大的功能使得当信号密度低于环境噪声的 1%时也能将信号检测出来。伪随机码的成功运用是 GPS 系统得以取得成功的一个重要基础。海军的计划主要用于为舰船提供低动态的二维定位，空军的计划能提供高动态服务。由于同时研制两个系统会造成巨大的费用，而且这里的两个计划都是为了提供全球定位而设计的，所以 1973 年美国国防部将两者合二为一，并由国防部牵头的卫星导航定位联合计划局领导，还将办事机构设立在洛杉矶的空军航天处。

最初的 GPS 计划在联合计划局的领导下诞生了，该方案将 24 个卫星放置在互成 120°的 6 个轨道上。每个轨道上有 4 个卫星，地球上任何一点均能观测到 6 至 9 个卫星，这样，粗码精度可达 100 m，精码精度为 10 m。由于预算紧缩，GPS 计划必须减少发射卫星的数量，改为将 18 个卫星分布在互成 60°的 6 个轨道上，然而这一方案不能确保卫星可靠性。1988 年又进行了最后一次修改:在互成30°的6条轨道上设置21个运作卫星和3个备用卫星,这也是现在GPS卫星所使用的工作方式。

2. RTK与北斗卫星导航系统

目前,RTK接收机已进入基于北斗卫星导航系统的多星应用时代,成为国际首款、国内首创、拥有完全自主知识产权的多系统多频率的RTK接收机。基于北斗卫星导航系统的多星测量南方北斗RTK-S82C型接收机,采用独有的核心技术和高可靠性的载波跟踪算法能适应各种环境的变换,为用户提供高质量的定位结果。

5.2.5 任务延伸

根据一个已知点,用RTK测量任一点的坐标和高程。

课后练习题

1. 简答题

(1) 解释控制测量的概念。

(2) 什么是导线?导线有哪几种形式?

(3) 导线测量的最终目的是什么?

(4) 导线测量的外业工作有哪些?

(5) 闭合导线与附合导线的计算方法有何异同点?

2. 计算题

(1) 已知A、B两点的水平距离是90.558 m,坐标方位角为106°30′48″,A点坐标为(306.55,295.73),求B点坐标。

(2) 如图5.19所示为一闭合导线测量结果,请计算各点坐标。

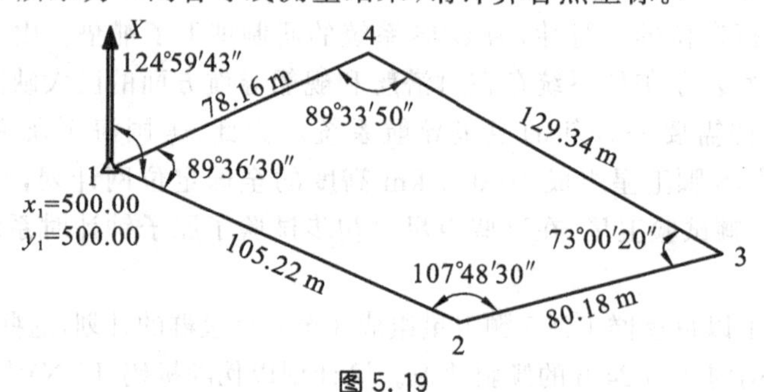

图5.19

(3) 如图5.20所示为一附合导线测量结果,请计算各点坐标。已知各控制点的坐标为A(1 746.34,16.659)、B(998.07,1 339.89)、C(1 081.79,5 208.43)、D(2 303.32,6 123.75)。

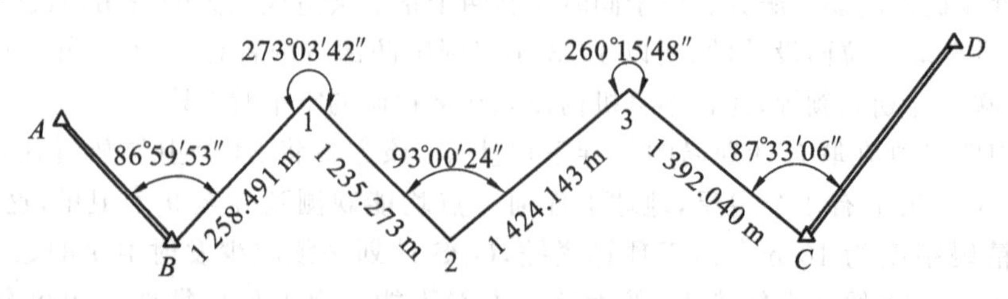

图5.20

Chapter 6

第 6 章　地形图测量

 用全站仪测量测站点 A 周围的地物和地貌 ………

6.1.1　知识准备

一、地形图基本知识

（一）地形图、平面图、地图、断面图

地形图：把一定区域内的地物和地貌按一定比例尺和规定的符号测绘成的平面图。在地形图上表示的主要内容有地物与地貌两大类。地物和地貌合称为地形。

平面图：只表示地物的平面位置，不表示地貌，按比例尺缩小绘在平面图纸上，成为测区地物的相似图形。

地图：考虑地球曲率的影响，应用地图投影的方法，将整个地球或地面一个大区域的图形，依比例缩绘在平面上的图。

断面图：过地面某一方向线的铅垂面与地球表面的交线称为该方向线的断面线，为了了解地面某一方向的起伏情况，要绘出该方向的断面线，这种图称为断面图。

（二）比例尺

比例尺的定义：图上某线段的长度与实地相应线段水平距离之比，称为图的比例尺。

比例尺的种类：包括数字比例尺、图示比例尺。

数字比例尺是用分子为 1，分母为整数的分数表示，如：1∶1 000、1∶5 000 等。比例尺分母越大，比例尺越小；反之，分母越小，比例尺越大，反映地面越详细。

图示比例尺可以减少图纸伸缩的影响，常见的图示比例尺为直线比例尺。

比例尺的精度：图上 0.1 mm 的长度相当于的实际水平距离为比例尺的精度。测图用的比例尺愈大，表示地面情况越详细，相应工作量加大。因此，测图比例尺关系到实际需要、成图时间与测量费用的问题。一般以工作需要为主要因素，即根据在图上需要表示出的最小地物有多大，点的平面位置或两点间距离要精确到什么程度为准。

（三）地物的表示方法

地物的符号分为比例符号、非比例符号、半比例符号和注记符号。

(1) 比例符号:将垂直投影在水平面上的地物形状轮廓线,按测图比例尺缩小绘制在地形图上,再配合注记符号来表示地物的符号。

在地形图上表示地物的原则是:凡能按比例尺缩小表示的地物,都用比例符号表示。

(2) 非比例符号:只表示地物的位置,而不表示地物的形状与大小的特定符号。国家测绘总局颁布的《国家基本比例尺地图图示》上有详细规定。如图6.1所示是部分地物的表示方法。

非比例符号上表示地物中心位置的点叫作定位点。各种非比例符号的定位点不尽相同,根据符号不同的形状来确定。

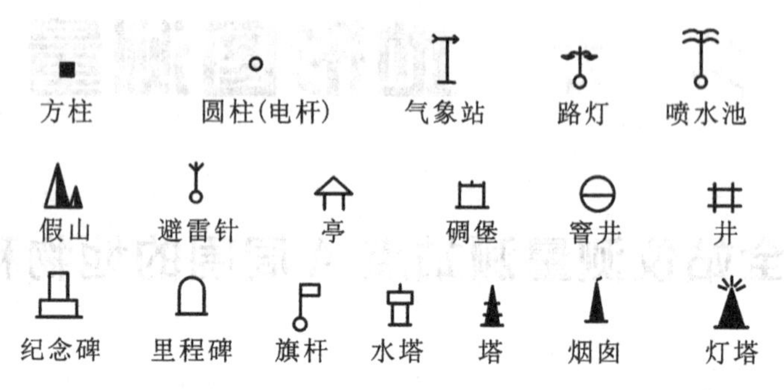

图6.1 部分地物的表示方法(非比例符号)

(3) 半比例符号:长度按比例表示、宽度不按比例表示的地物符号,也叫线性符号。符号的中心线称为定位线,如小渠、乡村小道等(见图6.2)。

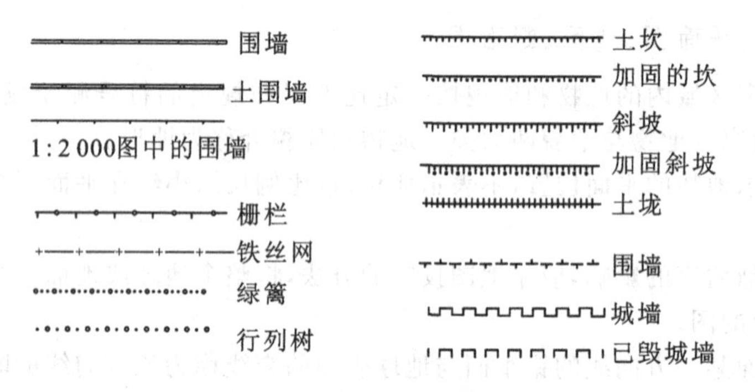

图6.2 半比例符号实例

(4) 注记符号:对地物加以说明的文字、数字或特有符号。

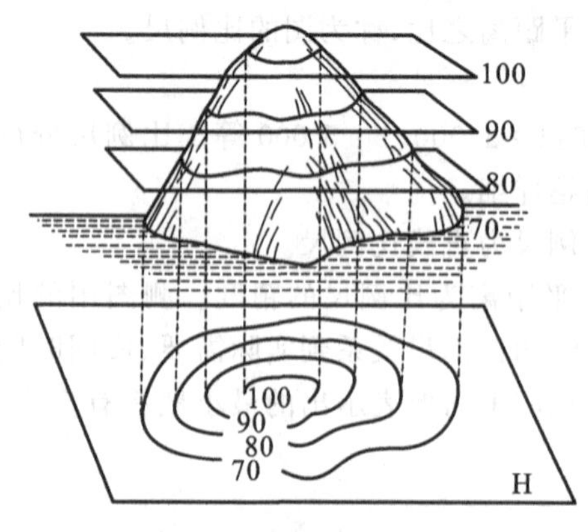

图6.3 等高线表示地貌

(四) 地貌的表示方法

地貌用等高线表示,如图6.3所示。

(1) 等高线的概念:地面上高程相等的相邻各点所连成的闭合曲线。

(2) 等高距:相邻两条等高线间的高差叫等高距。

(3) 等高线平距:相邻两条等高线间的水平距离叫等高线平距。

等高线平距的性质:平距越小,等高线越稠密,地势越陡。反之,平距越大,等高线越稀疏,地势越平缓。等高线平距处处相等,则地面坡度均匀一致。等高线平距常用d来表示。

(4) 示坡线：垂直于等高线用于指示坡度下降方向的短线。

(5) 等高线的分类。

(a) 首曲线：按照测图前选定的等高距测绘的等高线。

(b) 计曲线：每隔四条首曲线加粗描绘的等高线。计曲线一般都注记高程。计曲线多的地方，一般不需要示坡线。

(c) 间曲线：按 1/2 等高距测绘的等高线。

(d) 助曲线：按 1/4 等高距测绘的等高线。

首曲线与计曲线是地形图中表示地貌必须描绘的曲线，而间曲线、助曲线则根据需要来确定是否描绘。

(6) 等高线的特性。

(a) 等高性：同一条等高线上各点的高程相等，但高程相等的点不一定在同一条等高线上。

(b) 闭合性：等高线是闭合曲线，在本图幅内不能闭合，则在相邻图幅内闭合，绘制等高线时，除遇到建筑物、陡崖、图廓边等情况可中断外，一般不能中断。

(c) 非交性：除悬崖外，等高线不能相交。

(d) 正交性：山脊和山谷处等高线与山谷线和山脊线正交。

(e) 密陡稀缓性：同一幅图内，等高线越密表示地面坡度越陡；等高线越稀表示地面坡度越缓。

(7) 几种典型地貌的表示方法(见图 6.4)

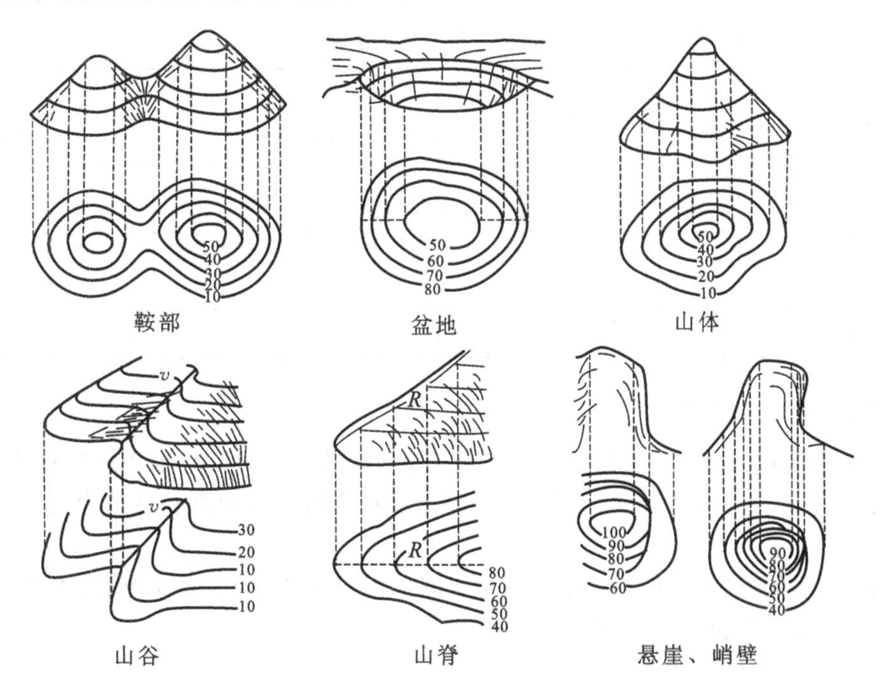

图 6.4　几种典型地貌的等高线

(a) 山头：山头的等高线呈环网状。

(b) 鞍部：位于两个山头之间又是两个山谷的对顶处。

(c) 山脊线：山脊等高线凸向低处。

(d) 山谷线：山谷等高线凸向高处。

(e) 特殊地貌：必须用规定的符号来表示。测图时，只要测出其轮廓位置或走向，绘出相应符号即可。

二、地形图测量方法

(一) 碎部点的选择

不管用什么方法测图都是对地表的地物、地貌变化的特征点进行平面和高程测绘，这些特征点也称碎部点，所以大比例尺地形图测绘也称碎部测量。

1. 地物特征点的选择

地物特征点应选在地物轮廓线的方向变化处，如房角点，道路转折点、交叉点，河岸线转弯点以及独立地物的中心点等，连接这些特征点，便得到与实地相似的地物形状。

2. 地貌特征点的选择

对于地貌来说，特征点是指山的最高点、山脊线和山谷线的方向变换点和坡度变换点、鞍部点、山脚线转折点。根据这些特征点的高程勾绘等高线，即可将地貌在图上表示出来。

3. 碎部点的密度

应根据地貌的复杂程度、测图比例尺大小以及用图目的等，综合考虑碎部点的密度。一般图上平均 2～3 cm 距离应有一个碎部点。在直线段或坡度均匀的地方，地貌点之间的最大间距和碎部测量中最大视距长度不宜超过表 6.1 中的规定。

表 6.1　地貌点间距表

测图比例尺	立尺点间隔(m)	视距长度(m)	
		主要地物	次要地物
1∶500	15	80	100
1∶1 000	30	100	150
1∶2 000	50	180	250
1∶5 000	100	300	350

(二) 地形图的测量方法

20 世纪的小区域大比例尺地形图主要采用三种方法进行测量，分别为经纬仪测图法、大平板仪测图法、小平板仪和经纬仪联合测图法。碎部点和测站点的距离和高差均采用视距测量的方法得到。

随着测量技术的发展，小区域大比例尺地形图采用全站仪、GPS 系统测量，大大提高了测图的效率，现已经广泛应用在实际工作中。

6.1.2 任务实施

1. 目的

(1) 熟悉全站仪测图的基本原理和基本方法。

(2) 学会碎部点的选择方法。

(3) 熟悉数字化地形图的测绘工序，熟悉草图的绘制方法。

2. 任务分析

本任务是已知两个点 A、B，把全站仪安置在测站 A 上，后视 B 点，测出 A 点周围的地物和地貌。如果不要求地形图的方向，也可以把任务简化完成，可把全站仪安置在任何一点 P，不用定向，直接测 P 点周围的地物和地貌。

3. 仪器及工具

全站仪一台，对中杆棱镜，小卷尺一把，垫板和白纸，铅笔，橡皮。

4. 方法及步骤

(1) 在测站点 A 安置仪器，对中、整平，进入“程序”菜单下，选择“标准测量”，建立新作业，以便存储坐标数据。

(2) 设置测站点，输入测站点 A 的点号、仪器高、坐标、高程。

(3) 设置后视点，输入后视点的点号、棱镜高、坐标或方位角、高程。

(a) 用坐标定向。在全站仪中输入定向点坐标，精确瞄准定向点处的对中杆(尽量瞄准底部，以削弱目标偏心的影响)，然后进行定向。

定向操作完成后，此时全站仪水平角读数显示的值应该等于该方向的水平角，然后精确瞄准对中杆棱镜，按下“校核”键，直接测定定向点坐标，将全站仪屏幕显示的结果与已知定向点坐标进行比较，满足要求后开始作业。

(b) 用方位角定向。在全站仪中直接输入定向方向的方位角角值，并精确瞄准定向点处的对中杆，经确认后即可。

(4) 碎部测量，进入“侧视测量”命令，即进行碎部点的测量，将对中杆按顺序立在碎部点上，全站仪照准棱镜中心测量并存储坐标及高程数据，同时绘制草图的人员跟随棱镜进行草图绘制。

6.1.3 任务小结

(1) 在大比例尺地形图上，地物可以用比例符号、非比例符号、半比例符号和注记符号来表示，这些符号在《国家基本比例尺地图图示》中有统一规定。地貌是用等高线来表示的，通过等高线可以明显看出各种地形情况。

(2) 用全站仪测量地形图的关键问题是草图的绘制和碎部点的选择。绘制草图要从测区范围大局出发，力求按比例绘制，尽量与实地相对位置相符，并且点号要与全站仪上点号保持一一对应关系。碎部点选择的关键是掌握哪些是特征点，哪些点必须要测量。

绘制草图和碎部点选择的工作需要长期实践才能熟练掌握。

6.1.4 知识拓展

传统的经纬仪测绘法测量地形图，虽然方法已经被淘汰，但其测图原理仍然是我们应该明白的，具体操作步骤如下。

(1) 测站上的准备工作，即安置经纬仪于控制点 A，如图 6.5 所示，用尺子量出仪器高 i，记入手簿。

(2) 在水平度盘读数为零时，照准另一控制点 B，作为起始方向。

(3) 转动照准部使望远镜瞄准立在碎部点 1 上的视距尺(一般使中丝对准尺上仪器高 i 处，此时 $i=l$)，读出上、中、下三丝在尺上的读数，并读出水平度盘及竖盘读数，分别记入手簿内。

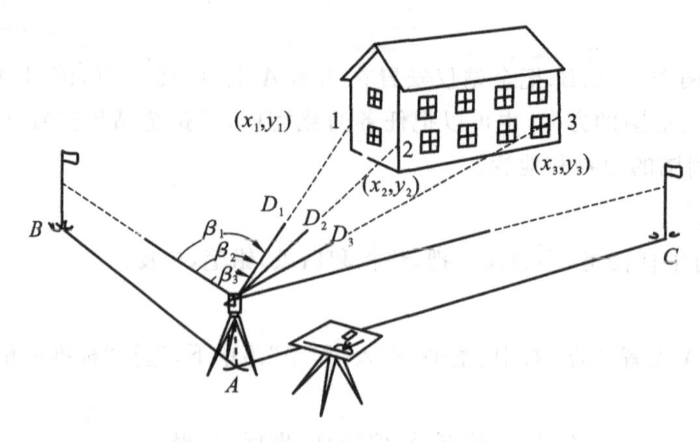

图 6.5　经纬仪测绘法测量地形图

(4) 算出水平距离 D 及高差 h，并计算碎部点的高程 $H_{测点}$（$H_{测点}=H_{测站}+h$，式中 $H_{测站}$ 为测站点的高程）。水平距离计算到分米，高差、高程计算到厘米。

(5) 用量角器和三棱尺将碎部点的位置展绘在图纸上（见图 6.6），并注以高程，注记时可用碎部点的点位兼作高程数字的小数点。

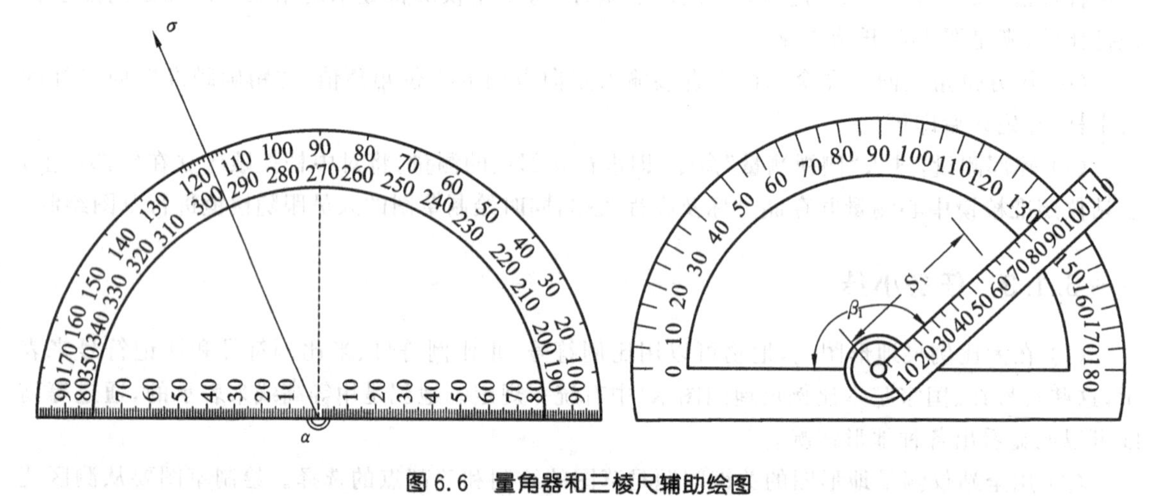

图 6.6　量角器和三棱尺辅助绘图

(6) 测绘部分碎部点后，在现场参照实际情况，在图上勾绘地物轮廓线与等高线。

在施测过程中，每测 20～30 个点后，应检查起始方向是否正确。仪器搬站后，应检查上一站的若干碎部点，检查无误后，才能在新的测站上开始测量。

6.1.5　任务延伸

对于上述任务，如果完成了外业测量，怎样才能形成最后的地形图呢？

我们需要将外业采集的点数据通过相应成图软件传输到电脑，然后用成图软件在 CAD 环境下对照外业所绘制的草图或者编码进行展点与绘图。国内普遍采用南方 CASS 软件来完成成图过程。

6.2 用全站仪、RTK 测量面积至少为 2 000 m² 的地形图

6.2.1 任务实施

1. 目的

(1) 进一步熟悉全站仪的测图方法；

(2) 了解用 RTK 测量地形图的方法。

2. 任务分析

本任务是在控制测量的基础上进行的碎部测量，即测区内控制点已经测量完成。如果用全站仪测量，则测量方法同任务 1。如果用 RTK 测量，其碎部点选择和测量方法与全站仪基本相同。

3. 仪器及工具

全站仪一台，对中杆棱镜，RTK 接收机两台，手簿一个，小卷尺一把，垫板和白纸，铅笔，橡皮。

4. RTK 测图方法及步骤

(1) 将基站安置在视野开阔且安全的一点 A 上，把移动站立在已知点上，二者通过蓝牙连接，进行校对。

(2) 碎部点采集。打开工程之星，新建一个文件，用"点测量"进行碎部点的测量，移动站立在碎部点上，直接测量并存储数据，同时绘制草图的人员跟随棱镜进行草图绘制。

6.2.2 任务小结

与传统方法相比，全站仪测图和 RTK 测图的优点不言而喻，主要表现在方便快捷，外业工作量小且精度高，大大提高了工作效率。而在内业方面，传统方法的内业计算相对较少，因为大部分是一面测量、一面计算，同时绘制成图；全站仪测图和 RTK 测图需要把外业测量信息导入计算机中，用成图软件进行成图，这一过程较为费时。

影响全站仪测图和 RTK 测图最终成果的两大关键因素是草图绘制和碎部点的选择。如果碎部点选择恰当，草图绘制清晰准确，那么就能节省计算机成图时间并提高地形图精度。

6.2.3 任务延伸

选择两个控制点，分别用经纬仪测绘法、全站仪测图法和 RTK 测图法测量两点周围 50 m 以内的 1∶500 的地形图，然后对三种方法进行综合比较。

6.2.4 知识拓展

一、地形图的应用

1. 在地形图上确定点位坐标

在地形图上进行规划设计时，往往需要从图上量算一些设计点的坐标，可利用地形图上的坐标

格网来进行量算(如果是 CASS 软件成图,则直接在电脑中用鼠标点到该点,即可显示出坐标)。

2. 在地形图上量算线段长度

在地形图上量取直线的长度可以用两种方法。

(1) 已知 A、B 两点的坐标,根据下式即可求得 A、B 两点间的距离 D_{AB}。

$$D_{AB}=\sqrt{(X_B-X_A)^2+(Y_B-Y_A)^2}=\sqrt{\Delta X_{AB}^2+\Delta Y_{AB}^2} \tag{6.1}$$

或

$$D_{AB}=\frac{X_B-X_A}{\cos\alpha}=\frac{Y_B-Y_A}{\sin\alpha}=\frac{\Delta X_{AB}}{\cos\alpha}=\frac{\Delta Y_{AB}}{\sin\alpha} \tag{6.2}$$

若精度要求不高,则可利用比例尺直接在图上量取。

(2) 如果是 CAD 环境下的地图,电脑可以很方便地显示出线段长度。

3. 在地形图上量取曲线长度

在地形图应用中,经常要量算道路、河流、境界线等不规则曲线的长度,最简便的方法是取一细线,使之与图上曲线吻合,记出始末两点标记,然后拉直细线,量其长度并乘以比例尺分母,即得相应实地曲线长度。也可使用曲线计在图上直接量取,当曲线计齿轮在曲线上滚动时,指针便跟随转动,到曲线终点时只需在盘面上读取相应比例尺的数值即为曲线的实地长度。需要提高精度时,可往返几次测量,并取其平均值。

4. 在地形图上量算某直线的坐标方位角

(1) 如图 6.7 所示,设 A 点坐标为(X_A,Y_A),B 点坐标为(X_B,Y_B),则直线 AB 的坐标方位角 α_{AB} 可用下式计算:

$$\alpha_{AB}=\arctan\frac{Y_B-Y_A}{X_B-X_A}=\arctan\frac{\Delta Y_{AB}}{\Delta X_{AB}} \tag{6.3}$$

象限由 ΔY、ΔX 的正负号在图上确定。

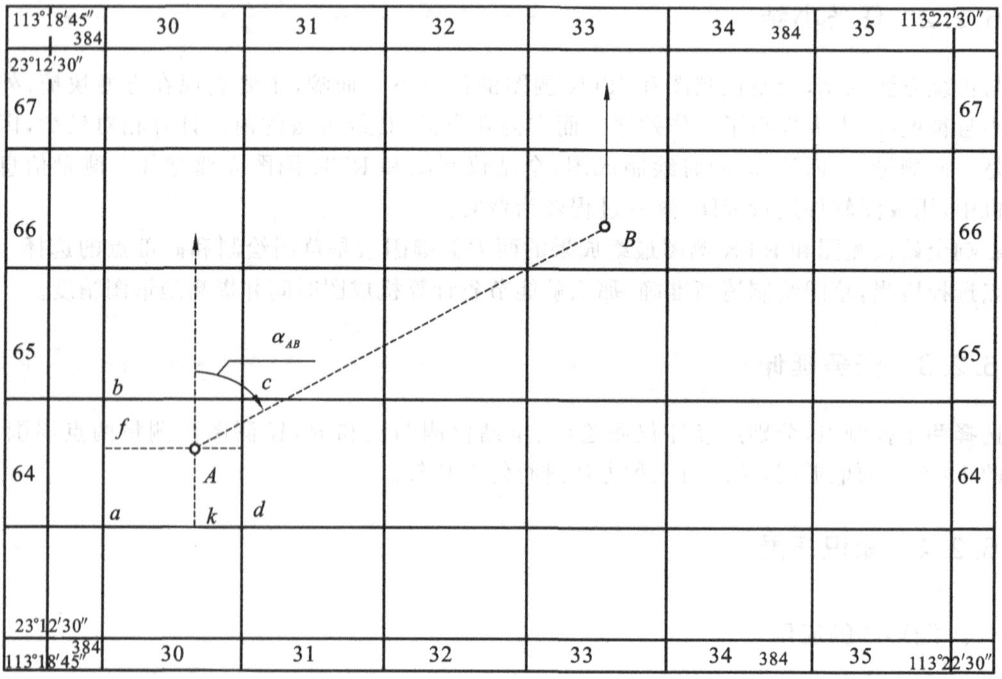

图 6.7 坐标方位角量测

(2) 若精度要求不高，可过 A 点作 X 轴的平行线(或延长 BA 与坐标纵线交叉)，用量角器直接量取直线 AB 的方位角。此法精度低于计算法。

有的地形图附有三北方向图，则可推算出 AB 直线的真方位角、磁方位角。坐标方位角、真方位角、磁方位角三者利用三北方向图给出的子午线收敛角、磁偏角可以相互推算求得。

5. 在地形图上求算某点的高程

利用地形图上的等高线，可以求出图上任意一点的高程。如所求点恰好在等高线上，则该点的高程就等于等高线的高程。如所求点不在等高线上，则可在相邻等高线的高程之间用比例内插法求得其高程。如图 6.8 所示，欲求 A 点高程，则可通过作大致与两等高线垂直的直线 PQ，量出 $PQ=18$ mm，$AP=5$ mm。该地形图的等高距为 2 m，设 A 点对高程较高的一条等高线的高差为 h，则

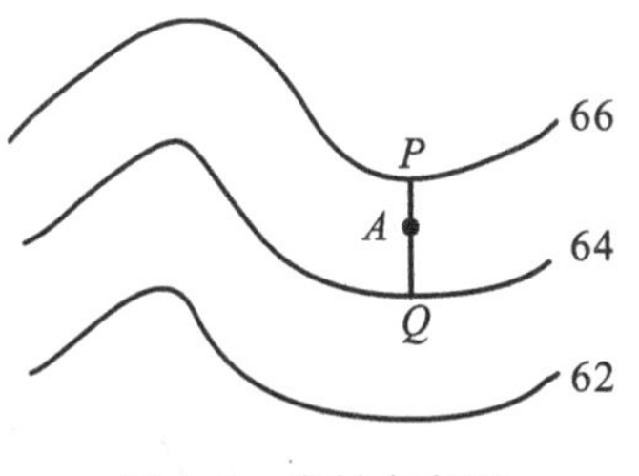

图 6.8　求某点高程

$$h:2=AP:PQ$$

$$h=2\times AP\div PQ=2\times5\div18=0.56\ \text{m}$$

$$A\text{ 点高程 }H_A=(66-0.56)\text{m}=65.4\ \text{m}$$

考虑到地形图上等高线自身的高程精度，A 点的高程也可根据内插法原理用目估法求得。

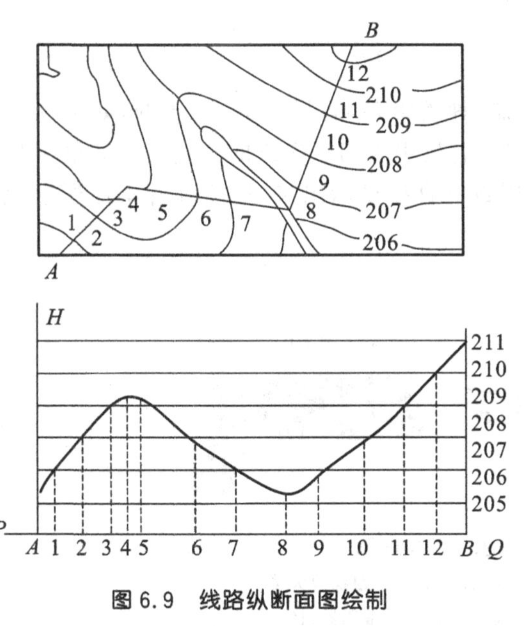

图 6.9　线路纵断面图绘制

6. 在地形图上按一定方向绘制断面图

要了解和判断如图 6.9 所示的 AB 方向的地面起伏、坡度陡缓以及该方向内的通视情况，必须绘出 AB 方向的断面图。要绘制 AB 方向的断面图，首先要确定直线 AB 与等高线交点 1,2,3,…,B 的高程及各交点至起点 A 的水平距离，再根据点的高程和水平距离，按一定比例尺绘制成断面图。绘制方法如下。

(1) 绘制直角坐标系。以横坐标轴表示水平距离，其比例尺与地形图比例尺相同(也可以不相同)；纵坐标轴表示高程，为了更突出地显示地面的起伏形态，其比例尺一般是水平距离比例尺的 10～20 倍。在纵轴上注明高程，其起始值选择要适当，使断面图位置适中。

(2) 确定断面点。首先用两脚规(或直尺)在地形图上分别量取 A—1，1—2，…，12—B 的距离；在横坐标轴上，以 A 为起点，量出上述相应长度，以定出 A,1,2,…,B 点，通过这些点，作垂线与相应高程的交点即为断面点。最后，根据地形图，将各断面点用光滑曲线连接起来，即为方向线 AB 的断面图，如图 6.9 所示。

7. 在地形图上求得任意区域面积

在各种工程建设中，往往需要测定某一地区或某一图形的面积。例如，进行森林调查规划时，需要计算林场、林业局的面积等；农田水利建设中需要计算灌溉面积和改土平地面积等；工业建设中需要计算厂区面积；园林规划设计和工程建设中，也经常需要计算某一范围的面积。测量上所指的面积是实地面积的水平投影，实地倾斜面积与其水平面积含有下列的函数关系，即 $A=$

$S\cos\alpha$，如图 6.10 所示。计算面积的方法很多，下面介绍几种常用的方法。

(1) 透明方格纸法。把印有(或画上)间隔为 2 mm(或 4 mm 或其他规格)的透明方格网盖在要测量面积的图形上，如图 6.11 所示，位于图形内的完整格数为 40，不完整格数为 28，已知方格的规格为 2 mm，绘图比例尺为 1∶5 000，求该图形的面积。

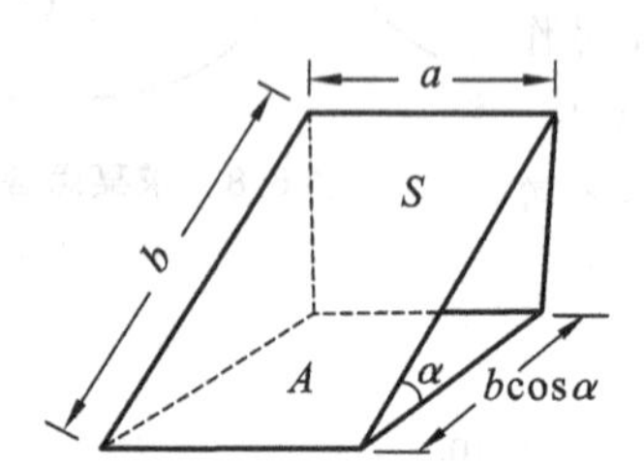

图 6.10　地面倾斜面积与平面面积之间关系

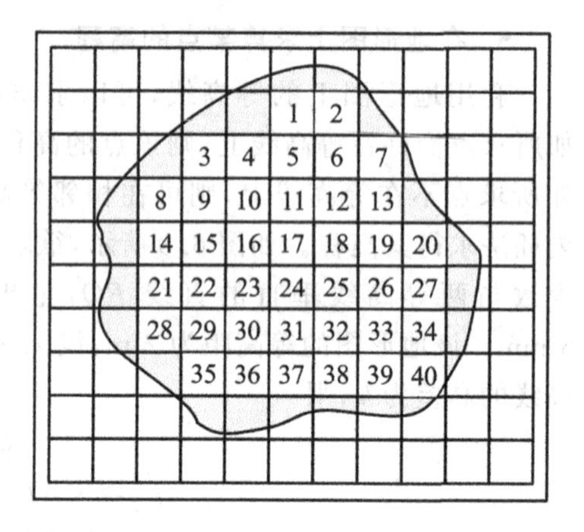

图 6.11　透明方格网法求面积

解

$$n=40+28/2=54$$

$$A=\left(\frac{2\times 5\ 000}{1\ 000}\right)\times 54=540\ \mathrm{m}^2$$

(2) 求积仪法。求积仪是专门量测面积的仪器，种类繁多，有机械的、电子的，如图 6.12 所示为日本测机舍生产的 KP-90N 型电子数字求积仪，它集中采用了先进的测量机械和电子装置，能快速精确地量测任何形状的面积，其量测值能用数字直接显示出来，还能进行累加测量、平均值测量、面积单位的换算、比例尺设定等。

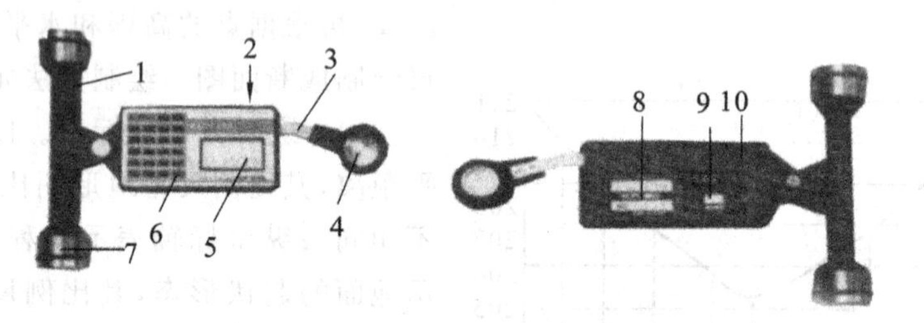

图 6.12　KP-90N 型求积仪构造图

1—动极轴；2—交流转换器插座；3—跟踪臂；4—跟踪放大镜；
5—显示部；6—功能键；7—动极；8—电池(内藏)；9—编码器；10—积分车

在图形边界上选取一点作为起点，按下 START(开始)键，蜂鸣器发出音响，显示窗显示 0。然后把放大镜中心准确地沿着图形边界顺时针方向移动，直至起点止，再按 AVER 键，即显示面积。为了提高测量的精度，可对一块面积重复几次测量，取平均值作为最后结果。

(3) 软件测量。如果为数字地图，则在 CAD 环境下，可轻易得到区域面积，而且精度很高。

二、地形图的分幅和编号

为了便于测绘、拼接、贮存、保管以及检索和使用系列地形图，需将各种比例尺地形图统一分幅和编号。

地形图分幅方法分为两类，一类是按经纬线分幅的梯形分幅法（又称为国际分幅），另一类是按坐标格网分幅的矩形分幅法。前者用于国家基本地形图的分幅，后者则用于城市或工程建设大比例尺地形图的分幅。

（一）梯形分幅和编号

梯形分幅编号法有两种形式，一种是由 1990 年以前的地形图分幅编号标准产生的，称为旧分幅与编号；另一种是由 1990 年以后新的国家地形图分幅编号标准产生的，称为新分幅与编号。

1. 国际分幅法

1）国际 1∶1 000 000 比例尺地形图的分幅与编号（见图 6.13）

全球 1∶1 000 000 的地形图实行统一的分幅与编号，即将整个地球表面自 180°子午线由西向东起算，经差每隔 6°划分纵行，全球共 60 纵行，用阿拉伯数字 1～60 表示。又从赤道起，分别向南、向北按纬差 4°划分成 22 横列，以大写拉丁字母 *A*，*B*，…，*V* 表示。任一幅 1∶1 000 000 比例尺地形图的大小就是由纬差 4°的两纬线和经差 6°的两经线所围成的面积，每一幅图的编号由其所在的“横列-纵行”的代号组成。例如，某处的经度为 114°30′18″、纬度为 38°16′08″，则其所在图幅之编号为 J-50。

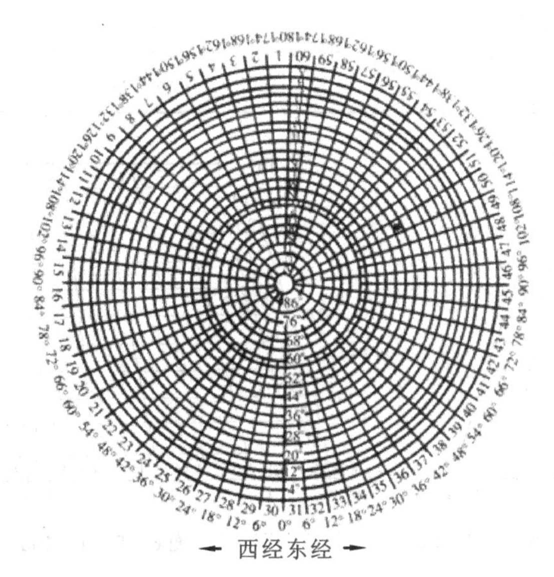

图 6.13　1∶1 000 000 地图的国际分幅

为了说明该图幅位于北半球还是南半球，应在编号前附加一个 N（北）或 S（南）字母，由于我国国土均位于北半球，故 N 字母从略。国际 1∶1 000 000 图的分幅与编号是其余各种比例尺图梯形分幅的基础。

2）1∶500 000、1∶200 000、1∶100 000 比例尺图的分幅与编号

直接在 1∶1 000 000 图的基础上，按表 6.2 中规定的相应纬差和经差划分。每幅 1∶1 000 000 图划分为 4 幅 1∶500 000 图，以 A、B、C、D 表示，如某地在1∶500 000图的编号为 J-50-C，如图 6.14 所示。每幅 1∶1 000 000 图又可划分为 36 幅 1∶200 000 图，分别用[1]，[2]，…，[36]表示，如某地所在 1∶200 000 图的编号为 J-50-[13]，如图 6.14 所示。每幅 1∶1 000 000 图还可划分为 144 幅 1∶100 000图，分别以 1，2，3，…，144 表示，如某地所在 1∶100 000 图的编号为 J-50-62，如图 6.15 所示。

表 6.2　按梯形分幅的各种比例尺图的划分及编号

比例尺	图幅大小		分幅代号	某地的图号
	经差	纬差		
1∶1 000 000	6°	4°	横行 A,B,C,…,V 纵列 1,2,3,…,60	J-50
1∶500 000	3°	2°	A、B、C、D	J-50-C
1∶200 000	1°	40′	[1],[2],[3],…,[36]	J-50-[15]
1∶100 000	30′	20′	1,2,3…,144	J-50-92
1∶50 000	15′	10′	A、B、C、D	J-50-92-A
1∶25 000	7′30″	5′	1、2、3、4	J-50-92-A-2
1∶10 000	3′45″	2′30″	(1),(2),(3),…,(64)	J-50-92-(3)
1∶5 000	1′52.5″	1′15″	a、b、c、d	J-50-92-(3)-d
1∶2 000	37.5″	25″	1,2,3,…,9	J-50-92-(3)-d-2

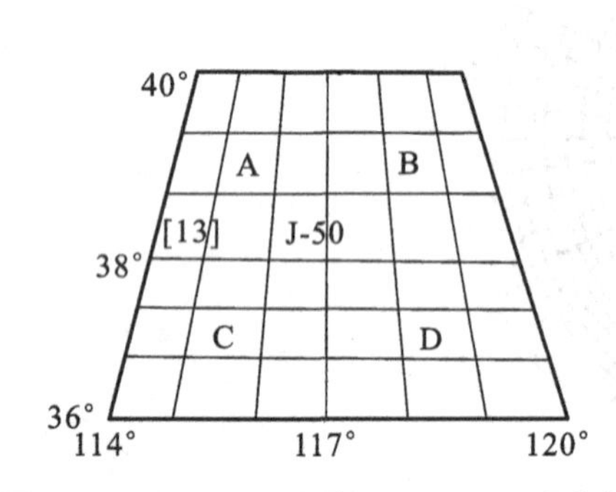

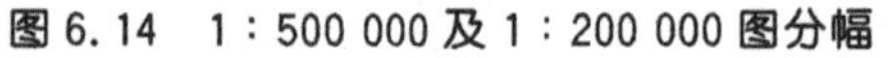
图 6.14　1∶500 000 及 1∶200 000 图分幅

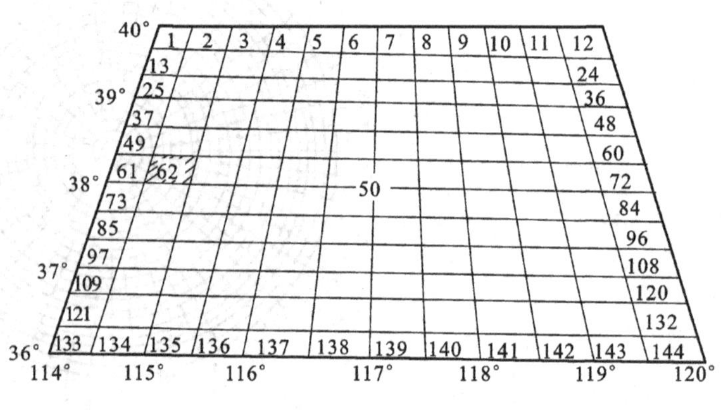

图 6.15　1∶100 000 图分幅

3) 1∶50 000、1∶25 000、1∶10 000 比例尺图的分幅与编号

直接在 1∶100 000 图的基础上进行，其划分的经差和纬差也列入表 6.2 中。

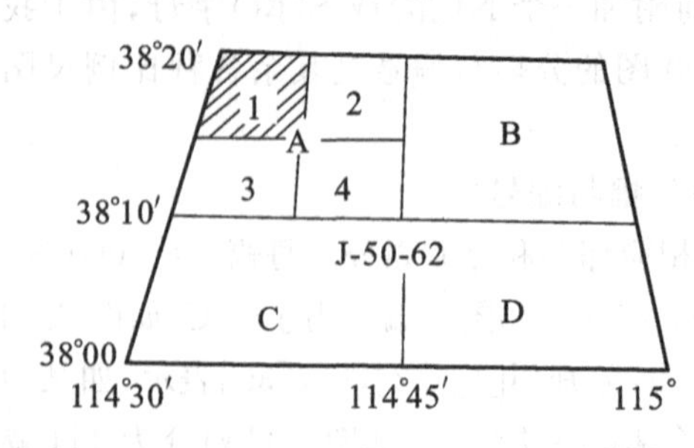

图 6.16　1∶50 000 及 1∶25 000 图分幅

每幅 1∶100 000 图可划分为 4 幅 1∶50 000 图，在 1∶100 000 图的图号后边加上各自的代号 A、B、C、D。如某处所在 1∶50 000 图的编号为 J-50-62-A，如图 6.16所示。每幅 1∶50 000 图四等分，得 1∶25 000 图，分别用 1、2、3、4 编号，如某地在 1∶25 000 的图幅为 J-50-62-1，如图 6.16所示。

每幅 1∶100 000 图按经、纬差 8 等分，成为 64 幅 1∶10 000图，以 (1)，(2)，…，(64) 编号，如某地在 1∶10 000图幅为 J-50-62-(9)，如图 6.17 所示。

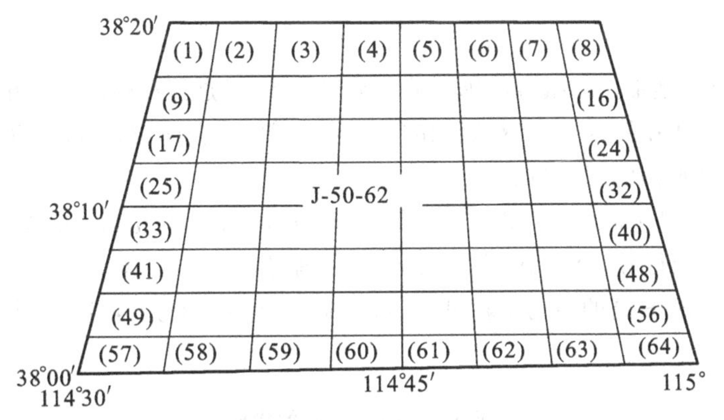

图 6.17　1：10 000 图分幅

4）1：5 000 比例尺图的分幅与编号

每幅 1：10 000 图分成 4 幅 1：5 000 的图，并以 a、b、c、d 作为编号。如某地在 1：5 000 梯形分幅图号为 J-50-62-(9)-c，如图 6.18 所示。

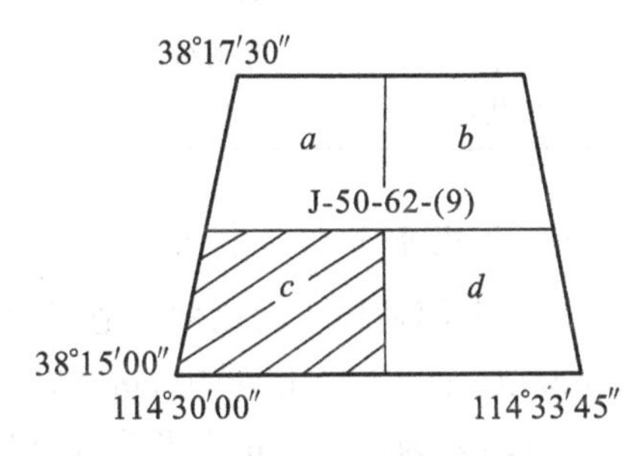

图 6.18　1：5 000 图分幅

2. 国家基本比例尺地形图的分幅与编号方法

2012 年我国发布了《国家基本比例尺地形图分幅与编号》(GB/T 13989—2012)的国家标准，自 2012 年 10 月起实施。新测和更新的基本比例尺地形图，均须按照此标准进行分幅和编号。新的分幅编号对照以前有以下特点。

(1) 国家基本比例尺地形图概念的范围已经有了变化，扩展到了大比例尺的范畴，即比例尺已经从原来的 1：1 000 000～1：5 000 延伸为 1：1 000 000～1：500，其应用范围更加全面、规范，具有科学性和适用性。

(2) 针对 1：2 000、1：1 000、1：500 地形图的分幅提出了经、纬度分幅、编号和正方形、矩形分幅、编号两种方案，并且推荐使用经、纬度分幅、编号方案。采用 1：2 000、1：1 000、1：500 地形图的经、纬度分幅，不仅使 1：2 000、1：1 000、1：500 地形图的分幅和编号与1：5000至 1：1 000 000基本比例尺地形图的分幅、编号方式相统一，而且使得大比例尺地形图的编号具有唯一性，更加有利于数据的管理、共享和应用，基本上可以解决大比例地形图在分幅方面存在的问题。

1）分幅

1：1 000 000 的地形图的分幅按照国际 1：1 000 000 地形图分幅的标准进行，其他比例尺以 1：1 000 000为基础分幅，1 幅 1：1 000 000 的地形图分成其他比例尺地形图的情况如表 6.3 所示。

表 6.3　1：1 000 000 的地形图分成其他比例尺的地形图的情况

比例尺	1：1 000 000	1：500 000	1：250 000	1：100 000	1：50 000	1：25 000	1：10 000	1：5 000	1：2 000	1：1 000	1：500
行数×列数	1×1	2×2	4×4	12×12	24×24	48×48	96×96	192×192	576×576	1 152×1 152	2 304×2 304
图幅数	1	4	16	144	576	2 304	9 216	36 864	331 776	1 327 104	5 308 416
经差	6°	3°	1°30′	30′	15′	7′30″	3′45″	1′52.5″	37.5″	18.75″	9.375″
纬差	4°	2°	1°	20′	10′	5′	2′30″	1′15″	25″	12.5″	6.25″

2）编号

（1）1∶1 000 000 地形图的编号与国际分幅编号一致，只是行和列的称谓相反，1∶1 000 000 地形图的图号是由该图所在的行号（字符码）和列号（数字码）组合而成，中间不再加连字符。如北京所在 1∶1 000 000 地形图的图号为 J50。

（2）1∶500 000～1∶5 000 比例尺地形图的编号均由五个元素（五节）10 位代码构成，即 1∶1 000 000地形图的行号（第一节，字符码，1 位）、列号（第二节，数字码，2 位）、比例尺代码（第三节，字符码，1 位）、该图幅的行号（第四节，数字码，3 位）、列号（第五节，数字码，3 位），共 10 位，如表 6.4 所示。

表 6.4　10 位代码的构成

字符码 1 位	数字码 2 位	字符码 1 位	数字码 3 位	数字码 3 位
英文字符 纬行代码	2 位阿拉伯数字 经列代码	英文字符 比例尺代码	3 位阿拉伯数字 图幅行代码	3 位阿拉伯数 图幅列代码

（二）矩形分幅与编号

矩形分幅适用于大比例尺地形图，1∶500、1∶1 000、1∶2 000、1∶5 000 比例尺地形图图幅一般为 50 cm×50 cm 或 40 cm×50 cm，以纵横坐标的整千米或整百米数的坐标格网作为图幅的分界线，称为矩形或正方形分幅，以 50 cm×50 cm 图幅最常用。

正方形分幅是以 1∶5 000 比例尺图为基础，取其图幅西南角 x 坐标和 y 坐标（以千米为单位）的数字，中间用连字符连接作为它的编号。例如，某图西南角的坐标 x=3 510.0 km，y=25.0 km，则其编号为 3 510.0-25.0。1∶5 000 比例尺图四等分便得四幅 1∶2 000 比例尺图，其编号是在 1∶5 000 比例尺图的图号后用连字符加各自的代号Ⅰ、Ⅱ、Ⅲ、Ⅳ，如 3 510.0-25.0-Ⅱ。

依此类推，1∶2 000 比例尺图四等分便得四幅 1∶1 000 比例尺图；1∶1 000 比例尺图的编号是在 1∶2 000 比例尺图的图号后用连字符附加各自的代号Ⅰ、Ⅱ、Ⅲ、Ⅳ，如 3 510.0-25.0-Ⅱ-Ⅳ。

1∶1 000 比例尺图再四等分便得四幅 1∶500 比例尺图；1∶500 比例尺图的编号是在 1∶1 000 比例尺图的图号后用连字符附加各自的代号Ⅰ、Ⅱ、Ⅲ、Ⅳ，如 3 510.0-25.0-Ⅱ-Ⅳ-Ⅲ。

矩形图幅的编号，也是取其图幅西南角 x 坐标和 y 坐标（以千米为单位）的数字，中间用连字符连接作为它的编号。编号时，1∶5 000 地形图，坐标取至 1 km；1∶2 000、1∶1 000 地形图坐标取至 0.1 km；1∶500 地形图，坐标取至 0.01 km。

如表 6.5 所示为正方形及矩形分幅的图廓规格。

表 6.5　正方形及矩形分幅的图廓规格

比例尺	矩形分幅		正方形分幅		一幅 1∶5 000 图所含幅数
	图幅大小（cm×cm）	实地面积（km^2）	图幅大小（cm×cm）	实地面积（km^2）	
1∶5 000	50×40	5	40×40	4	1
1∶2 000	50×40	0.8	50×50	1	4
1∶1 000	50×40	0.2	50×50	0.25	16
1∶500	50×40	0.05	50×50	0.062 5	64

（三）独立地区测图的特殊编号

以上是正方形与矩形分幅，都是按规范全国统一编号的，大型工程项目的测图也力求与国家或城市的分幅、编号方法一致。但有些独立地区的测图，或者由于与国家或城市控制网没有关系，或者由于工程本身保密的需要，或者是小面积测图，也可以采用其他特殊的编号方法。矩形图幅的编号有两种。

1. 按坐标编号

(1) 第一种情况：当测区与国家控制网联测时，图幅编号为图幅所在投影带中央经线的经度-x(西南角，km)-y(西南角，km)

如某 1∶2 000 地形图的编号为“112°-3 108.0-3 8656.0”，表示图幅所在投影带中央经线的经度为 112°，图幅西南角的坐标为 $x=3\ 108$ km，$y=38\ 656$ km。

(2) 第二种情况：当测区采用独立坐标系时，图幅编号为测区坐标起算点的坐标(x,y)-图幅西南角纵坐标-图幅西南角横坐标，坐标以千米或百米为单位。如某图幅编号为“30，30-16-18”，表示测区起算点坐标为 $x=30$ km，$y=30$ km，图幅西南角坐标为 $x=16$ km，$y=18$ km。

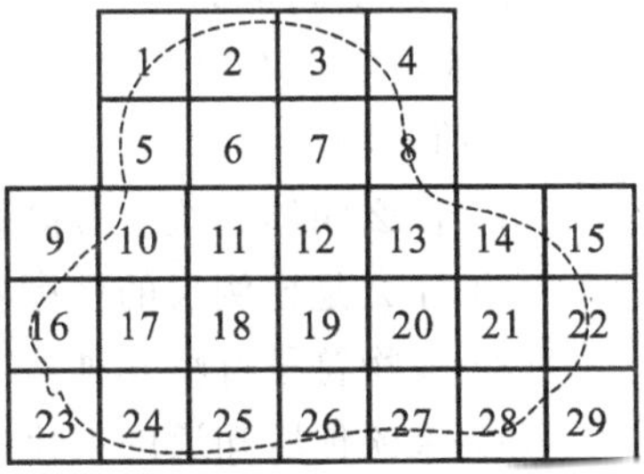

2. 按数字顺序编号

小面积独立测区的图幅编号，可采用数字顺序进行编号。如图 6.19 所示，虚线表示测区范围，数字表示图幅编号，排列顺序一般从左到右、从上到下。矩形分幅的地形图编号应以方便管理和使用为目的，不必强求统一。

	1	2	3	4		
	5	6	7	8		
9	10	11	12	13	14	15
16	17	18	19	20	21	22
23	24	25	26	27	28	29

6.19　按数字顺序编号

课后练习题

1. 选择题

(1) 等高距是两相邻等高线之间的(　　)。

A. 高程之差　　B. 平距　　C. 间距

(2) 一组闭合的等高线是山丘还是盆地，可根据(　　)来判断。

A. 助曲线　　B. 首曲线　　C. 高程注记

(3) 在比例尺为 1∶2 000，等高距为 2 m 的地形图上，如果按照指定坡度 1%，从坡脚 A 到坡顶 B 来选择路线，其通过相邻等高线时在图上的长度为(　　)

A. 10 mm　　B. 20 mm　　C. 25 mm

(4) 两不同高程的点，其坡度应为两点(　　)之比，再乘以 100%。

A. 高差与其平距　　B. 高差与其斜距　　C. 平距与其斜距

(5) 视距测量是用望远镜内的视距丝装置，根据几何光学原理同时测定两点间的(　　)的方法。

A. 距离和高差　　B. 水平距离和高差　　C. 距离和高程

(6) 在一张图纸上，等高距不变时，等高线平距与地面坡度的关系是(　　)。

A. 平距大则坡度小　　B. 平距大则坡度大　　C. 平距大则坡度不变

(7) 地形测量中，若比例尺精度为 b，测图比例尺为 $1:M$，则比例尺精度与测图比例尺的大小关系为(　　)

A. b 与 M 无关　　B. b 与 M 成正比　　C. b 与 M 成反比

(8)等高线具有(　　)特性。

A. 等高线不能相交　　B. 等高线是闭合曲线　　C. 山脊线不与等高线正交

D. 等高线平距与坡度成正比　　E. 等高线密集表示坡陡

(9)在地形图上可以确定(　　)。

A. 点的空间坐标　　B. 直线的坡度　　C. 直线的坐标方位角

D. 确定汇水面积　　E. 估算土方量

2. 简答题

(1) 什么叫等高线？等高线有何特性？

(2) 什么是比例尺的精度？

(3) 地物符号有哪几种？举例说明。

(4) 谈谈你所知道的大比例尺地形图的测量方法？

(5) 地形图有哪些用途？

Chapter 7

第7章 建筑施工测量

7.1 平面点位放样

7.1.1 知识准备

一、施工测量的基本知识

（一）施工测量的主要内容

施工测量是建筑工程在施工阶段所进行的测量工作，包括放样和抄平两项内容。施工测量的目的是根据施工的需要，用测量仪器把设计图纸上的建筑物和构筑物的平面位置和高程，按设计要求以一定精度测设（放样）在施工场地上，为后续施工提供依据，并在施工过程中通过一系列测量控制工作保证工程施工质量。

施工测量的主要内容包括以下几个方面。

(1) 施工前建立与工程相适应的施工控制网。

(2) 施工过程中进行建（构）筑物定位、高程控制等测量工作，以确保施工质量符合设计要求。

(3) 检查和验收工作。每道工序完成后，都要通过测量检查工程各部位的实际位置和高程是否符合要求，根据实测验收的记录，编绘竣工图和资料，作为验收时鉴定工程质量和工程交付后进行管理、维修、扩建、改建工作的依据。

(4) 变形观测工作。随着工程的施工，逐步测定建（构）筑物的位移和沉降，作为鉴定工程质量和验证工程设计、施工是否合理的依据。

（二）施工测量的特点和要求

施工测量与地形图测量不同，它是将设计图纸上建（构）筑物的特征点按设计要求，测设到相应地面上的工作过程。

(1) 施工测量是直接为工程施工服务的，因此它必须与施工组织计划相协调。测量人员必须了解设计的内容、性质及其对测量工作的精度要求，随时掌握工程进度及现场变动，使测设精度和速度满足施工的需要。

(2) 施工测量的精度主要取决于建（构）筑物的大小、性质、用途、材料、施工方法等因素。一般高层建筑的施工测量精度应高于低层建筑，装配式建筑的施工测量精度应高于非装配式建筑，钢结构建筑的施工测量精度应高于钢筋混凝土结构建筑，往往建(构)筑物的局部测量精度要高于整体定位精度。

(3) 施工测量受施工干扰大。由于施工现场车辆往来频繁、交叉作业面大，加上机械设备颇多，地面起伏较大，所以各种测量标志一定要注意埋设稳妥，做到妥善保护并及时检查，若发现损坏或被毁，应按照要求及时恢复，确保工程质量。

(三) 施工测量的原则

(1) 施工测量也要遵循“从整体到局部，先控制后碎部”的原则，即先在施工现场建立统一的平面控制网和高程控制网，然后以此为基础，测设出各个建筑物和构筑物的位置。

(2) 施工测量的检核工作非常重要，因此，必须加强外业和内业的检核工作。

二、点的平面位置的测设方法

点的平面位置的测设方法可根据施工控制网的形式，控制点的分布情况、地形情况、现场条件及待建建筑物的测设精度要求等进行选择，主要有下列几种。

1. 直角坐标法

当建筑物附近已有彼此垂直的主轴线时，可采用直角坐标法，这种方法计算简单、施测方便、精度较高，是应用较广泛的一种方法，如图 7.1 所示。

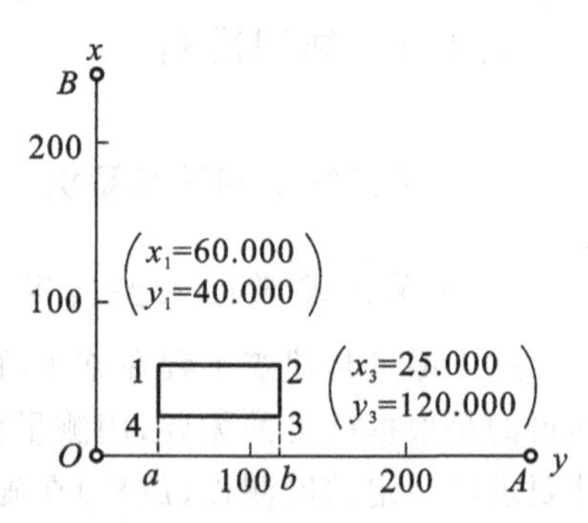

图 7.1 直角坐标法(单位:m)

图 7.1 中，OA、OB 为相互垂直的两条轴线，建筑物特征点 1、2、3、4 的坐标在设计图纸上可以确定，如 1 点坐标为 (60.000,40.000)。具体测设时采取直角坐标法进行。如欲将 1 点测设到实地上，先将经纬仪安置于 O 点，瞄准 A 点，在此方向上用钢尺量 40.000 m 得 a 点，再将仪器安置于 a 点，瞄准 A 点，向左测设 90°角，沿此方向用钢尺量 60.000 m，即得 1 点。

2. 极坐标法

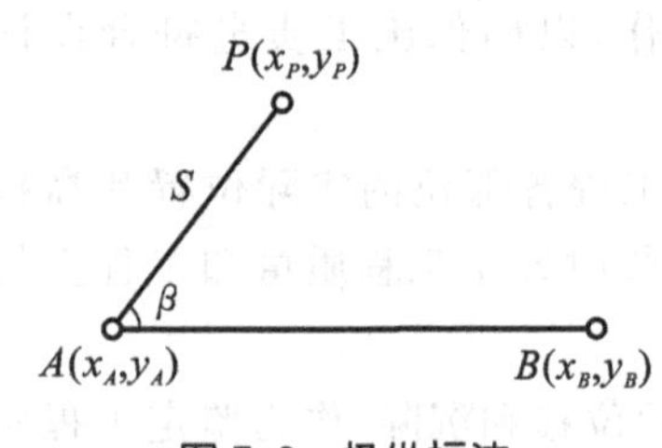

图 7.2 极坐标法

极坐标法是根据水平角和距离测设点的平面位置，适用于测设距离较短，且便于量距的情况，如图 7.2 所示。

图 7.2 中，A、B 为控制点，P 点为欲测设的点，其坐标为已知(P 的设计坐标一般在设计图纸上由设计人员给出)，用极坐标法放样的步骤如下。

(1) 计算放样数据 β 和 S：

$$\left.\begin{aligned}
&\alpha_{AP}=\arctan\frac{y_P-y_A}{x_P-x_A}\\
&\alpha_{AB}=\arctan\frac{y_B-y_A}{x_B-x_A}\\
&\beta=\alpha_{AB}-\alpha_{AP}\\
&S=\frac{y_P-y_A}{\sin\alpha_{AP}}=\frac{x_P-x_A}{\cos\alpha_{AP}}
\end{aligned}\right\}\tag{7.1}$$

(2) 将经纬仪安置在 A 点，以 B 点定向，测设 β 角得 AP 方向。

(3) 沿 AP 方向放样长度 S，在地面标出设计点 P。

为了避免出现差错，无论是放样数据的计算还是在实地上放样的点位，都必须进行可靠的检核。

3. 角度交会法

当待测设点远离控制点且不便量距时，采用角度交会法较为适宜，如图 7.3 所示，A、B、C 为三个控制点，P 点为欲测设的点，首先根据 P 点的设计坐标和三个控制点的坐标，计算测设数据 α_1、β_1 及 α_2、β_2。然后分别于 A、B、C 三个点上安置经纬仪，以 α_1、β_1 及 β_2 交会得出 P 点的位置，并在 P 点附近沿 AP、BP、CP 方向各打两个小木桩，在桩顶钉一小钉，拉一细线，作为 AP、BP、CP 的方向线。由于放样有误差，三条方向线不相交于一点而形成一个三角形，称为示误三角形，如果示误三角形的内切圆的半径不大于 1 cm，示误三角形的最大边长不大于 4 cm 时，可取内切圆的圆心作为 P 点的正确位置。

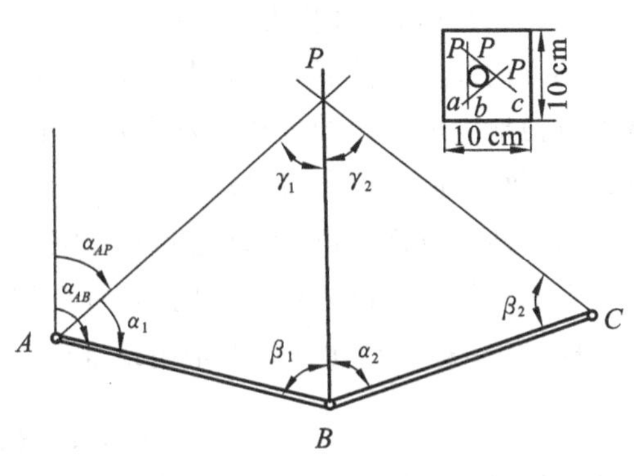

图 7.3　角度交会法

测设时，交会角 γ 的大小一般应在 60°～120°之间。

4. 距离交会法

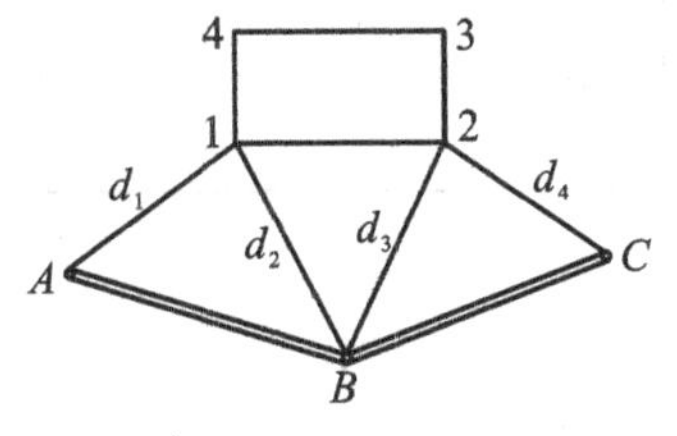

图 7.4　距离交会法

距离交会法是根据两段已知距离交会出点的平面位置，若建筑场地平坦，量距方便，且控制点离测设点又不超过一整尺的长度时，用此法比较适宜。在施工中细部位置测设常用此法。如图 7.4 所示，A、B、C 为控制点，1 为欲测设的点，根据坐标算得 1A、1B 的水平距离为 d_1、d_2，测设时，以控制点 A、B 为圆心，分别以 d_1、d_2 为半径在地面做圆弧，两圆弧的交点，即为 1 点的平面位置。

7.1.2　任务实施

1. 任务分析

如图 7.5 所示，已知点 A、B 和测设点 P 的坐标分别为 A(565.335，842.678)，B(607.263，826.722)，P(587.663，875.367)，要求根据 A、B 点，测设出 P 点的位置。

完成本任务可以采取多种方法，如极坐标法、角度交会法，当然也可以用全站仪或者 RTK 来完成任务。

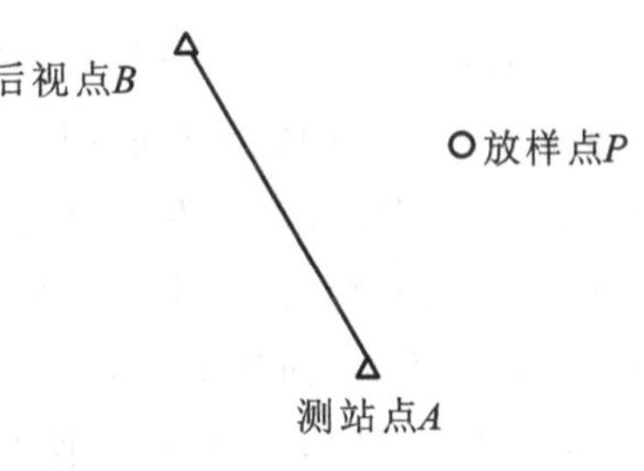

图 7.5　放样点图

2. 用经纬仪和钢尺完成任务——极坐标法

根据公式 7.1 计算出 AP 的水平距离 D 和∠BAP 的水平角 β，然后把经纬仪安置在 A 点上，瞄准 B 点向右测设 β 角得到方向线 AP，从 A 点沿此方向线测设水平距离 D 即得 P 点。

3. 用全站仪测设 *P* 点

用全站仪测设平面点位时，其操作简便，不需要计算设计数据，只要提供坐标即可进行放样，现已被广泛应用，其方法如下。

全站仪架设在已知点 *A* 上，输入测站点 *A*、后视点 *B* 和待定点 *P* 三点的坐标，照准后视点 *B* 定向，按下反算方位角键，此时，仪器自动将测站与后视的方位角设置在该方向上。然后按下放样键，仪器会自动在屏幕上显示出左右箭头以提示应将其往左或往右旋转，这样就可使仪器到达设计的方向线上。然后，通过测距离，仪器自动提示棱镜前后移动，直到放样出设计的点位，这样就能方便地完成点位的放样。若需要放样下一个点位，只要重新输入或调用待放样点的坐标即可，按下放样键后，仪器会自动提示旋转的角度和移动的距离。

用全站仪放样点位，可事先输入气象元素即现场的温度和气压，仪器会自动进行气象改正。

完成此任务可以分组进行比赛，每个组测设完成后，由下个组或者老师统一测量测设点 *P* 的坐标，填入表 7.1，比比看哪个组最准确。

表 7.1　全站仪点位放样检核表

组别：											
后视点坐标(m)		测站点坐标(m)		放样点设计坐标(m)		实测坐标(m)		坐标偏差		限差要求	备注
X		*X*		*X*		*X*		Δ*X*			
Y		*Y*		*Y*		*Y*		Δ*Y*			

7.1.3　任务小结

随着测绘技术的发展，传统的经纬仪和钢尺测设点位技术逐渐被全站仪点位放样和 RTK 点位放样所取代，实践证明，利用全站仪或 RTK 进行点位放样不但速度快，不受地形限制，节省时间和人力，而且精度高，为工程放样带来了极大的便捷。

7.1.4　知识拓展

施工测量的主要任务是将图纸上设计的建筑物、构筑物放样到实地上去，施工放样之前，需要建立必要精度的施工控制网，并在施工过程中进行一系列的测量工作，以衔接和指导各工序的施工。在工程建设勘测期间已建立了测图控制网，但未考虑待建建筑物的总体布置，因此控制点的分布、密度和精度，都难以满足施工测量的要求。在测量精度上，测图控制网的精度按测图比例尺的大小确定，而施工控制网的精度则要根据工程建设的性质确定，通常要高于测图控制网。此外，场地平整时，有许多控制点遭到破坏，因此在施工之前，必须要重新建立专门的施工控制网。

施工控制网分为平面控制网和高程控制网两种，前者常采用三角网、导线网、建筑基线、建筑方格网等形式，后者则采用水准网。

施工场地平面控制网的布设形式应根据施工现场的地形以及建筑物的分布情况来决定。地形起伏较大的场地可以采用三角网；进行扩建、改建的场地或者建筑物分布不规则的场地可以采用导线网；场地平坦且规模不大的建筑场地，常在场地内布置一条或几条基准线，作为施工测量的平面控制，称为建筑基线；大中型建筑施工场地，施工控制网则多用正方形或矩形格网组成，称为建筑方格网。

施工控制网与测图控制网相比，具有以下特点。

(1) 控制范围小，控制点的密度大，精度要求高。工程施工的地区比较小，而施工控制网所控制的范围内，各种建筑物分布错综复杂，如果没有较为稠密的控制点，就无法进行放样工作。

(2) 受施工干扰较大。工程建设的现代化施工通常采用平等交叉作业的方法，因此妨碍了控制点之间的相互通视。此外施工机械的设置也阻碍了视线，因此施工控制点的位置应分布恰当，密度也应增大，以便工作时有所选择。

(3) 布网等级宜采用两级布设。即首先建立布满整个工地的控制网，目的是放样各个建筑物的主要轴线，然后，进行建筑物的细部放样，还要根据控制网定出柱等轴线，建立建筑物的矩形控制网。

根据上述特点，施工控制网的布设应作为整个工程施工设计的一部分，布网时必须考虑施工的程序、方法以及施工场地的布置情况。施工控制网的设计点位应标在施工设计总平面图上。

(一) 施工平面控制网

1. 建筑基线

对于面积较小，平面布置相对简单，地势较为平坦而狭长的建筑场地，常在场地内布置一条或几条基准线，作为施工测量的平面控制，称为建筑基线。

建筑基线的布置是根据建筑物的分布、场地的地形和原有控制点的状况而选定的。建筑基线应靠近主要建筑物，并与其轴线平行，以便采用直角坐标法进行测设。为了检查建筑基线点有无变动，基线点数不应少于三个。

(1) 建筑基线布设形式。

建筑基线在总平面图上可设计成三点"一"字形、三点"L"形、四点"T"形及五点"十"字形等形式，如图 7.6 所示。建筑基线的形式可以灵活多样，适合于各种地形条件。

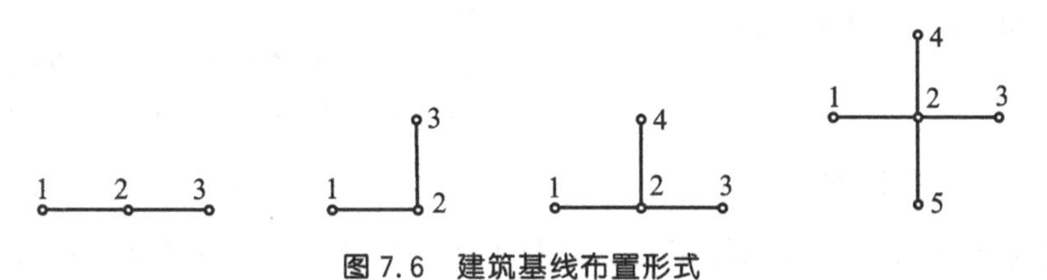

图 7.6 建筑基线布置形式

(2) 建筑基线布设要求。

(a) 建筑基线应平行或垂直于主要建筑物的轴线；

(b) 建筑基线主点间应相互通视，边长为 90～400 m；

(c) 主点在不受挖土破坏的条件下，应尽量靠近主要建筑物；

(d) 建筑基线的测设精度应满足施工放样的要求；

(e) 基线点应不少于三点，以便检测建筑基线点有无变动。

2. 建筑方格网

由正方形或矩形组成的施工平面控制网，称为建筑方格网，或称矩形网。建筑方格网适用于按矩形布置的建筑群或大型建筑场地。

(1) 建筑方格网的坐标系统。

在设计和施工部门，为了工作上的方便，常采用一种独立坐标系统，称为施工坐标系或建筑坐标系。施工坐标系的纵轴通常用 A 表示，横轴用 B 表示，施工坐标也用 A、B 坐标轴。

施工坐标系的 A 轴和 B 轴，应与厂区主要建筑物或主要道路、管线方向平行。坐标原点设在总平面图的西南角，使所有建筑物和构筑物的设计坐标均为正值。施工坐标系与国家测量坐标系之间的关系，可用施工坐标系原点的国家测量系坐标来确定。在进行施工测量时，上述数据由勘测设计单位给出。

(2) 建筑方格网的布设。

建筑方格网的布置，应根据建筑设计总平面图上各建筑物、构筑物、道路及各种管线的布设情况，结合现场的地形情况拟定。布置时应先选定建筑方格网的主轴线，然后再布置方格网。方格网的形式可布置成正方形或矩形。当场区面积较大时，常分两级，首级可采用“十”字形、“口”字形或“田” 字形，然后再加密方格网。当场区面积不大时，尽量布置成全面方格网，布网时，方格网的主轴线应布设在厂区的中部，并与主要建筑物的基本轴线平行，方格网的折角应严格成90°；方格网的边长一般为 100～200 m。矩形方格网的边长视建筑物的大小和分布而定，为了便于使用，边长尽可能为 50 m 或其整倍数。方格网的边应保证通视且便于测距和测角，点位标志应能长期保存。

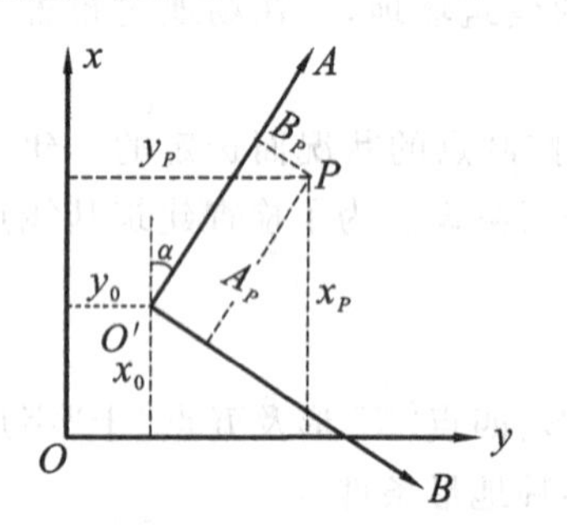

图 7.7　测量坐标与施工坐标的换算

当施工坐标系与测量坐标系不一致时在施工方格网测设之前，应把点的施工坐标换算成测量坐标，以便求算测设数据。

如图 7.7 所示，设 xoy 为测量坐标系，$AO'B$ 为建筑施工坐标系，x_0、y_0 为施工坐标系的原点在测量坐标系中的坐标，α 为施工坐标系的纵轴在测量坐标系中的方位角。设已知点的施工坐标为(A_P,B_P)，换算为测量坐标(x_P,y_P)，可按公式 7.2 计算。

$$\left.\begin{aligned} x_P &= x_0 + A_P \cdot \cos\alpha - B_P \cdot \sin\alpha \\ y_P &= y_0 + A_P \cdot \sin\alpha + B_P \cdot \cos\alpha \end{aligned}\right\} \tag{7.2}$$

(二) 施工场地高程控制测量

在一般情况下，施工场地平面控制点也可兼作高程控制点。高程控制网可分首级网和加密网，相应的水准点称为基本水准点和施工水准点。

基本水准点应布设在不受施工影响、无震动、便于施测、能永久保存的地方，按四等水准测量要求进行施测。而对于连续生产的车间或下水管道等，则需采用三等水准测量的方法施测。为了便于成果检测和提高测量精度，场地高程控制网应布设成闭合环线、附合路线。

施工水准点用来直接放样建筑物的高程。为了放样方便和减小误差，施工水准点应靠近建筑物，通常可以采用建筑方格网点的标志桩加设圆头钉作为施工水准点标志。

为了放样方便，在每栋较大的建筑物附近，还要布设±0.000 m 水准点，其位置多选在较稳定的建筑物墙、柱的侧面，用红油漆绘成“▼”形，其顶端表示±0.000 m 位置。

7.2 建筑物定位放线

7.2.1 知识准备

（一）建筑物定位的准备工作

条形基础在民用建筑中使用较多。民用建筑指的是住宅、办公楼、医院、学校、体育场馆等为人们生活、居住、公共活动等提供活动空间的建筑物，包括居住建筑和公共建筑。民用建筑施工测量的工作是按照设计图纸的要求，把建筑物的平面位置和高程测设（放样）到地面上，用来指导施工过程，保证工程的质量。施工测量遵循“先整体后局部，先控制后碎部”的原则，在施工现场先建立统一的平面控制网和高程控制网，然后根据控制点的点位，测设各个建筑物的位置。

1. 熟悉设计图纸

设计图纸是施工测量的主要依据，与施工放样有关的图纸主要有建筑总平面图、建筑平面图、基础平面图、基础剖面图及详图。

从建筑总平面图上可以查明拟建建筑物与原有建筑物的平面位置及高程的关系，它是测设建筑物总体定位的依据，如图 7.8 所示。

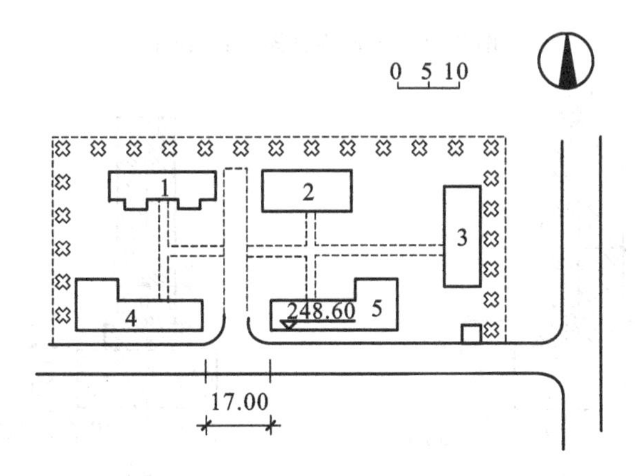

图 7.8　建筑总平面图（单位：m）

从建筑平面图上可以查明建筑物的总尺寸以及内部各定位轴线间的尺寸关系，如图 7.9 所示。

从基础平面图上可以查明基础边线与定位轴线的尺寸关系，以及基础布置与基础剖面位置的关系，如图 7.10 所示。

从基础剖面图上可以查明基础的立面尺寸、设计标高以及基础边线与定位轴线的尺寸关系，如图 7.11 所示。

2. 现场踏勘

现场踏勘的目的是了解现场的地物、地貌和原有测量控制点的分布情况，并调查与施工测量

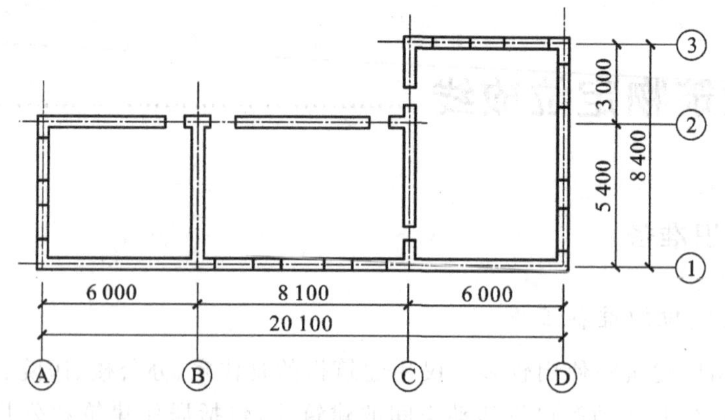

图 7.9　建筑平面图(单位:mm)

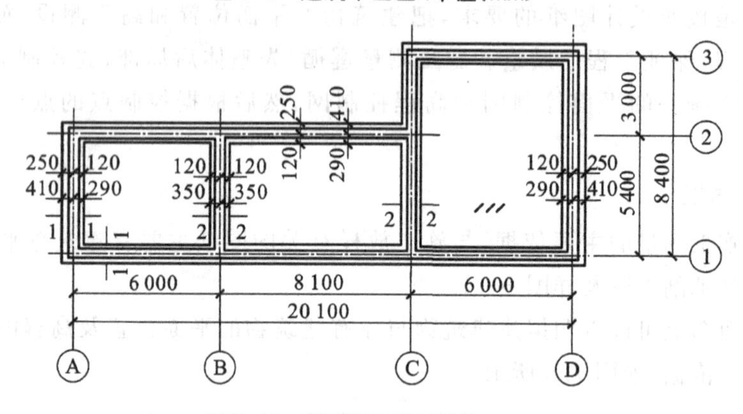

图 7.10　基础平面图(单位:mm)

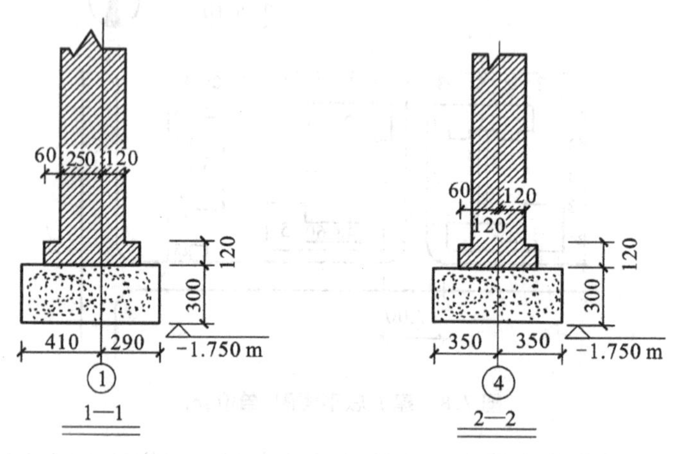

图 7.11　基础剖面图(单位:mm)

有关的问题。现场踏勘时,要对建筑场地上的平面控制点、水准点进行检核,以便获得正确的测量起始数据和点位;并做好平整场地工作,进行土石方工程量的量算。

3. 确定测设方案

首先了解设计要求和施工进度计划,然后结合现场地形和控制网布置情况,确定测设方案。例如,按图 7.8 的设计要求,拟建的 5 号楼与现有 4 号楼平行,二者南墙面平齐,相邻墙面相距 17.00 m,因此,可根据现有建筑物进行测设。

4. 准备测设数据

测设数据包括根据测设方法的需要而进行的数据计算和测设略图的绘制。如图 7.12 所示为注明测设尺寸和方法的测设略图。从图 7.10 可以看出，由于拟建房屋的外墙面距定位轴线的距离为 0.25 m，故在测设图中将定位尺寸 17.00 m 和 3.00 m 分别加上 0.25 m(即 17.25 m 和 3.25 m)注于图 7.12 上，以满足施工后南墙面平齐等设计要求。

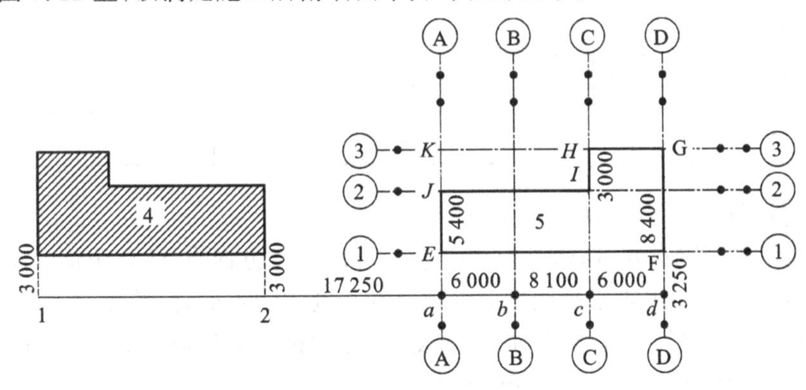

图 7.12 测设略图(单位:mm)

（二）建筑物的定位

建筑物的定位，就是把建筑物外廓各轴线交点测设在地面上，然后再根据这些点进行细部放样。由于设计条件不同，定位方法主要有下述四种，若现场已有建筑方格网或建筑基线时，可直接采用直角坐标法进行定位。

1. 根据与原有建筑物关系定位

根据准备的测设数据定位，例如图 7.12 中，拟建 5 号楼根据原有的 4 号楼定位。具体操作过程为：

(1) 沿着 4 号楼的东西墙面向外量出 3.00 m，在地面上定出 1、2 两点作为建筑基线，在 1 点安置经纬仪，照准 2 点，然后沿视线方向，从 2 点起根据图中注明尺寸，测设出各基线点 a、c、d，并打下木桩，桩顶钉小钉以表示点位。

(2) 在 a、c、d 三点分别安置经纬仪，并用正倒镜测设 90°，沿 90°方向测设相应的距离，以定出房屋各轴线的交点 E、F、G、H、I、J 等，并打入木桩，桩顶钉小钉以表示点位。

(3) 用钢尺检测各轴线交点间的距离，其值与设计长度的相对误差不应超过 1/5 000，并且将经纬仪安置在 E、F、G、K 四角点，检测各个直角，其角值与 90°之差不应超过±40″。

2. 根据建筑方格网定位

若建筑场地已测设有建筑方格网，可根据建筑物和附近方格网点的坐标，用直角坐标法测设。如图 7.13 所示，由 A、C 点的坐标值可算出建筑物的长度和宽度，A、C 点的坐标如表 7.2 所示。

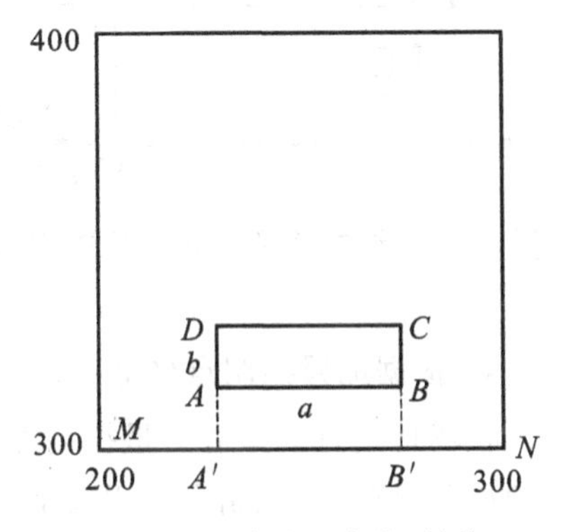

图 7.13 建筑方格网定位(单位:m)

$$a=268.24-226.00=42.24\ \text{m}$$

$$b=328.24-316.00=12.24\ \text{m}$$

表 7.2 点的坐标

点	x/m	y/m
A	316.00	226.00
B	316.00	268.24
C	328.24	268.24
D	328.24	226.00

测设建筑物定位点 A、B、C、D 的步骤如下。

(1) 先把经纬仪安置在方格点 M 上,照准 N 点,沿视线方向自 M 点用钢尺量取 A 与 M 点的横坐标差得 A' 点,再由 A' 点沿视线方向量建筑物长度 42.24 m 得 B' 点。

(2) 安置经纬仪于 A',照准 N 点,向左测设 90°并在视线上量取 $A'A$ 的长度,得 A 点,再由 A 点继续量取建筑物的宽度 12.24 m,得 D 点。

(3) 安置经纬仪于 B' 点,同法定出 B、C 点,为了校核,应用钢尺丈量长度,看其是否等于设计长度以及各角是否为 90°。

3. 根据建筑红线定位

建筑红线是城市规划部门所测设的城市道路规划用地与单位用地的界址线,新建建筑物的设计位置与红线的关系应得到政府部门的批准。因此靠近道路的建筑物设计位置应以城市规划道路的红线为依据。

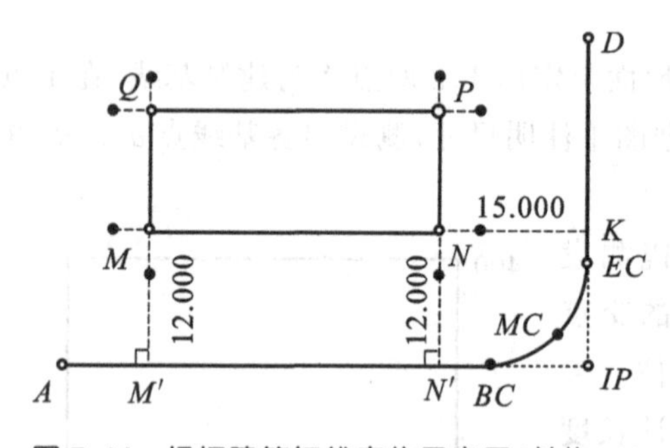

图 7.14 根据建筑红线定位示意图(单位:m)

如图 7.14 所示,A、BC、MC、EC、D 为城市规划道路红线点,其中,A—BC,EC—D 为直线段,BC 为圆曲线起点,MC 为圆曲线中点,EC 为圆曲线终点,IP 为两直线段的交点,该交角为 90°,M、N、P、Q 为设计高层建筑的轴线(外墙中线)的交点,规定 M-N 轴应离道路红线 A-BC 为 12 m,且与红线相平行,N-P 轴线离道路红线 D-EC 为 15 m。

测设时,在红线上从 IP 点得 N' 点,再量取建筑物长度 MN 得 M' 点。在这两点上分别安置经纬仪,测设 90°,并量取 12 m,得 M、N 点,并延长建筑物宽度 NP 得 P、Q 点。再对 M、N、P、Q 进行检核。

4. 根据测量控制点坐标定位

在场地附近如果有测量控制点可利用,应根据控制点及建筑物定位点的设计坐标,反算出交会角或距离后,因地制宜采用极坐标法或角度交会法将建筑物主要轴线测设到地面上。

如果有全站仪或者 RTK 技术,根据控制点坐标,可以很容易地进行建筑物定位。目前,用全站仪、RTK 技术定位已经被普遍应用到实际工程中。

（三）建筑物的放线

建筑物的放线即根据已定位的外墙轴线交点桩的位置详细测设出建筑物其他各轴线交点的位置，并用木桩（桩上钉小钉）标定出来，称为中心桩，并以此按基础宽度和放坡宽度用白灰撒出基槽开挖边界线。基础开挖前，应引测轴线控制桩作为基础开挖后恢复各轴线的依据。轴线控制桩应引测到基础槽外不受施工干扰并便于引测的地方，做好标志。建筑物的放线方法有设置轴线控制桩和龙门板两种形式。

1. 设置轴线控制桩

如图 7.15 所示，轴线控制桩设置在基槽外基础轴线的延长线上，作为开槽后各施工阶段恢复各轴线位置的依据。

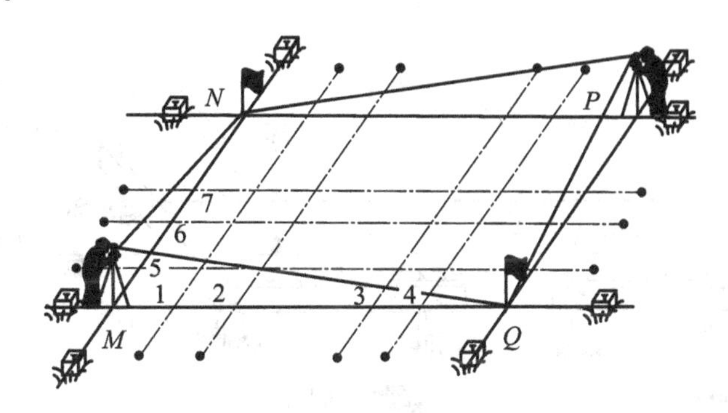

图 7.15　轴线控制桩的引测

测设步骤如下：

(1) 将经纬仪安置在轴线交点处，对中整平，将望远镜十字丝纵丝照准地面上的轴线，再抬高望远镜把轴线延长到设置好的基槽外边（测设方案）规定的数值上，钉设轴线控制桩，并在桩上在望远镜十字丝交点处，钉一小钉作为轴线钉。一般在同一侧离开基槽外边的数值相同（如同一侧控制桩离基槽外边的距离都为 3 m），并要求同一侧的控制桩要在同一竖直面上。

倒转望远镜将另一端的轴线控制桩，也测设于地面。将照准部转动 90°可测设相互垂直轴线的轴线控制桩。控制桩要钉得竖直、牢固，木桩侧面与基槽平行。

(2) 用水准仪根据建筑场地的水准点，在控制桩上测设±0.000 m 标高线，并沿±0.000 m 标高线钉设控制板，以便竖立水准尺测设标高。

(3) 用钢尺沿控制桩检查轴线钉的间距，经检核合格后以轴线为准，将基槽开挖边界线划在地面上，拉线，用石灰撒出开挖边线。

2. 设置龙门板

龙门板法适用于一般小型的民用建筑物，为了方便施工，在建筑物四角及两端基槽开挖边线以外约 1.5～2 m 处钉设龙门桩。桩要钉得竖直、牢固，桩的外侧面与基槽平行。根据建筑场地的水准点，用水准仪在龙门板上测设建筑物±0.000 m 标高线。根据±0.000 m 标高线把龙门板钉在龙门桩上，使龙门板的顶面在一个水平面上，且与±0.000 m标高线一致。用经纬仪将各轴线引测到龙门板上，如图 7.16、图 7.17 所示。

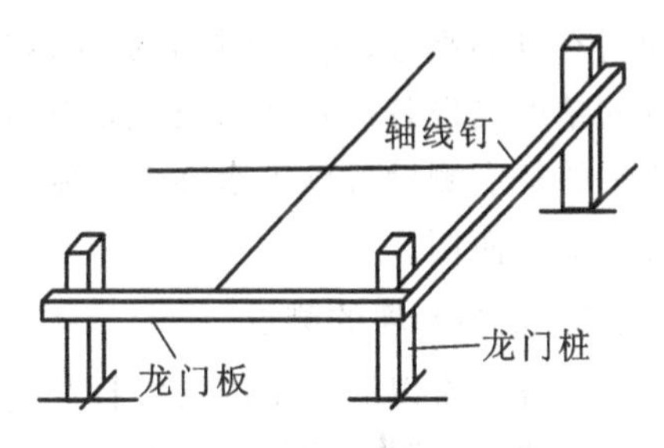

图 7.16　龙门板与龙门桩

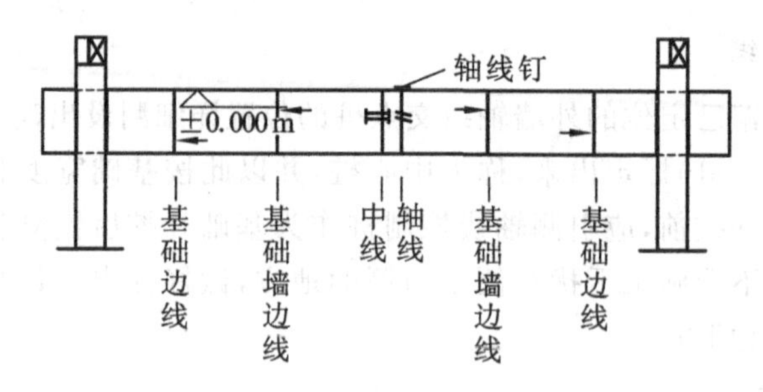

图 7.17　龙门板引测线标记

根据龙门板上的基础边线钉，挂线后，沿线在地面上撒上白灰线，作为基础开挖的依据，如图 7.18所示的边槽线。

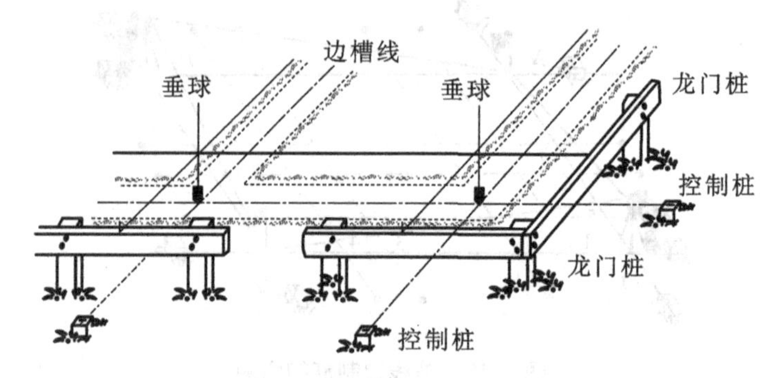

图 7.18　基础开挖线

龙门板的优点是标志明显、便于使用，但龙门板需要较多的木材，机械挖槽时龙门板不易保存。所以，现在工程上多用控制桩，少钉或不钉龙门板。

（四）建筑物的高程测量

高程测量是民用建筑施工测量的重要组成部分，主要内容是基本水准点的引测和室内地坪标高的测设。为了便于施工，可以根据现场情况测设 500 mm（0.5 m）控制线。建筑施工场地的高程控制测量一般采用四等水准测量的方法施测，应根据施工场地附近的国家高程点或城市已知水准点测设施工场地的基本水准点，以便日后能纳入国家高程控制系统。基本水准点应布设在土质坚实、不受施工影响、无震动和便于施测的地方，并埋设永久性标志。

1. 施工水准点的测设

在施工场地上基本水准点的密度往往不能满足施工的要求，还需增设一些水准点，这些水准点称为施工水准点。为了测设方便和减小误差，施工水准点应靠近建筑物，其布置应尽可能观测到所有点的高程，这样能提高施工水准点的精度。如果不能一次全部观测到，则应按四等水准测量的精度测设各点且要布设成附合水准路线或闭合水准路线。如果是高层建筑则应按三等水准测量的精度测设各施工水准点。施工水准点测设完毕并检验合格后，画出测设略图以保证施工时能准确使用。

2. 室内地坪的测设

工程中常以底层室内地坪标高±0.000 m 作为高程起算面，为了施工引测方便，常在建筑物内部或建筑物附近测设±0.000 m 水准点，其位置一般在原有建筑物的墙、柱侧面，用红漆绘成“▼”形，其顶面高程为±0.000 m，经检验合格后作为建筑物施工的基准点，以上各层的室内地坪标高都是以±0.000 m处的标高为基准向上传递的。传递方法可以用大钢尺沿建筑物外墙或楼梯间直接量取，也可以用两台水准仪配合大钢尺按设计标高向各施工楼层引测。

3. 500 mm线(0.5 m线)的测设(具体内容可参照项目二中的任务4)

7.2.2 任务实施

1. 任务具体要求

(1) 如图7.19所示，测设建筑物的四个轴线交点桩(中心桩)1、2、3、4的平面位置，并根据轴线在地面上用白灰撒出基础开挖线(假设基础开挖线在轴线外侧0.5 m，内侧0.4 m)。已知 *A*、*B* 两点为已有的建筑基线点。

(2) 要求距离测设的相对中误差不大于1/5 000，测角中误差不大于±40″。

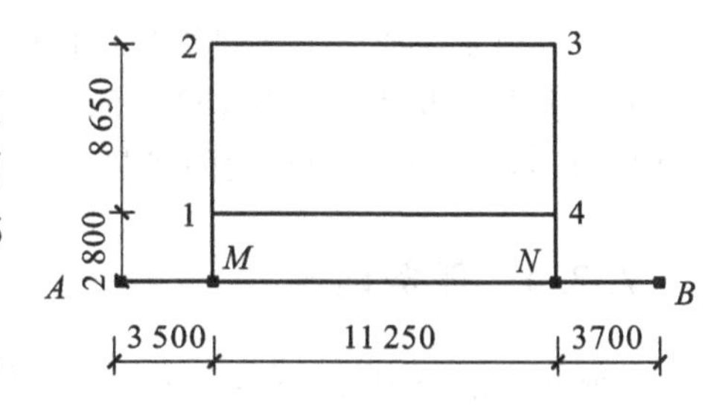

图7.19 建筑物的定位草图(单位:mm)

2. 用经纬仪和钢尺完成此任务的步骤

(1) 以给定地面上的 *A*、*B* 两点作为建筑基线点，在 *A* 点安置经纬仪，照准 *B* 点，然后沿视线方向，根据图中注明尺寸，从 *A* 点起测设3.5 m得 *M* 点，从 *A* 点起测设14.75 m得 *N* 点，并打下木桩，桩顶钉小钉以表示点位。

(2) 在 *M*、*N* 点处分别安置经纬仪后，瞄准 *A* 点，并用正倒镜测设90°，沿90°方向测设相应的距离，同(1)，可以定出房屋各轴线的交点1、2、3、4点，并打入木桩，桩顶钉小钉以表示点位。

(3) 用钢尺检测各轴线交点间的距离，其值与设计长度的相对误差不应超过1/5 000，并且将经纬仪分别安置在1、2、3、4角点，检测各个直角，其角值与90°之差不应超过±40″。

(4) 如果精度合格，则沿着各轴线向外量出0.5 m，向内量出0.4 m，并在地面上撒上白灰线，作为基础开挖线。

3. 任务完成后，填写记录表7.3

表7.3 建筑物定位放线记录表

日期:________ 天气:________ 观测:________ 记录:________ 检查:________

已知设计定位数据及草图						
计算测设参数						
测设方法						
校核	角度检测/(° ′ ″)	1	2	3	4	是否满足要求
	距离检测/m	1—2	2—3	3—4	4—1	是否满足要求
总结						

7.2.3 任务小结

建筑物定位放线是施工中的基础性工作，要求定位准确、清晰。定位完成后，一定要经过检验，合格后把轴线引出，可以引到其他已有建筑物的基础上、外墙上，也可以引测控制桩，总之需引测到不易被破坏的地方。定位放线方法很多，要根据具体情况进行选择。比如上述任务，可以采用全站仪独立完成。上述建筑物定位中，由于建筑物面积较小，离基线点近，用全站仪定位还显现不出多大优越性。如果建筑物面积较大或者结构复杂，或者距离控制点较远，用全站仪定位或用 RTK 定位将显示出较大的优势。

7.2.4 任务延伸

完成知识准备中的任务，即根据给定的建筑总平面图（见图 7.8）、建筑平面图（见图 7.9）、基础平面图（见图 7.10）、基础剖面图（见图 7.11），把一条形基础民用建筑进行定位，然后放样出基础开挖线。

提示：根据设计图纸和现场情况分析，可根据已有建筑物 4 号楼来定位 5 号楼。

7.2.5 知识拓展

1. 城市规划中的各种“规划线”

(1) 红线，也称“建筑控制线”，指城市规划管理中，控制城市道路两侧沿街建筑物或构筑物（如外墙、台阶等）靠临街面的界线。任何临街建筑物或构筑物不得超过建筑红线。建筑红线由道路红线和建筑控制线组成。道路红线是城市道路（含居住区级道路）用地的规划控制线；建筑控制线是建筑物基底位置的控制线。基底与道路邻近一侧，一般以道路红线为建筑控制线，如果因城市规划需要，主管部门可在道路线以外另订建筑控制线，一般称后退道路红线。建造任何建筑都不得超越给定的建筑红线。

(2) 绿线，指城市各类绿地范围的控制线。根据建设部出台的《城市绿线管理办法》的相关规定，绿线内的土地只准用于绿化建设，除国家重点建设等特殊用地外，不得改为他用。

(3) 蓝线，一般称河道蓝线，是指水域保护区，即城市各级河、渠道用地规划控制线，包括河道水体的宽度、两侧绿化带以及清淤路的宽度。根据河道性质的不同，城市河道的蓝线控制也不一样。

(4) 黑线，一般称“电力走廊”，指城市电力的用地规划控制线。建筑控制线原则上在电力规划黑线以外，建筑物任何部分不得凸入电力规划黑线范围内。

(5) 橙线，指为了降低城市中重大危险设施的风险水平，对其周边区域的土地利用和建设活动进行引导或限制的安全防护范围的界线。划定对象包括核电站、油气及其他化学危险品仓储区、超高压管道、化工园区及其他安委会认定须进行重点安全防护的重大危险设施。

(6) 黄线，指对城市发展全局有影响的、城市规划中确定的、必须控制的城市基础设施用地的控制界线。

(7) 紫线，指国家历史文化名城内的历史文化街区和省、自治区、直辖市人民政府公布的历史文化街区的保护范围界线，以及历史文化街区外经县级以上人民政府公布保护的历史建筑的保护范围界线。

2. 交桩

工程测量工作是工程建设的重要环节，是技术管理工作的重要组成部分，它既是工程建设施工阶段的重要技术基础工作，又为施工和运营安全提供必要的资料和技术依据。当项目部、工程部收到设计单位的设计文件后，必须在开会前办理测绘资料的移交手续，并会同设计单位、监理单位一起到现场点交测量桩位，办理相应的交桩手续。由公司精测队组织项目测量队立即进行全线的复测，复测时要收集合同文件、工程设计文件、业主以及监理文件中有关测量专业的技术要求和规定，一般情况下以设计单位交给的控制资料同精度进行复测。复测过程中，完成测量桩位的点交和补齐工作。复测完成后由公司精测队向项目测量队办理交接手续。当完成复测工作，控制测量的精度满足设计文件及测量规范的情况下，有必要时由公司精测队牵头，组织项目测量队尽快完成导线点、水准点的加密工作，加密导线成果的测量精度应与复测精度相一致，并由精测队向项目测量队办理控制测量移交手续，且精测队应备存一份内部控制测量成果资料，项目测量队在接到控制测量成果后，应该核实资料内容、平差计算情况以及检查现场桩位的实际情况，确认无误后由项目测量队把控制测量成果交给各施工队并签认，由各施工队负责保护好所管辖的控制桩位、测量标志等，项目测量队定期检查控制桩是否发生错位移动。

3. 建筑物的基础施工测量

1）基槽与基坑的抄平

建筑物轴线放样完毕后，按照基础平面图上的设计尺寸，在地面放样出白灰线进行开挖。为了控制基槽开挖深度，当基槽开挖接近设计基底标高时，用水准仪根据地面上±0.000 m 标高线在槽壁上测设一些水平桩，如图 7.20 所示，水平桩标高比设计槽底提高 0.500 m，一般在槽壁上自拐角处每隔 3～4 m 测设一水平桩，并沿桩顶面拉直线绳作为清理基底和打基础垫层、绑扎钢筋、支模板等工序的依据。

当基础开挖成较深的基坑时，用一般方法不能直接测定坑底标高时，可用悬挂的钢尺代替水准尺。

2）垫层中线的测设

基础垫层打好后，根据轴线控制上的轴线钉，用经纬仪或用拉绳挂垂球的方法，把轴线投测到垫层上，如图 7.21 所示，并用墨线弹出墙体轴线和基础边线，以便施工。由于绑扎钢筋、支模板等工序以此轴线为准，因此这是施工的关键，所以要严格校核后才可进行施工。

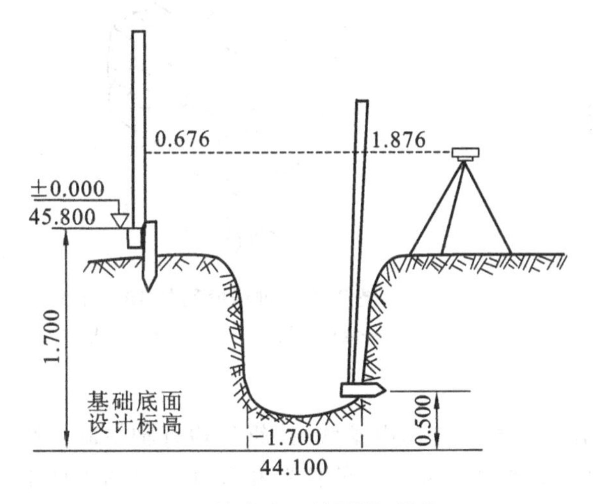

图 7.20　坑底水平桩测设(单位:m)

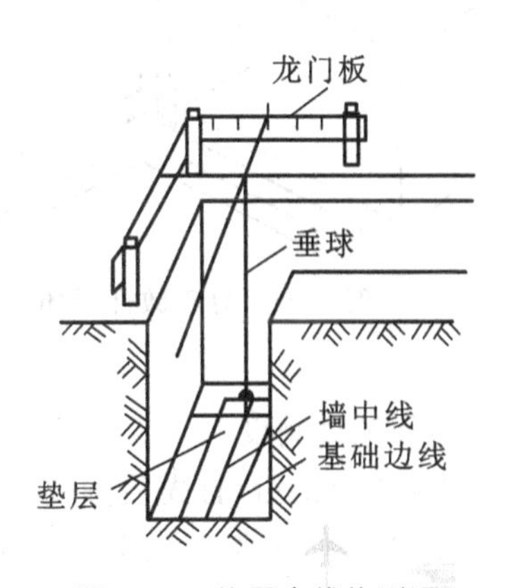

图 7.21　垫层中线的测设

3）基础标高的控制

房屋基础墙（±0.000 m 以下的砖墙）的高度是利用基础皮数杆来控制的。基础皮数杆是一根木制的杆，如图 7.22 所示，在杆上事先按照设计尺寸，将砖、灰缝厚度画出线条，并标明±0.000 m和防潮层等的标高位置。

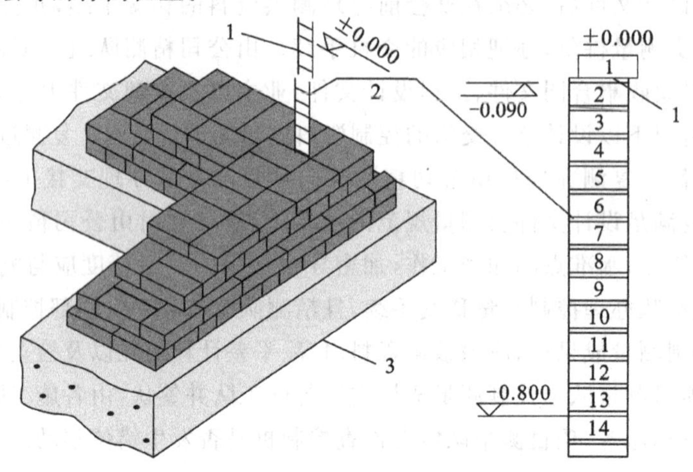

图 7.22　基础皮数杆（单位：m）

1—防潮层；2—皮数杆；3—垫层

立皮数杆时，可先在立杆处打一木桩，用水准仪在木桩侧面定出一条高于垫层标高某一数值的水平线，然后将皮数杆上高度与其相同的一条线与木桩上的水平线对齐，并用大铁钉把皮数杆与木桩钉在一起，作为基础墙的标高依据，如图 7.23 所示。

4. 墙体施工测量

1）墙体定位

基础施工结束后，用水准仪检查基础顶面的标高是否符合设计要求，其误差不应超过±10 mm。同时，根据轴线控制桩用经纬仪将主墙体的轴线投到基础墙的外侧，用红油漆画出轴线标尺，写出轴线编号，如图 7.24 所示，作为上部轴线投测的依据。还应在四周用水准仪抄出－0.1 m的标高线，弹以墨线标志，作为上部标高控制的依据。

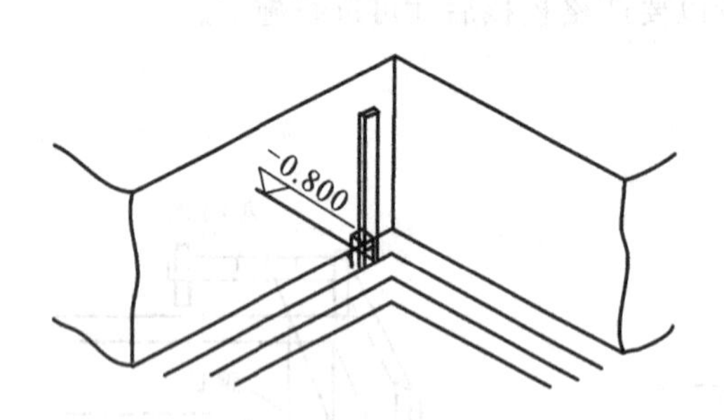

图 7.23　立皮数杆（单位：m）

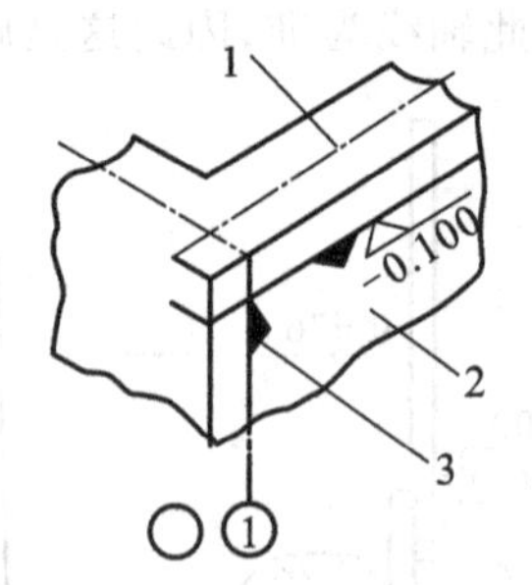

图 7.24　轴线投测图（单位：m）

1—墙体中线；2—外墙基础；3—线标志

2）墙体轴线测设

基础施工合格后，首先将轴线恢复到基础顶表面并弹出墨线，拉钢尺检查轴线间间距，检验合格后，沿轴线弹出墙宽和门框、窗框等洞口的宽高尺寸。门的位置和尺寸在墙的平面上标出，窗的位置和尺寸则标在墙的侧面上。

3）墙体各部位标高控制

在墙体砌筑施工中，墙身上各部位的标高通常是用皮数杆来控制和传递的。

皮数杆根据建筑物剖面图画有每块砖和灰缝的厚度，并注明墙体上窗台、门窗洞口、过梁、雨篷、圈梁、楼板等构件标高的位置，如图 7.25 所示。在墙体施工中，用皮数杆控制墙身各部位构件标高的准确位置，并保证每皮砖的灰缝均匀，使每皮砖都处在同一水平面上。皮数杆一般都立在建筑物的拐角和隔墙处。

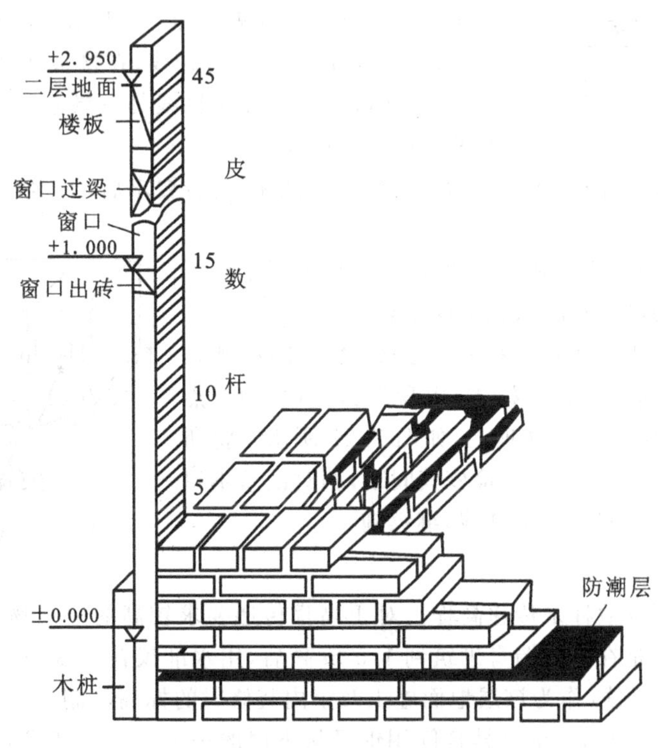

图 7.25　墙体各部位标高控制(单位:m)

立皮数杆时，先在地面上打一木桩，用水准仪测设出木桩上的±0.000 m 标高的位置，并画一横线作为标志，然后把皮数杆上的±0.000 m 线与木桩上±0.000 m 线对齐，钉牢皮数杆。皮数杆钉好后要用水准仪进行检测，并用垂球来校正皮数杆的垂直度。

为了施工方便，采用里脚手架砌砖时，皮数杆应立在墙外侧，如采用外脚手架时，皮数杆应立在墙内侧，如果是框架或钢筋混凝土桩用砌块做填充墙时，每层皮数杆可直接画在框架柱上，而不立皮数杆。

7.3 多层建筑物的轴线投测和高程传递

7.3.1 知识准备

多层建筑物的墙体施工测量主要有轴线投测、高程传递和窗口位置测量等内容。其中，轴线投测和高程传递必须由专门的测量人员去完成。

1. 轴线投测

在多层建筑的墙身砌筑过程中，为了保证建筑物的轴线位置正常，可用吊垂球的方法或用经纬仪将轴线投测到各层楼板边缘或柱顶上。

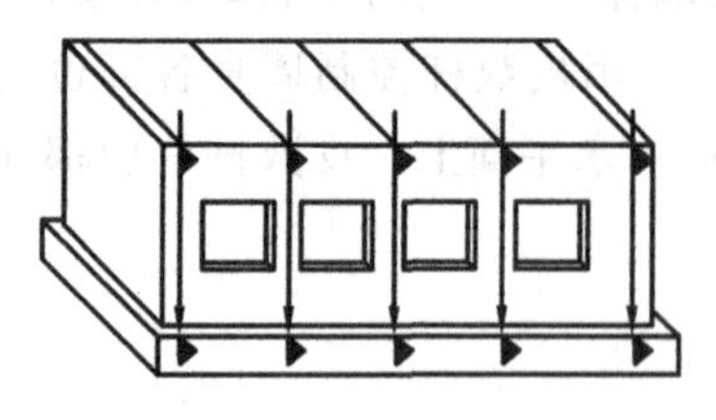

图 7.26　吊垂球法投测轴线

(1) 吊垂球法。一般建筑在施工中，常用悬吊垂球法将轴线逐层向上投测。其做法是：将垂球悬吊在楼板或柱顶边缘，垂球尖对准基础面的定位轴线，在楼板或柱顶及侧面边缘画一短线作为标志；同样投测轴线另一端点，两端的连线即为定位轴线，如图 7.26 所示。

各轴线的端点投测完后，用钢尺检核各轴线的间距，符合要求后，继续施工，并把轴线逐层自下向上传递。

吊垂球法简便易行，不受施工场地限制，一般能保证施工质量，但当有风或建筑物较高时，投测误差较大。

(2) 经纬仪投测法。在轴线控制桩上安置经纬仪，严格整平后，瞄准基础墙面上的轴线标志，用盘左、盘右分中投点法，将轴线投测到楼层边缘或柱顶上，如图 7.27 所示。将所有端点投测到楼板上之后，用钢尺检核其间距，相对误差不得大于 1/2 000。检查合格后，才能弹线，继续施工。

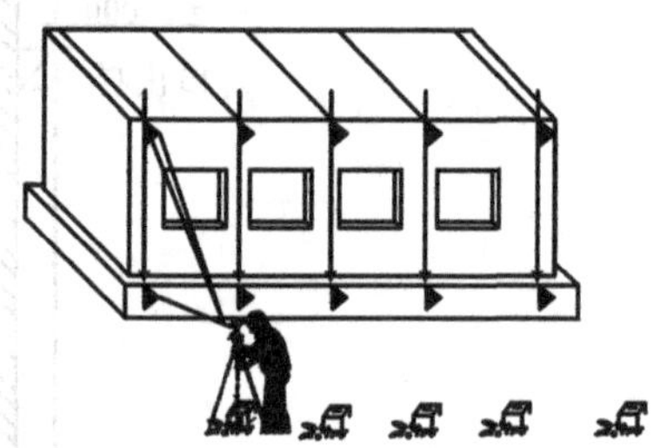

图 7.27　经纬仪投测轴线

2. 高程传递

一般建筑物可用皮数杆来传递高程。对于高程传递要求较高的建筑物，通常用钢尺直接丈量来传递高程。一般是在底层墙身砌筑到 1.5 m 高后，用水准仪在内墙面上测设一条高出室内地坪线＋0.5 m 的水平线，作为该层地面施工及室内装修时的标高控制线。对于二层以上各层，同样在墙身砌到 1.5 m 后，一般从楼梯间用钢尺从下层的＋0.5 m 标高线向上量取一段等于该层层高的距离，并做标记；然后，再用水准仪测设出上一层的＋0.5 m 标高线。这样用钢尺逐层向上引测。根据具体情况也可用悬挂钢尺代替水准仪，只用水准仪读数，从下向上传递高程。

7.3.2　任务实施

1. 任务场景设计

根据场地情况，可以把一栋楼的一楼墙面假想为已建建筑物的一楼墙体，在上面进行轴线投测和高程传递，也可在一个立柱上进行轴线投测和高程传递。

2. 任务的完成

按照知识准备中的测量步骤进行测量，完成任务的同时也可以检查已建建筑物的垂直度。

7.3.3　任务小结

多层建筑墙体轴线投测和高程传递虽然简单，但也需要细致耐心，否则将影响建筑物的质量。目前，建筑物大多采用框架结构，其测量任务主要是控制柱子和梁的位置。

7.3.4 知识拓展

随着城市建设发展的需要，多层或高层建筑越来越多。高层建筑物的特点是层数多、高度高，建筑结构复杂，设备及装修标准较高，施工测量中的主要问题是控制垂直度，就是将建筑物的基础轴线准确地向高层引测，并保证各层相应轴线位于同一竖直面内，控制竖向偏差，使轴线向上投测的偏差值不超限。因此在施工过程中对建筑物各部位的水平位置、垂直度、轴线尺寸、标高等的测量要求都非常严格，对质量检测的允许偏差也有严格要求。例如，层高标高测量偏差和竖向测量偏差均不应超过±3 mm，建筑全高(H)测量偏差和竖向偏差也不应超过 $3H/10\ 000$，且当30 m$<H\leqslant$60 m 时，不应大于±10 mm；当 60 m$<H\leqslant$90 m 时，不应大于±15 mm；当 $H>$ 90 m 时，不应大于±20 mm。

高层建筑一般采用箱型基础或桩基础，上部主体结构为现场浇筑的框架结构。以下介绍有关框架结构工程施工时的平面控制网和高程控制网的布设与实施。

1. 平面控制网和高程控制网的布设

高层建筑的平面控制网布设于地坪层(底层)，其形式一般为一个矩形或若干个矩形，且布设于建筑物内部，以便逐层向上投影，控制各层的细部结构(墙、柱、电梯井筒、楼梯等)的施工放样。图 7.28(a)所示为一个矩形的平面控制网，图 7.28(b)所示为主楼和裙房布设有一条轴线相连的两个矩形的平面控制网，控制点点位的选择应与建筑物的结构相适应，选择点位的条件如下。

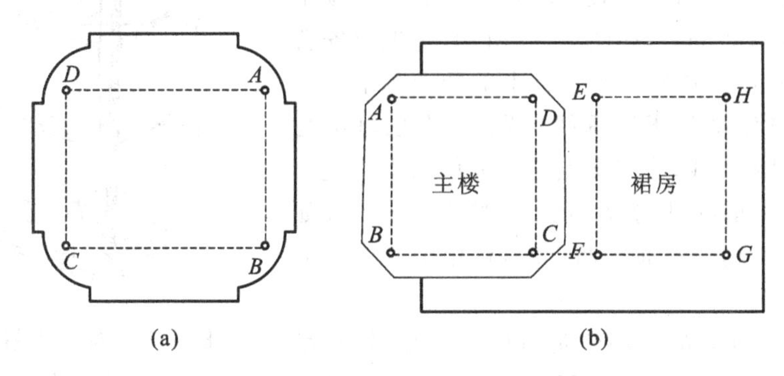

图 7.28 高层建筑平面矩形控制网

(1) 矩形控制网的各边应与建筑轴线相平行。

(2) 建筑物内部的细部结构(主要是柱和承重墙)不妨碍控制点之间的通视。

(3) 控制点向上层作垂直投影时要在各层楼板上设置垂准孔，应通过控制点的铅垂线方向，但避开横梁和楼板中的主钢筋。

平面控制点一般为埋设于地坪层地面混凝土上的一块小铁板，上面划以“十”字线，交点上冲一小孔，代表点位中心。控制点设在结构外墙(包括幕墙)时，施工期间应妥善保护。平面控制点之间距离测量的精度不应低于 1/10 000，矩形角度测设的误差不应大于±10″。

高层建筑施工的高程控制网，为建筑场地内的一组水准点(不少于 3 个)。待建筑物基础和地坪层施工完成后，从水准点测设“一米标高线”(标高为+1.000 m)或半米标高线(标高为+0.500 m)标定于墙面或柱上，作向上各层测设设计高程之用。

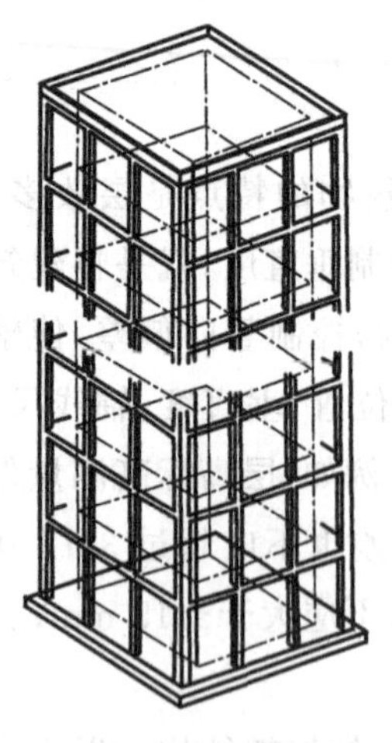

图 7.29 平面控制点的垂直投影

2. 平面控制点的垂直投影

在高层建筑施工中，平面控制点的垂直投影是将地坪层的平面控制网点沿铅垂线方向逐层向上测设，使在建造中的各层都有与地坪层在平面位置上完全相同的控制网，如图 7.29 所示，据此可以测设该层建筑物的细部结构（墙、柱等）的位置。

高层建筑平面控制点的垂直投影方法有多种，用哪一种方法较合适，要视建筑场地的情况、楼层的高度和仪器设备而定。用经纬仪作平面控制点的垂直投影时，与工业厂房施工中柱子的垂直校正相类似，将经纬仪安置于尽可能远离建筑物的点上，盘左瞄准地坪层的平面控制点后水平制动，抬高视准轴将方向线投影至上层楼板上；盘右同样操作，盘左、盘右方向线取其中线（正倒镜分中）；然后在大致垂直的方向上安置经纬仪在上层楼板上同样用正倒镜分中法得到另一方向线。两方向线的交点即为垂直投影至上层的控制点点位。当建筑楼层增加至相当高度时，经纬仪视准轴向上投测的仰角增大，点位投影的精度降低，且操作也很不方便。此时需要在经纬仪上加装直角目镜以便于向上观测，或将经纬仪移置于邻近建筑物上，以减小瞄准时视准轴的倾角。用经纬仪作控制点的垂直投影，一般用于 10 层以下的高层建筑。

垂准仪可以用于各种层次的平面控制点的垂直投影。平面控制点的上方楼板上，应设有垂准孔（又称预留孔，尺寸为 30 cm×30 cm），如图 7.30 所示，垂准仪安置于底层平面控制点上，精确置平仪器上的两个水准管气泡后，仪器的视准轴即处于铅垂线位置，在上层垂准孔上，用压铁拉两根细麻线，使其交点与垂准仪的十字丝交点相重合，然后在垂准孔旁楼板面上弹墨线标记，如图 7.30所示。在使用该平面控制点时，仍用细麻绳恢复其中心位置。

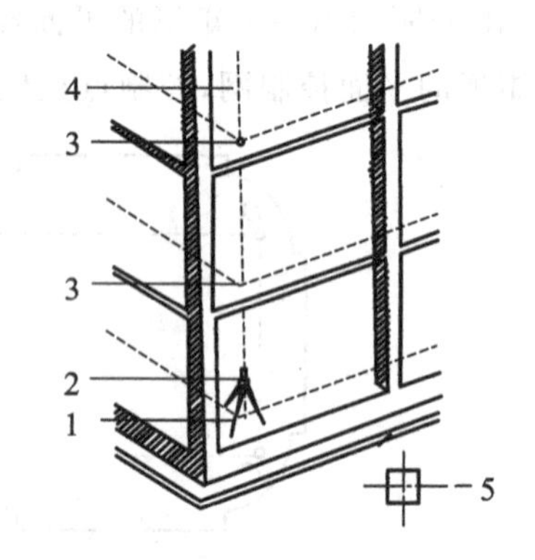

图 7.30 垂准仪进行垂直投影

1—底层平面控制点；2—垂准仪；3—垂准孔；4—铅垂线；5—垂准孔边弹墨线

楼板上留有垂准孔的高层建筑，也可以用细钢丝吊大垂球的方法测设铅垂线投影平面控制点。此方法较为费时费力，只是在因缺少仪器而不得已时才采用。

由于高层建筑较一般建筑高得多，所以在施工中，必须严格控制垂直方向的偏差，使之达到设计要求。垂直方向的偏差可用传递轴线的方法加以控制。如图 7.31 所示，在基础工程结束后，可将经纬仪安置在轴线控制桩 A_1、A_1'、B_1、B_1'上，将轴线方向重新投到基础侧面定出点 a_1、a_1'、b_1、b_1'，作为向上逐层传递轴线的依据。当建筑物第一层工程结束后，再安置经纬仪于控制桩 A_1、A_1'、B_1、B_1'点上，分别瞄准 a_1、a_1'、b_1、b_1'点，用正倒镜投点法在第二层定出 a_2、a_2'、b_2、b_2'，并依据 a_2、a_2'、b_2、b_2'精确定出中心点 o_2，此时轴线 $a_2o_2a_2'$及 $b_2\ o_2b_2'$即是第二层细部放样的依据。同法依次逐层升高。

当升到较高楼层（如第十层）时，由于控制桩离建筑物较近，投测时仰角太大，所以再用原控制桩投点极为不便，同时也影响精度。为此需要将原轴线控制桩再次延长至施工范围外约百米处的 A_2、A_2'、B_2、B_2'，如图 7.32 所示（图中只表示了 A 轴线的投测）。具体做法与上述方法类似，逐层投点，直至工程结束。

为了保证投点的正确性，必须对所用仪器做严格的检验校正；观测时采用正倒镜进行投点，同时还应特别注意照准部水准管气泡要严格居中。为保证各细部结构尺寸的准确性，在整个施工过程中应使用同一把经过检定的钢尺。

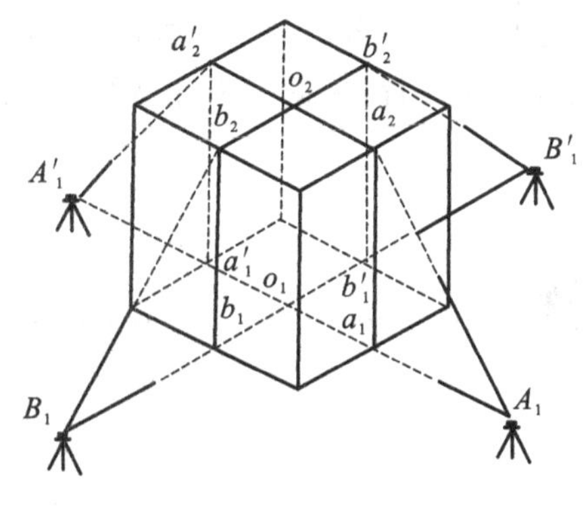

图 7.31　垂直方向传递轴线图

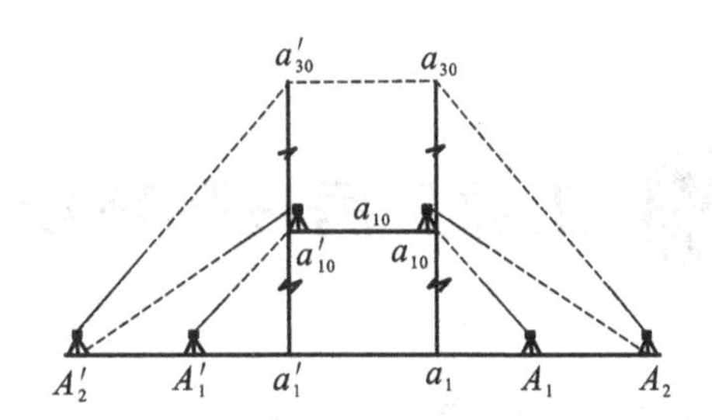

图 7.32　延长轴线控制桩

3. 高程传递

高层建筑施工中，要从地坪层测设的一米标高线逐层向上传递高程(标高)，使上层的楼板、窗台、梁、柱等在施工时符合设计标高。高程传递有以下一些方法。

(1) 钢卷尺垂直丈量法。如图 7.33 所示，用水准仪将底层一米标高线联测至可向上层直接丈量的竖直墙面或柱面，用钢卷尺沿墙面或柱面直接向上测至某一层，量取两层之间的设计标高差，得到该层的一米标高线，然后再在该层上用水准仪测设一米标高线于需要设置之处，以便于测设该层各种建筑结构物的设计标高。

(2) 全站仪天顶测距法。高层建筑中的垂准孔(或电梯井等)为光电测距提供了一条从底层至顶层的垂直通道，利用此通道在底层架设全站仪，将望远镜指向天顶，在各层的垂直通道上安置反射棱镜，即可测得仪器横轴至棱镜横轴的垂直距离，加上仪器高减去棱镜常数，即可算得高差，如图 7.34 所示。

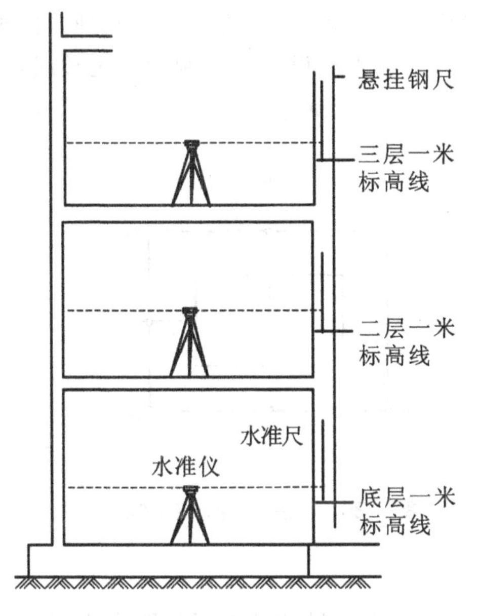

图 7.33　钢卷尺垂直丈量法传递高程

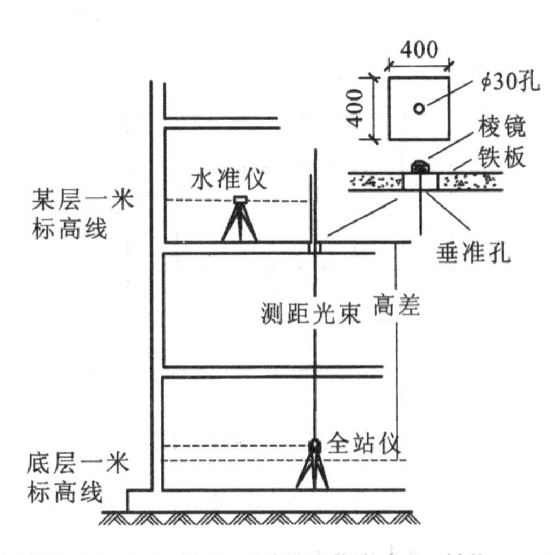

图 7.34　全站仪天顶测距法传递高程(单位:mm)

4. 建筑结构细部测设

高层建筑各层上的细部结构包括外墙、承重墙、立柱、电梯井筒、梁、楼板、楼梯及各种预埋件，施工时均需按设计要求测设其平面位置和高程（标高），根据各层的平面控制点，用经纬仪和钢卷尺按极坐标法、距离交会法、直角坐标法等测设其平面位置；根据一米标高线用水准仪测设其标高。

7.4 工业厂房柱列轴线放样

7.4.1 知识准备

工业厂房的特点通常是规模较大、设备复杂，且厂房的构件多是预制而成。因此在修建过程中，要进行较多的测量工作，才能保证厂房的各个组成部分严格达到设计要求。

（一）厂房控制网的放样

厂房控制网是厂房进行施工的基本控制依据，厂房的位置和内部各构件的详细测设，均需以控制网作为依据。如图 7.35 所示，Ⅰ、Ⅱ、Ⅲ为建筑方格网点，a、b、c、d 是厂房外墙轮廓轴线交点，其设计坐标为已知。A、B、C、D 是根据 a、b、c、d 的位置而设计的厂房控制桩，该桩应布置在整个厂房施工范围以外，但要便于保存和使用。厂房控制桩的坐标可根据厂房外轮廓轴线交点的坐标和设计间距 l_1、l_2 求出。根据建筑方格网点Ⅰ、Ⅱ用直角坐标法精确测设 A、B 点，并根据 A、B 点测设 C、D 点的位置，最后检查$\angle DCA$、$\angle BDC$ 的大小及 CD 的长度，其精度分别不得低于±10″和 1/10 000。厂房控制网测设后，还应沿控制网每隔若干柱间距测定一点，该点称为距离指标桩，它是测定各柱列轴线的基础。

对于小型厂房也可用民用建筑放样的方法直接测设厂房四个角点，再将轴线投测到龙门板或控制桩上。对于大型厂房或设备、基础复杂的中型厂房，则应先测设厂房控制网的主轴线，如图 7.36 所示的Ⅰ—Ⅰ′及Ⅱ—Ⅱ′，再根据主轴线测设厂房控制网 $ABCD$。

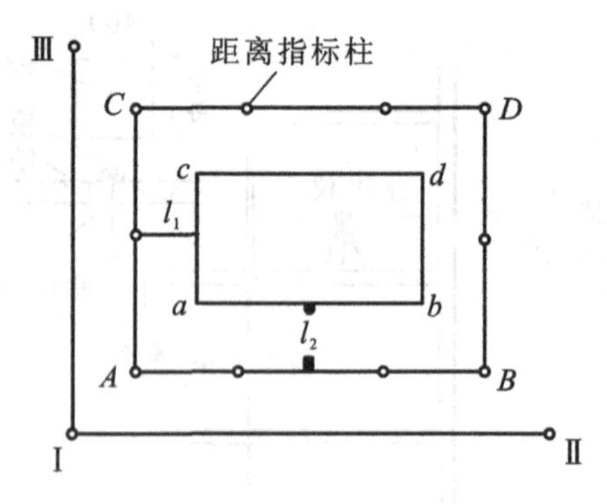

图 7.35 厂房控制网

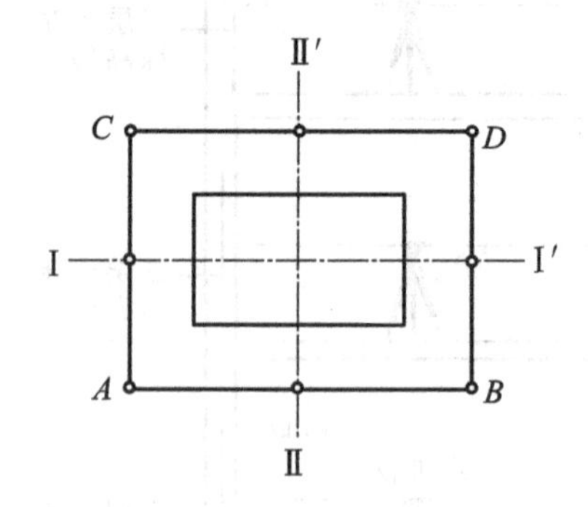

图 7.36 厂房控制网主轴线

（二）厂房柱列轴线放样

在厂房控制网测设完成后，可根据柱列轴线间距及跨距的设计尺寸从较近的距离指标桩量起，将各柱列轴线测设于实地。如图 7.37 所示的Ⓐ—Ⓐ、Ⓑ—Ⓑ、①—①、②—②等柱列轴线，这些轴线是基坑放样和构件安装的依据。

（三）柱列基础放样

根据柱列轴线控制桩定出柱基定位桩，如图 7.37 所示，并用经纬仪将轴线投测到木桩上，钉入小钉以固定点位。再根据定位木桩用接线方法定出柱基位置，如图 7.38 所示，放出基坑开挖线进行施工。厂房基础一般采用杯形基础。

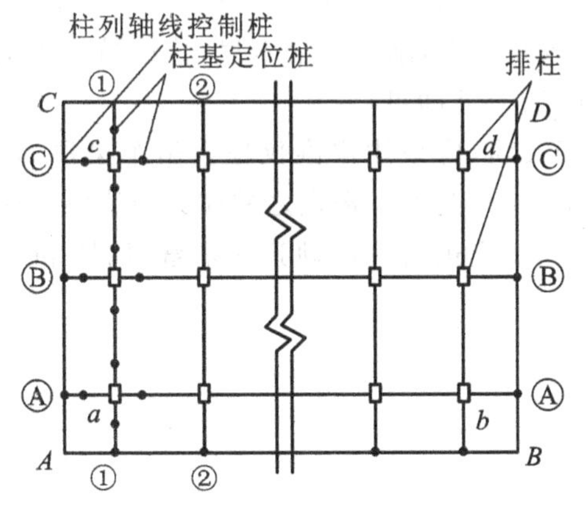

图 7.37　柱列轴线

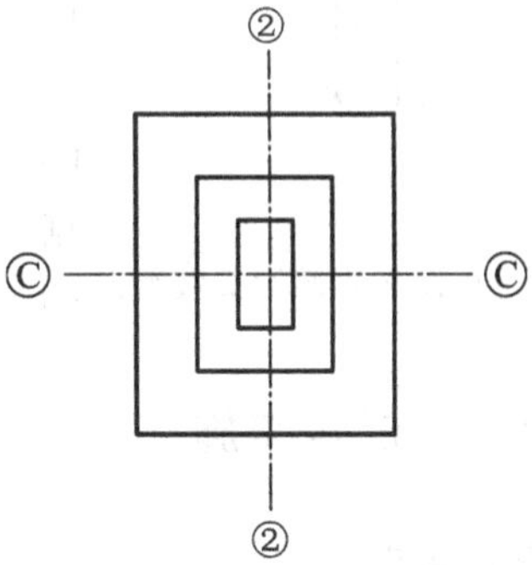

图 7.38　柱基位置

当基坑挖到一定深度时，再用水准仪检查坑底标高，并在坑壁打入具有一定高度的水平木桩，作为检查坑底标高和打垫层的依据。若基坑很深，即可用高程上下传递的方法进行坑底高程测设。垫层打好后，根据柱基定位桩在垫层上弹出基础轴线作为支撑模板和布置钢筋的依据。

基础浇灌结束后，必须认真检查，要在杯口内壁测设±0.000 m 标高线，并用“▼”表示，如图 7.39 所示，作为修平杯底及柱子吊装时控制高程的依据。同时还要用经纬仪把柱轴线投测到杯口顶面，并以“▶”表示，作为柱子吊装的依据。

（四）厂房构件安装测量

1. 柱子吊装测量

柱子吊装前先在柱身三个侧面弹出柱轴线，并在轴线上画出“▶”标志，再依牛腿面设计标高用钢尺由牛腿面起在柱身定出±0.000 m 标高线，并画出“▼”标志。

柱子起吊后，随即将柱子插入相应的基础杯口，使柱轴线与±0.000 m 标高线和杯口上相应的位置对齐，并在四周用木楔初步固定，然后将两台经纬仪安置在互相垂直的位置，如图 7.40 所示，瞄准柱底轴线，逐渐抬高望远镜校正柱顶轴线至柱轴线处于竖直位置。

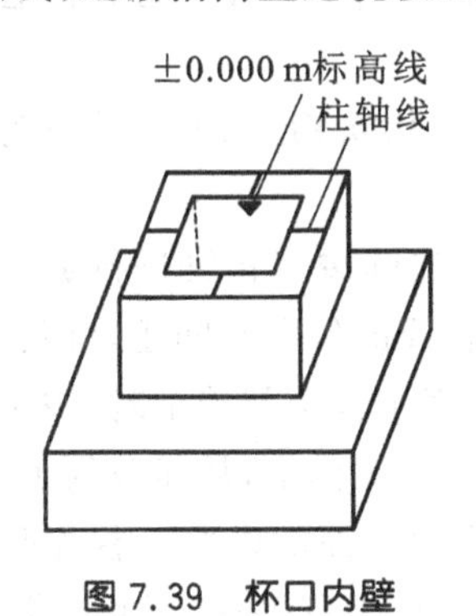

图 7.39　杯口内壁

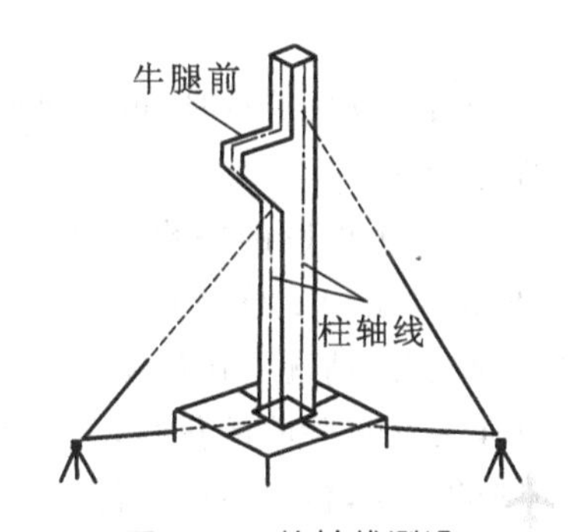

图 7.40　柱轴线测设

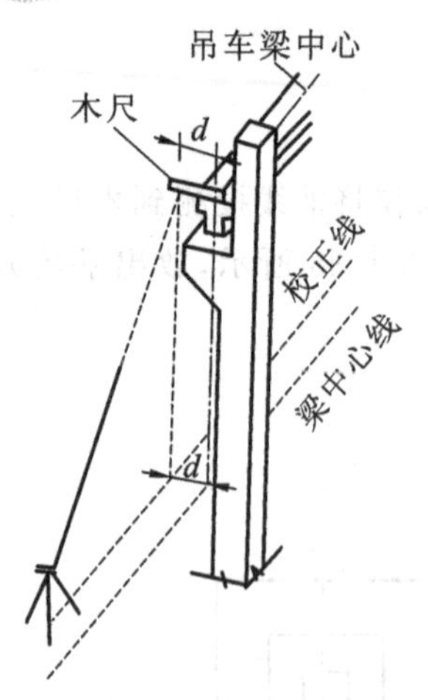

图 7.41 吊车梁与轨道的安装测设

2. 吊车梁和吊车轨道安装测量

安装前首先应检查各牛腿面的标高，再依柱列轴线将吊车梁中心线投到牛腿面上，并在吊车梁面和梁两端弹出中心线，安装时使此中心线与牛腿面上梁中心线重合而使梁初步定位，然后用经纬仪校正。校正的方法是根据柱列轴线用经纬仪在地上放出一条与吊车梁中心线相平行且相距为 d 的校正线，如图 7.41 所示，安置经纬仪于校正线上，瞄准梁上木尺，移动吊车梁使吊车梁中心线离校正线距离为 d 即可。

在吊车轨道安装前，应该用水准仪检查吊车梁顶的标高，每隔 3 m 测点，以测得结果与设计数据之差作为加垫块或抹灰的依据。轨道安装完毕后，应进行一次轨道中心线、跨距和轨顶标高的全面检查。

7.4.2 任务实施

1. 任务要求

根据场地条件，先设计一个柱列轴线简图，如图 7.37 所示，并给定尺寸，要求用经纬仪和钢尺把各柱子轴线的位置在地面上标定出来。

2. 任务的完成

因为之前进行了建筑物定位方面的训练，所以可以很容易地完成此任务，需要注意的是测设完成后，应该复核一遍，确保各轴线的正确性。

7.4.3 知识拓展

一、竣工总平面图的测绘

竣工总平面图是设计总平面图施工后实际情况的全面反映，所以设计总平面图不能完全代替竣工总平面图。编绘竣工总平面图的目的在于以下几点。

(1) 施工过程中可能由于设计时没有考虑到的问题而出现设计变更，这种临时变更设计的情况必须通过测量反映到竣工总平面图上。

(2) 根据竣工总平面图可方便地进行各种设施的维修工作，特别是地下管道等隐蔽工程的检查与维修工作。

(3) 在进行建筑的改建、扩建时，可提供原有各建筑物、构筑物、地上和地下各种管线及交通线路的坐标、高程等资料。

新建建筑的竣工总平面图的编绘，最好是随着工程的陆续竣工相继进行编绘。一面竣工一面利用竣工测量成果编绘竣工总平面图。如果发现地下管线的位置有问题，可及时到现场查对，使竣工图能真实反映实际情况。边竣工边编绘的优点是：当工程全部竣工时，竣工总平面图也大体编制完成，既可作为交工验收的资料，又可大大减少实测的工作量，从而节约了人力和物力。

竣工总平面图的编绘，包括室外实测和室内资料编绘两方面的内容。首先是竣工测量。在每一个单项工程完成后，必须由施工单位进行竣工测量，提出工程的竣工测量成果，其内容包括以下几方面：工业厂房及一般建筑物，包括房角坐标，各种管线进出口的位置和高程，并附房屋编号、结构层数、面积和竣工时间等资料；铁路和公路，包括起止点、转折点、交叉点的坐标，曲线元素，桥涵等构筑物的位置和高程；地下管网，包括窨井、转折点的坐标，井盖、井底、沟槽和管顶等的高程，并附注管道及窨井的编号、名称、管径、管材、间距、坡度和流向；架空管网，包括转折点、结点、交叉点的坐标，支架间距、基础面高程。竣工测量完成后，应提交完整的资料，包括工程的名称、施工依据、施工成果，以作为编绘竣工总平面图的依据。其次是进行竣工总平面图的编绘。竣工总平面图上应包括建筑方格网点、水准点、厂房、辅助设施、生活福利设施、架空与地下管线、铁路等建筑物或构筑物的坐标和高程，以及厂区内空地和未建区的地形。

厂区地上和地下所有建筑物、构筑物绘在一张竣工总平面图上时，如果线条过于密集而不醒目，则可采用分类编图，如综合竣工总平面图、交通运输竣工总平面图和管线竣工总平面图等。比例尺一般采用 1∶1 000，如不能清楚地表示某些特别密集的地区，也可局部采用 1∶500 的比例尺。

二、 建筑物的变形观测

随着城市化建设的加快，各种高层建筑物也越来越多。为了建筑物的施工与运营安全，建筑物的变形观测受到了高度重视。建筑物产生变形的原因很多，如地质条件、地震、荷载及外力作用的变化等，在建筑物的设计及施工过程中，都应全面地考虑这些因素。如果设计不合理，材料选择不当，施工方法不当或施工质量低劣，就会使变形超出允许值而造成损失。建筑物变形的表现形式主要为水平位移、垂直位移和倾斜，有的建筑物也可能产生挠曲及扭转。当建筑物的整体性受到破坏时，则会产生裂缝。

（一）建筑物的沉降观测

在工业与民用建筑中，为了掌握建筑物的沉降情况，及时发现对建筑物不利的下沉现象，以便采取措施，保证建筑物的安全使用，同时也为今后合理地设计提供资料，在建筑施工过程中和投入生产后，连续地进行沉降观测，是一项很重要的工作。

下列厂房和构筑物应进行系统的沉降观测：高层建筑物，重要厂房的柱基及主要设备基础，连续性生产和受震动较大的设备基础，工业炉（如炼钢的高炉等），高大的构筑物（如电视塔、水塔、烟囱等），人工加固的地基，回填土，地下水位较高或大孔性土地基的建筑物等。

1. 观测点的布置

观测点的数目和位置应能全面正确地反映建筑物沉降的情况，这与建筑物的大小、荷重、基础形式和地质条件等有关。一般来说，在民用建筑中，应沿着房屋的周围每隔 10～20 m 设立一点，另外，在房屋转角及沉降缝两侧也要布设观测点。当房屋宽度大于 15 m 时，还应在房屋内部纵轴线上和楼梯间布置观测点。在工业厂房中，除在承重墙及厂房转角处设立观测点外，在最容易产生沉降变形的地方，如设备基础、柱子基础、伸缩缝两旁、基础形式改变处、地质条件改变处等也应设立观测点。高大圆形的电视塔、烟囱、水塔或配罐等，可在其周围或轴线上布置观测点，如图 7.42 所示。

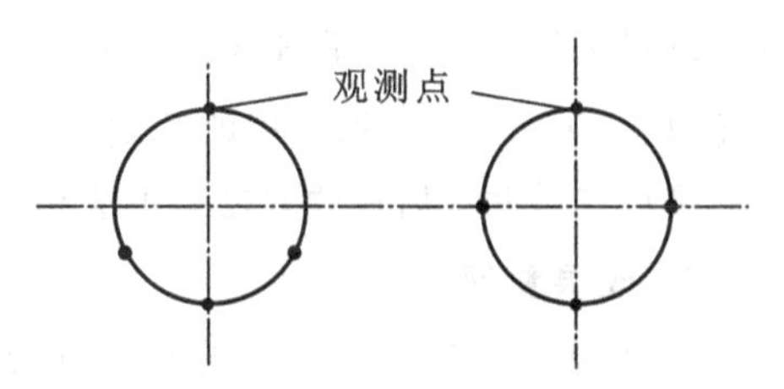

图 7.42 观测点布设

观测点的标志形式，如图 7.43 和图 7.44 所示。图 7.43(a)所示为墙上观测点，图 7.43(b)所示为钢筋混凝土柱上的观测点，图 7.44 所示为基础上的观测点。

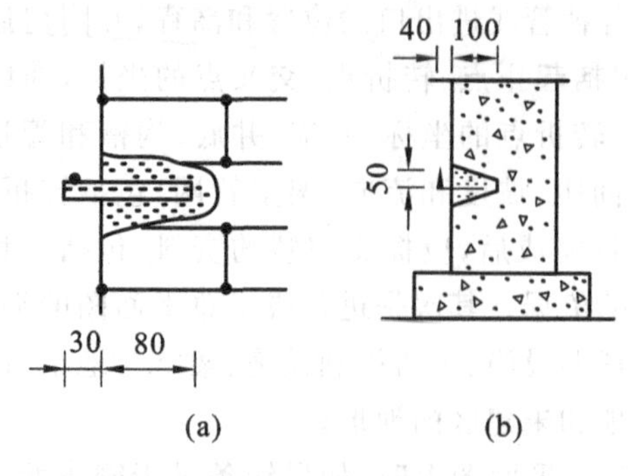

图 7.43 观测点的标志(单位:mm)

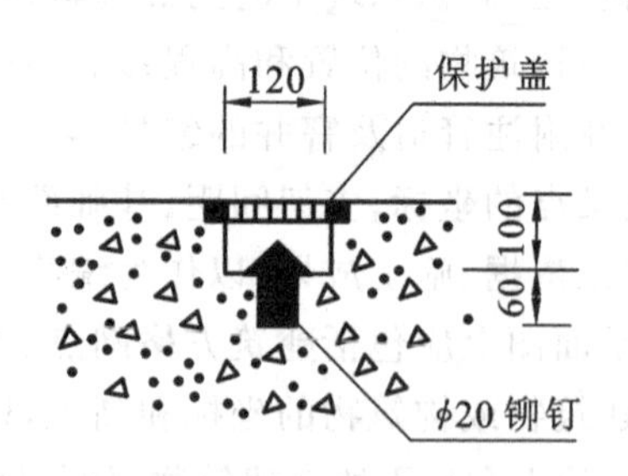

图 7.44 基础上的观测点标志(单位:mm)

2. 观测方法

(1) 水准点的布设。建筑物的沉降观测是根据埋设在建筑物附近的水准点进行的。为了相互校核并防止由于某个水准点的高程变动造成差错,一般至少埋设三个水准点,它们应埋设在建筑物、构筑物的基础压力影响范围以外;锻锤、轧钢机的震动影响范围以外;离开铁路、公路和地下管道至少 5 m;埋设深度至少要在冰冻线以下 0.5 m;水准点距离观测点不要太远(不应大于 100 m),以便提高沉降观测的精度。

(2) 观测时间。一般在增加较大荷重之后(如浇灌基础、回填土,安装柱子和厂房屋架,砌筑砖墙,设备安装,设备运转,烟囱高度每增加 15 m 左右等)要进行沉降观测。施工中,如果中途停工时间较长,应在停工时和复工前进行观测。当基础附近地面荷重突然增加,周围大量积水或暴雨后,或周围大量挖土等情况下,均应观测。竣工后要按沉降量的大小,定期进行观测。开始可隔 1～2 个月观测一次,以每次沉降量在 5～10 mm 以内为限度,否则要增加观测次数。以后,随着沉降量的减小,可逐渐延长观测周期,直至沉降稳定为止。

(3) 沉降观测。所谓沉降观测实质上是根据水准点用精密水准仪定期进行水准测量,测出建筑物上观测点的高程,从而计算其下沉量。

水准点是测量观测点沉降量的高程控制点,应经常检查有无变动。测定时应用 S_1 级以上的精密水准仪往返观测。对于连续生产的设备基础和动力设备基础,高层钢筋混凝土框架结构及地基地质不均匀区的重要建筑物,往返观测水准点间的高差,其较差不应超过 $\pm\sqrt{n}$ mm(n 为测站数)。观测应在成像清晰、稳定的时间内进行,同时应尽量在不转站的情况下测出各观测点的高程,以便保证精度。前、后视观测最好用同一根水准尺,水准尺离仪器的距离不应超过 50 m,并用皮尺丈量,使前、后视距离大致相等;采用后、前、前、后的方法观测,先后两次后视读数之差不应超过±1 mm。对一般厂房的基础和构筑物,往返观测水准点的高差较差不应超过 $\pm 2\sqrt{n}$ mm,同一后视点先后两次后视读数之差不应超过±2 mm。

3. 成果整理

沉降观测应有专用的外业手簿,并需将建筑物、构筑物的施工情况详细注明、随时整理,其主要内容包括:建筑物平面图及观测点布置图,基础的长度、宽度与高度;挖槽或钻孔后发现的地质土壤及地下水情况;施工过程中荷重增加情况;建筑物观测点周围工程施工及环境变化的情况;建筑物观测点周围笨重材料及重型设备堆放的情况;施测时所引用的水准点号码、位置、高程及其有无变动的情况;暴雨日期及积水的情况;裂缝出现的日期,裂缝开裂的长度、深度、宽度的尺寸和位置示意图等。如中间停止施工,还应对停工日期及停工期间现场情况加以说明。

为了预估下一次观测点沉降的大约数值和沉降过程是否渐趋稳定或已经稳定，可绘制时间-荷重-沉降量关系曲线图，如图 7.45 所示。时间与沉降量的关系曲线是以沉降量 S 为纵轴，时间 T 为横轴，根据每次观测日期和每次下沉量，按比例画出各点位置，然后将各点连接而成。时间与荷重的关系曲线是以荷载的重量 P 为纵轴，时间 T 为横轴，根据每次观测日期和每次荷载的重量画出各点，然后将各点连接而成。

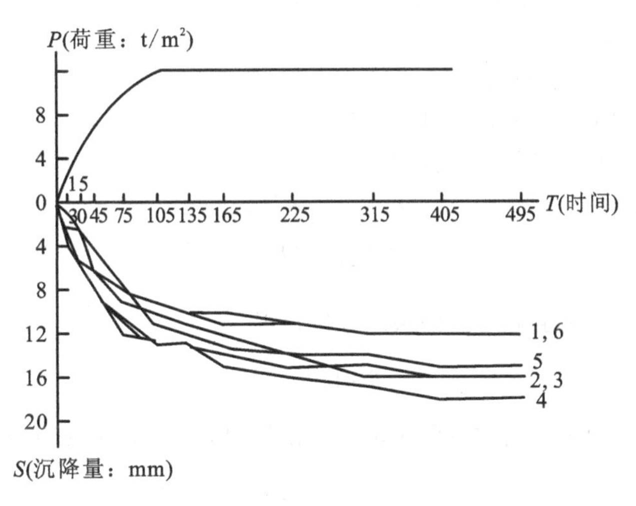

图 7.45　时间-荷重-沉降量关系曲线

4. 沉降观测的注意事项

(1) 在施工期间经常遇到的是沉降观测点被毁。为此，一方面可以适当地加密沉降观测点，对重要的位置如建筑物的四角可布置双点；另一方面观测人员应经常注意观测点的变动情况，如有损坏应及时设置新的观测点。

(2) 建筑物沉降量一般应随着荷重的加大及时间的延长而增加，但有时却出现回升现象，这时需要具体分析回升现象的原因。

(3) 建筑物的沉降观测是一项较长期的系统性的观测工作，为了保证所获资料的正确性，应尽可能地固定观测人员，固定所用的水准仪和水准尺，按规定日期、方式及路线从固定的水准点出发进行观测。

(二) 建筑物的倾斜观测

对圆形建筑物和构筑物(如烟囱、水塔等)的倾斜观测，是在两个垂直方向上测定其顶部中心 O' 点对底部中心 O 点的偏心距，这种偏心距称为倾斜量，如图 7.46 所示的 OO'。其具体做法如下(见图 7.47)。

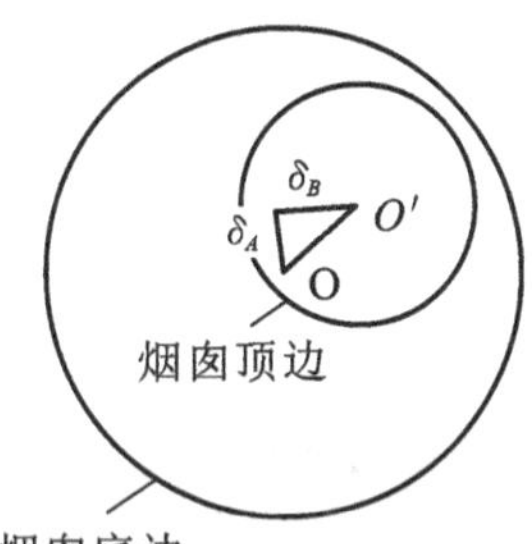

图 7.46　建筑物中心偏心

(1) 在烟囱附近选择两个点 A 和 B，使 AO、BO 大致垂直，且 A、B 两点距烟囱的距离尽可能大于 $1.5H$，H 为烟囱高度。

(2) 将仪器安置在 A 点上，整平仪器后测出 A 点与烟囱底部断面相切的两个方向所夹的水平角 β，平分 β 角所得的方向即为 AO 方向，并在烟囱筒身上标出 A' 的位置。仰起望远镜，同法测出 A 点与顶部断面相切的两个方向所夹的水平角 β'，平分 β' 角所得的方向即为 AO' 方向，投影到下部标出 A'' 的位置。量出 $A'A''$ 的距离，令 $\delta'_A = A'A''$，则 O' 点在 AO 方向的垂直偏差 δ_A 为

$$\delta_A=\frac{L_A+R}{L_A}\cdot\delta_A' \tag{7.3}$$

(3) 同法得到 $B'B''$，令 $\delta_B'=B'B''$，那么 O' 点在 BO 方向的垂直偏差 δ_B 为

$$\delta_B=\frac{L_B+R}{L_B}\cdot\delta_B' \tag{7.4}$$

式中 R——烟囱底部半径，可量出圆周计算 R 值；

L_A——A 点至 A' 点的距离；

L_B——B 点至 B' 点的距离；

δ_A，BO——同向取"＋"号，反向取"－"号；

δ_B，AO——同向取"＋"号，反向取"－"号。

烟囱的倾斜量为
$$OO'=\sqrt{\delta_A^2+\delta_B^2} \tag{7.5}$$

烟囱的倾斜度为
$$i=\frac{OO'}{H} \tag{7.6}$$

根据 δ_A，δ_B 可计算出倾斜量 OO' 的假定方位角 θ

$$\theta=\tan^{-1}\frac{\delta_B}{\delta_A} \tag{7.7}$$

若用罗盘仪测出 BO 方向的磁方位角 α_{BO}，于是烟囱倾斜方向的磁方位角就为 $\alpha_{BO}+\theta$。

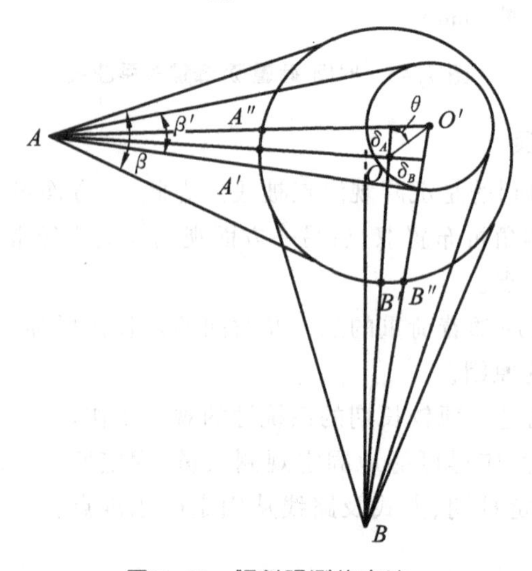

图 7.47 倾斜观测的方法

课后练习题

简答题

(1) 点的平面位置测设常用哪几种方法？各适合什么情况？

(2) 施工测量遵循什么原则？

(3) 什么是建筑基线？建筑基线常布设成哪几种形式？

(4) 什么叫建筑物定位？设置轴线控制桩的作用是什么？如何测设？

(5) 试述工业厂房控制网的测设方法。

(6) 柱基如何放样？谈谈你的做法。

(7) 如何进行柱子的竖直校正工作，应注意哪些问题？

(8) 如图7.48所示，已绘出新建建筑物与原建筑物的相对位置关系，试述测设新建建筑物的方法和步骤。

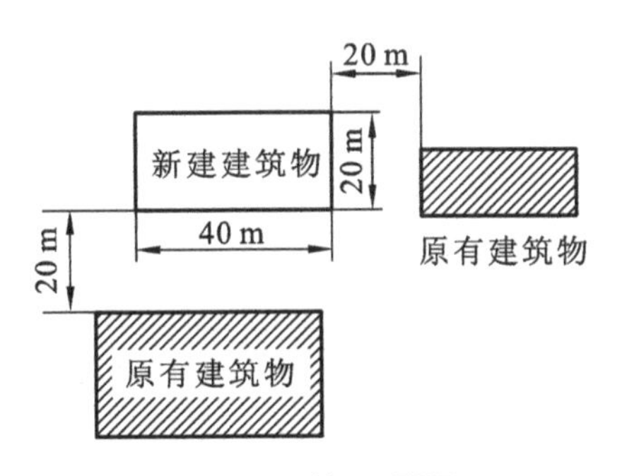

图7.48　第(8)题图

(9) 为什么要进行建筑物沉降观测？

(10) 编绘竣工总平面图的意义是什么？边竣工边编绘的做法有何优点？

(11) 如图7.49所示是沿墙体轴线弹出墙宽和门框、窗框等洞口的宽高尺寸。门的位置和尺寸在墙的平面上标出，窗的位置和尺寸则标在墙的侧面上。结合完成的测设结果图，谈谈你的测设想法。

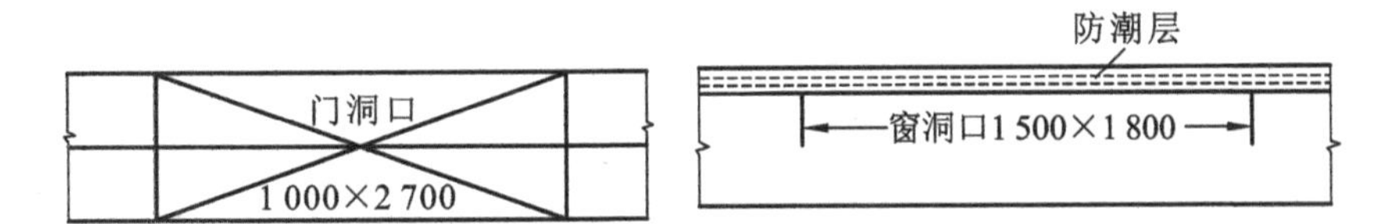

图7.49　门、窗尺寸测设图(单位:mm)

Chapter 8

第 8 章 道路与桥梁施工测量

8.1 道路工程测量

8.1.1 知识准备

道路工程测量的主要内容有中线测量、纵横断面测量、带状地形图测绘等，其目的是为设计提供必要的基础资料，为施工提供依据。

一、道路中线测量

道路工程测量一般是指道路设计和施工中的各种测量工作，它包括收集道路起终点间的相关资料，踏勘选线（含控制测量和带状地形图测绘），道路施工测量（含中线测量、曲线测设、中桩加密、中桩控制桩测设、路基放样、竖曲线测设、纵横断面图测绘、土方量计算、竣工验收测量等）。

中线测量是在踏勘选线，拟定好路线方案，并已在实地用木桩标定好路线起点、转折点及终点之后进行的，它的主要工作是通过测角、量距把路线中心的平面位置在地面上用一系列木桩（里程桩）表示出来。

（一）测算转向角 α

转向角是道路从一个方向转到另一个方向时所偏转的角度，一般用 α 表示，转向角有左、右之分，即当偏转后的方向位于原方向左侧时叫左转角，用 $\alpha_{左}$ 表示；当偏转后的方向位于原方向右侧时叫右转角，用 $\alpha_{右}$ 表示，如图 8.1 所示。由图可知，如果直接测量转折角，一会儿左、一会儿右，很容易搞错。为此，我们统一规定测量线路前进方向的左角，然后按下列公式计算左、右转向角，即

$$
\begin{aligned}
&当\ \beta<180^\circ 时，\alpha_{左}=180^\circ-\beta \\
&当\ \beta>180^\circ 时，\alpha_{右}=\beta-180^\circ
\end{aligned}
\tag{8.1}
$$

在图 8.1 中，

$$
\begin{aligned}
\alpha_{左1}&=180^\circ-\beta_1 \\
\alpha_{右2}&=\beta_2-180^\circ \\
\alpha_{左3}&=180^\circ-\beta_3
\end{aligned}
$$

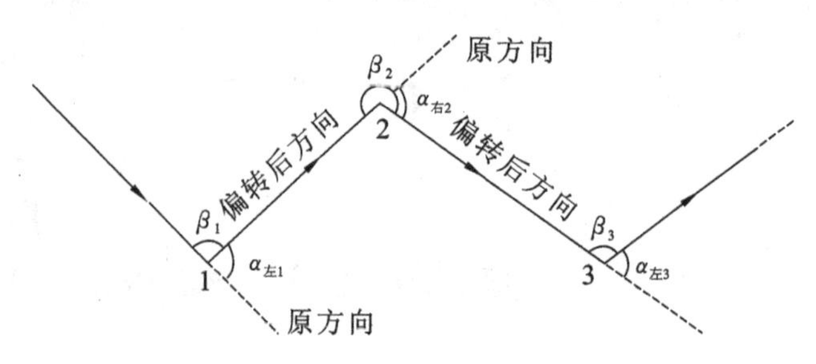

图 8.1　测算转向角

（二）测设中桩（里程桩）

为了测定道路的总长度和测绘道路的纵、横断面图，从道路的起点至终点，沿道路中线用钢尺或光电测距仪，在地面上按规定的距离（一般为 20 m 或 30 m 或 50 m）量程打桩，此桩称为整桩。在整桩之间如遇有明显地物或道路交叉口或坡度变化处应加桩。整桩和加桩统称中桩。中桩要进行编号，其号码为桩距起点的距离，例如某中桩距起点为 10 100 m，则该桩编号为 10＋100.00，"＋"前为公里数，后为不足一公里的零头，以米为单位，取至厘米，所以中桩又叫里程桩。

测设中线时，应填写中桩记录并且在现场绘出草图，线路两侧的地形、地物可目估勾绘。草图供纵断面测量时参考，以防漏测桩点。

二、圆曲线测设

道路往往不是一条理想的直线，由于各种原因道路不得不经常改变方向，为了使车辆安全地由一个方向转到另一个方向，在两个方向之间常以曲线来连接，这种曲线称为平曲线，平曲线有圆曲线和缓和曲线两种，圆曲线是具有一定半径的圆弧，而有些道路从直线到圆曲线需要一段过渡，这段过渡曲线称为缓和曲线，如图 8.2 所示。本节只介绍圆曲线的测设。

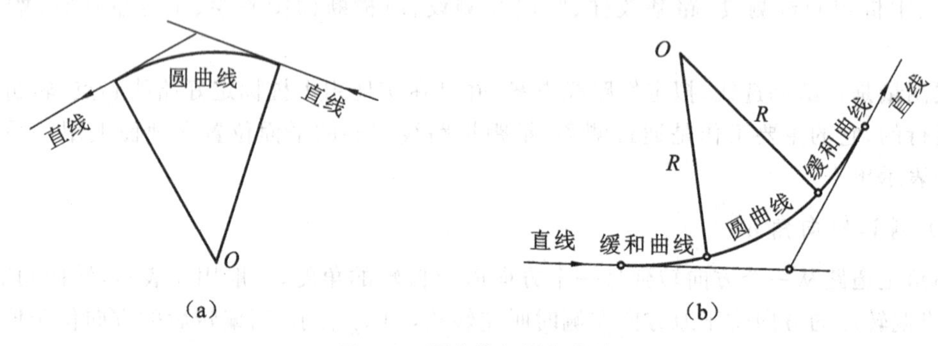

图 8.2　圆曲线与缓和曲线

（一）圆曲线各元素的计算

如图 8.3 所示为圆曲线连接两个方向，图中 O 为圆心，JD_3 为两个方向的交点，亦称转向点。圆曲线的主点包括：

ZY——直圆点，即直线与圆曲线的交点；

QZ——圆曲线的中点；

YZ——圆直点，即圆曲线与直线的交点。

圆曲线各元素及其计算：

R——圆曲线半径，设计给定；

α——转向角，实地测出；

T——切线长，ZY 点或 YZ 点到 JD_3 的长度，其计算公式为：

$$\left.\begin{aligned} &T=R\tan\frac{\alpha}{2} \\ &L=\frac{\pi R}{180^\circ}\cdot\alpha \\ &E=R\left(\sec\frac{\alpha}{2}-1\right) \\ &q=2T-L \end{aligned}\right\} \tag{8.2}$$

式中 T——切线长；

L——曲线长；

E——外矢距；

q——切曲差。

由公式(8.2)可以看出，曲线元素 T、L、E、q 是曲线元素 R、α 的函数。当测出 α，给定了 R 后，其他元素均可计算求得。实际工作中，可以将 α、R 作为引数，在已编制好的"曲线表"中直接查得其他元素值，也可以用计算器直接计算。

（二）圆曲线主点的测设

1. 主点测设数据的计算

在中桩测设后，交点(JD)的位置和里程就已确定了。由图8.3可以看出，只要求出 ZY 和 YZ 的里程，就可以确定 ZY 和 YZ 的位置。另外在图8.3中能求出 γ 角和外矢距 E，QZ 的位置也就能测设了。设图8.3中，$\alpha=10°25'$，$R=800$ m，交点 JD_3 的里程为 11+295.78 m，则主点的测设数据计算如下。

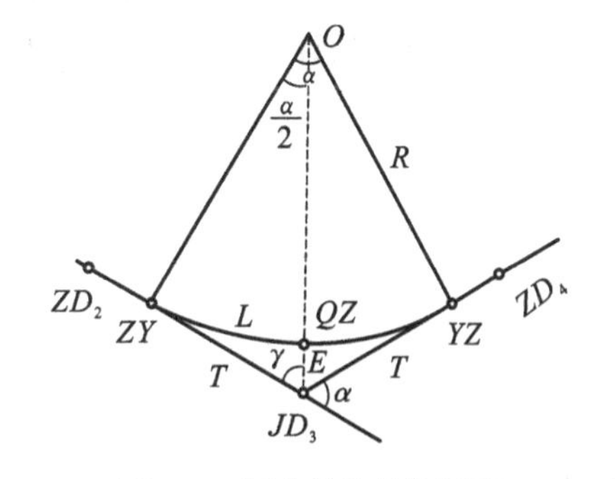

图8.3 圆曲线的几何元素

根据 α、R 按公式计算或查"曲线表"可得：

$$T=72.92\ \text{m}$$
$$L=145.45\ \text{m}$$
$$E=3.32\ \text{m}$$
$$q=0.39\ \text{m}$$

所以主点 ZY 和 YZ 的里程(测设数据)为：

ZY 的里程$=JD_3$ 的里程减切线长 $T=11+(295.78-72.92)=11+222.86$ m

YZ 的里程$=ZY$ 的里程$+L=11+368.31$ m

另外由图8.3可以看出：

$$\gamma=\frac{180°-\alpha}{2}=84°47.5'$$

2. 主点测设

如图8.3所示，在 JD_3 上安置经纬仪，后视 ZD_2(或 ZD_4)方向，从 JD_3 沿经纬仪视线方向丈量长度(72.92 m)，即可得到 ZY 点(或 YZ 点)的位置。经纬仪不动，以 JD_3 至 ZD_2(或 JD_3 至 ZD_4)为已知方向，测量 γ 角，此时从 JD_3 沿经纬仪视线方向丈量 E 值，即可测设出 QZ 点的位置。

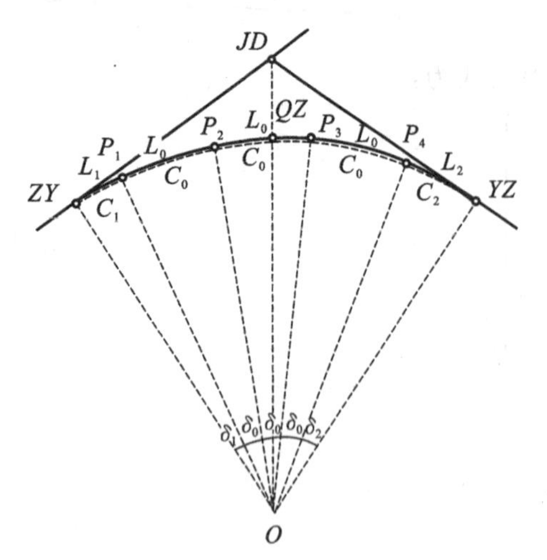

图 8.4 偏角法

(三) 圆曲线的详细(加密)测设

当圆曲线长度大于40 m时,为了方便施工并保证施工精度,还需要在主点间的中线上按照一定间距加设一些点,称为加密点。加密点的测设方法有偏角法、直角坐标法、弦线支距法、弦线偏角法和弦线偏距法等。

1. 偏角法

偏角法测设圆曲线如图 8.4 所示。在实际工作中,为了方便一般把加密点 P_i 的里程定为10 m或20 m的整数倍。

1) 测设元素的计算

(1) 加密点间弧长 L_i 的计算。

L_1=P_1点桩号-ZY点桩号(不足L_0的非整数)

L_0=常数(由设计给出,10 m 的整数倍)

L_2=YZ点桩号-P_n点桩号(不足L_0的非整数)

(2) 偏角 δ 的计算(δ_i:$\angle ZY—P_i$)。

$$\delta_1=(L_1/2R)\rho''$$
$$\delta_2=\delta_1+\delta_0$$
$$\delta_3=\delta_1+2\delta_0$$
$$\vdots$$
$$\delta_n=\delta_1+(n-1)\delta_0$$
$$\delta_{n+1}=\delta_1+(n-1)\delta_0+\delta_2$$

式中

$$\delta_0=(L_0/2R)\rho''$$
$$\delta_2=(L_2/2R)\rho''$$
$$\rho''=206\ 265$$

(3) 弦长的计算。

$$c_1=2R\sin\delta_1$$
$$c_0=2R\sin\delta_0$$
$$c_2=2R\sin\delta_2$$

2) 偏角法测设圆曲线的步骤

(1) 安置经纬仪于 ZY 点照准 JD 点,安置水平盘使读数为 $0°00'00''$;

(2) 顺时针方向旋转照准部至水平盘读数为 δ_1,从 ZY 点沿经纬仪所指方向测设长度 c_1,得到 P_1位置,用木桩标出,以此类推到 P_n点;

(3) 顺时针方向转动照准部至水平度盘读数为 δ_2,从 P_1点用钢尺测设弦长 c_0与经纬仪所指方向相交,得到 P_2点的位置,用木桩标出。依此类推直至测设到 P_n点;

(4) 测设至 YZ 点后应检核:YZ 的偏角应等于 $\alpha/2$。从 P_n点量至 YZ 点应等于 c_2,闭合差不应超过:半径方向(横向)±0.1 m;切线方向(纵向)$\pm L'/1\ 000$。

2. 直角坐标法

直角坐标法又叫切线支距法，是以 ZY 点或 YZ 点为原点，过 ZY 点或 YZ 点的切线方向为 x 轴，半径方向为 y 轴建立坐标系，如图 8.5 所示。由图可见，曲线上任一点 i 的坐标可表示为

$$\left.\begin{aligned} x_i &= R\sin\varphi_i \\ y_i &= R(1-\cos\varphi_i) \end{aligned}\right\} \tag{8.3}$$

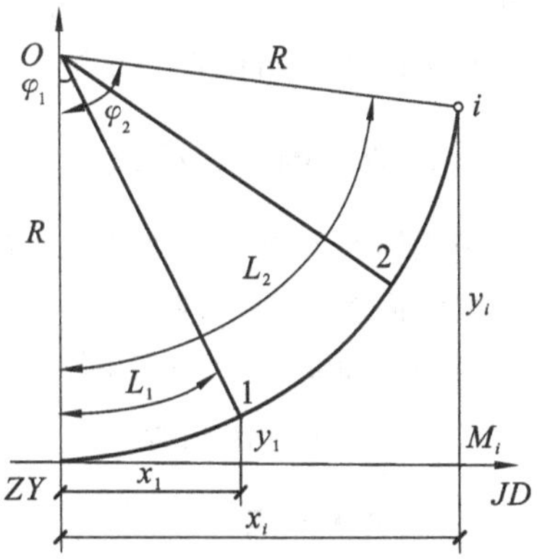

式中，R 为曲线半径，φ_i 是 ZY 点到 i 点的弧长 L_i 所对的圆心角。若以 $\varphi_i=\dfrac{L_i}{R}$ 代入式(8.3)，并按级数展开，取前三项，则可得：

图 8.5　直角坐标法

$$\left.\begin{aligned} x_i &= L_i-\frac{L_i^3}{6R^2}+\frac{L_i^5}{120R^4} \\ y_i &= \frac{L_i^2}{2R}-\frac{L_i^4}{24R^3}+\frac{L_i^6}{720R^5} \end{aligned}\right\} \tag{8.4}$$

根据 R、L_i 即可查“曲线表”求得 x_i 和 y_i。

直角坐标法的测设方法，是从 ZY 点沿切线方向，用钢尺或皮尺丈量 x_i 值，得到 M_i 点。在 M_i 点上安置经纬仪，后视 ZY，测设 90°角度，从 M_i 沿视线方向丈量 y_i，即得 i 点。

直角坐标法的特点是所测各点相互独立，不存在误差传递和积累的问题，精度相对较高，适宜在开阔地区运用。但是，它没有自行检核条件，只能以量测所测点间距离来检核。

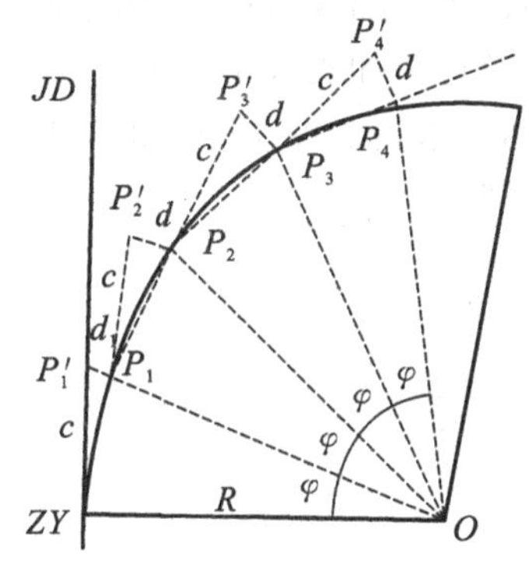

图 8.6　弦线偏距法

3. 弦线偏距法

弦线偏距法是以曲线上相邻点的弦延长一倍后，终点偏离曲线的距离和弦相交进行定点的方法。

由图 8.6 可以看出

$$\varphi=\frac{180^\circ}{\pi R}\cdot c \tag{8.5}$$

以 ZY 为圆心，c 为半径画弧交切线于 P_1' 点，交曲线于 P_1 点。P_1 和 P_1' 点间的距离用 d_1 表示，则

$$d_1=\frac{c}{\sin\varphi}-R \tag{8.6}$$

现在的问题是只有切线，没有曲线。当然也就没有 P_1 点，因此，需要我们把曲线上的 P_1 点测设在地面上，其方法如下：以 ZY 为圆心，c 为半径画弧交切线得 P_1 点，用公式(8.6)计算出 d_1，然后以 d_1 为半径，以 P_1' 为圆心画弧与前弧相交，其交点就是欲测设的 P_1 点。连接 ZY 和 P_1 并延长。以 P_1 圆心，还以 c 为半径画弧与延长线交于 P_2' 点。以 P_2' 为圆心，以 d 为半径画弧与前弧相交，其交点就是欲测设的曲线上的 P_2 点。依此类推，可以把欲测设的加密点全部测设于地面上。

4. 极坐标法

用极坐标法测设圆曲线的细部点是用全站仪进行路线测量的最合适的方法。仪器可以安置在任何控制点上，包括路线上的 ZY 点、JD 点、YZ 点等。

用极坐标法进行测设主要是根据已知控制点和路线的设计转角等数据，先计算出圆曲线主

点和细部点的坐标，然后根据控制点和放样点的坐标反算出测站与测设点间的方向和平距，根据方向和平距用全站仪直接放样。

三、纵横断面图测量

路线纵断面测量又称路线水准测量，它通过测定中线上各里程桩（中桩）的地面高程，绘制出路线纵断面图，供路线坡度设计、土方量计算用；路线横断面测量是通过测定中桩与道路中线正交方向的地面高程，绘制横断面图，供路基设计时土方量计算及施工时确定边界用。

（一）纵断面图的测绘

1. 埋设水准点

沿道路中心一侧或两侧不受施工影响的地方，每隔 2 km 埋设永久性水准点，作为全线高程控制点。在永久性水准点间，每隔 300～500 m 埋设临时水准点，作为纵、横断面水准测量和施工高程测量的依据。

永久性水准点应与附近的国家水准点进行联测。在沿线进行水准测量时，也应尽量与附近国家水准点进行连测，以获得检核条件。

2. 中桩地面高程测量

如图 8.7 所示，1～7 为中桩，A、B 为水准点，Ⅰ和Ⅱ为测站。A—4—B 为附合水准路线，用四等或等外水准进行测量，以检核纵断面水准测量。1、2、3 和 5、6、7 作为Ⅰ站和Ⅱ站的中间点不起传递高程的作用，所以读到厘米即可。纵断面水准测量的记录及计算如表 8.1 所示。

表中 4 号点的高程是用高差法求得的。中间点的高程是用仪高法求得。如 1 号点的高程等于 A 点高程加Ⅰ站在 A 点上标尺读数，减去 1 号点的插前视读数，即

$$H_1 = 156.800 + 2.204 - 1.58 = 157.42 \text{ m}$$

其他各点以此类推。

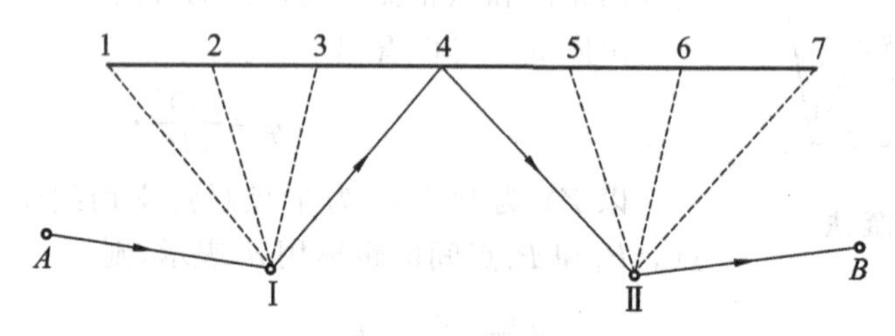

图 8.7　中桩地面高程测量

表 8.1　纵断面水准测量记录

测站	点名	水准标尺读数(m)			高差(m)		视线高程(m)	高程(m)
		后视	前视	插前视	+	−		
Ⅰ	A	2.204					159.004	156.800
	1			1.58				157.42
	2			1.69				157.31
	3			1.79				157.21
	4		1.895		0.309			157.109

续表

测站	点名	水准标尺读数(m)			高差(m)		视线高程(m)	高程(m)
		后视	前视	插前视	+	−		
Ⅱ	4	1.931					159.040	157.109
	5			1.54				157.50
	6			1.32				157.72
	7			1.29				157.75
	B		1.200		0.731			157.840

3. 纵断面图的绘制

纵断面图的绘制,是在毫米方格纸上进行,以里程为横轴,高程为纵轴。为了较明显地反映地面高低起伏情况,一般纵轴比例尺是横轴比例尺的10或20倍。纵断面图分为上、下两部分,上部为纵断面图形态,下部为测量、设计、计算的有关资料数据。如图8.8所示。图中各项内容的含义及纵断面图绘制方法说明如下。

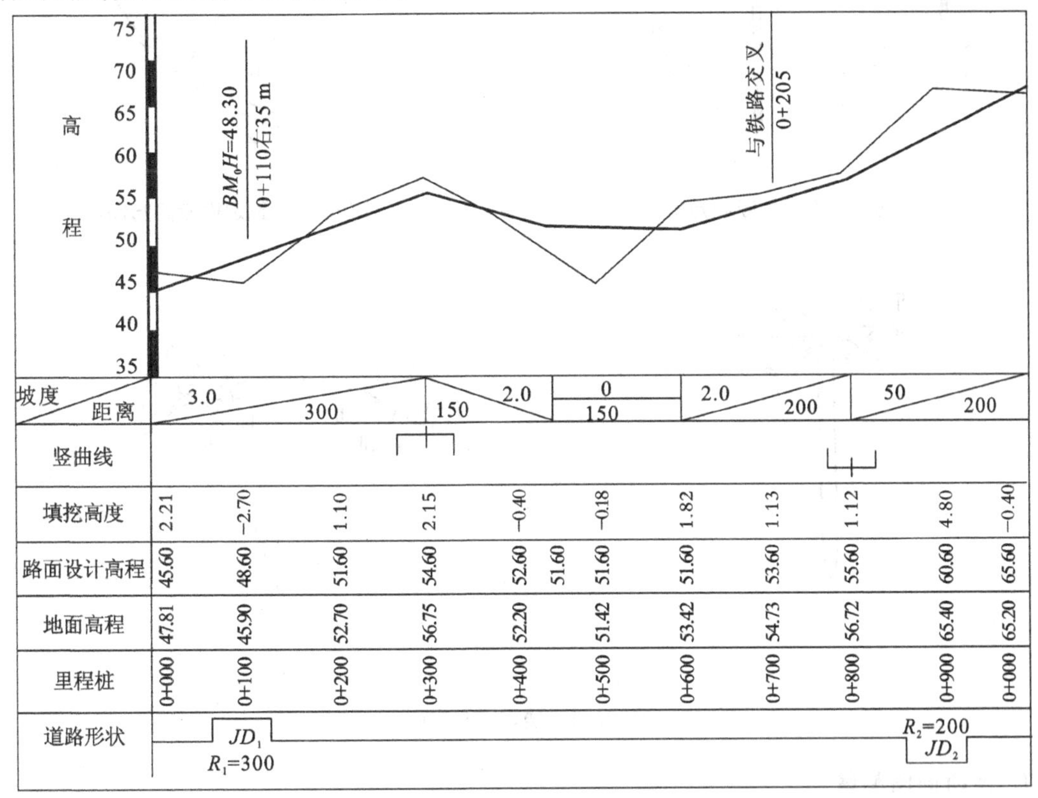

图8.8 纵断面图

在道路形状栏内,按里程把直线段和曲线段反映出来,以__┌┐__(上凸)符号表示右转曲线,以‾‾└┘‾‾(下凸)符号表示左转曲线,并注明曲线元素值。

在里程桩栏内,自左至右,按里程和横轴比例尺,将各桩位标出,并注明桩号。在地面高程和路面设计高程栏内,把里程桩处的地面高程和路面设计高程填入。在填挖高度栏内,把各里程桩处的地面高程与设计高程的差值填入。

在图 8.8 的上部，把各里程桩处的地面高程和设计高程，按纵轴比例尺标出，然后各自依次相连，即得到地面和道路路面的纵断面图，前者用细实线表示，后者用粗实线表示。

（二）横断面图测绘

横断面图测绘，就是测定道路中线上各里程桩处垂直于中线方向上两侧各 15～50 m 之内的地面特征点的高程。

横断面水准测量之前，应先确定横断面方向。对于直线段，用目估或用如图 8.9 所示的“十”字方向架确定即可。对于圆曲线，当圆心给出时，里程桩和圆心连线就是横断面方向。当圆心没有给出时，如图 8.10 所示，在里程桩 i 处安置经纬仪，后视 ZY，并使度盘读数为 δ_i（i 点的偏角），则度盘读数为 90°时的视线方向，即为横断面方向。另外也可以在“十”字方向架上加一个活动标志，用标志来求圆心方向，则更简捷、直观，如图 8.11(a)、(b)所示。

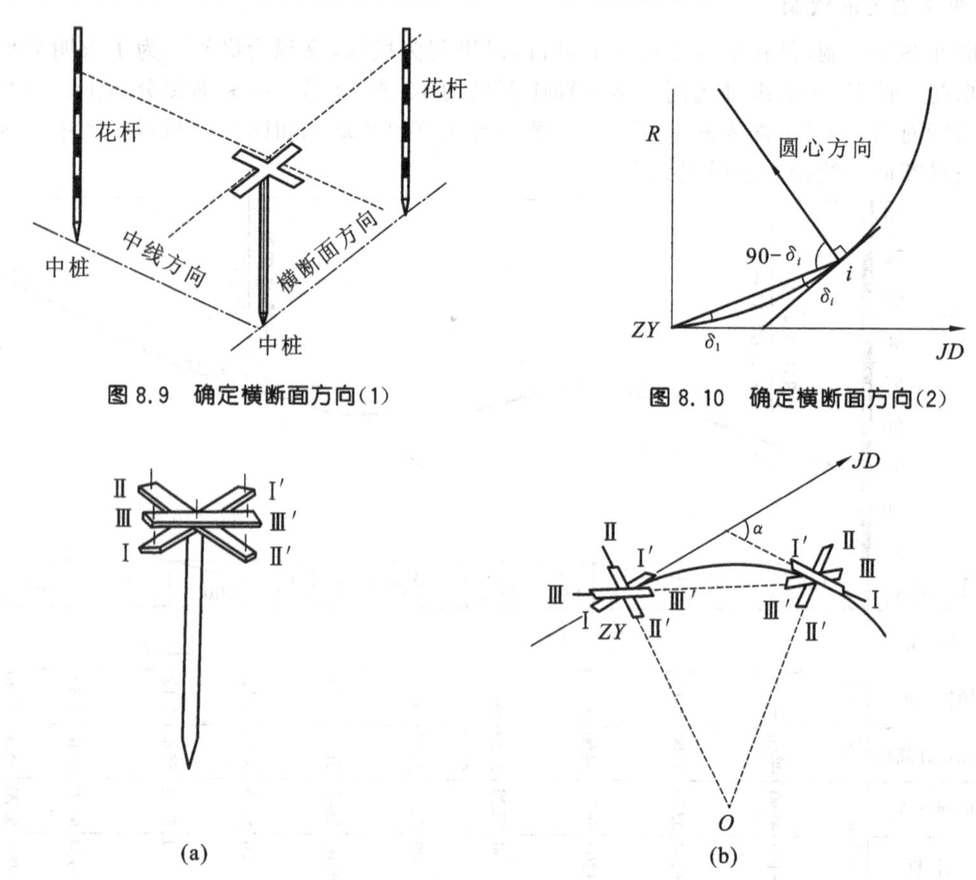

图 8.9　确定横断面方向(1)

图 8.10　确定横断面方向(2)

图 8.11　确定圆心方向

1. 横断面图测量

横断面上道路中心点的地面高程已在纵断面测量时测出，各测点相对中心点的高差可用下述方法测定。

(1) 水准仪法，此法适用于施测断面较宽的平坦地区。如图 8.12 所示，水准仪安置后，以线路中心点的地面高程为后视，以中线两侧地面测点为前视，并用皮尺分别量出各测点到中心点的水平距离，水准尺读数读到厘米，水平距离量到分米即可，记录表格式如表 8.2 所示。

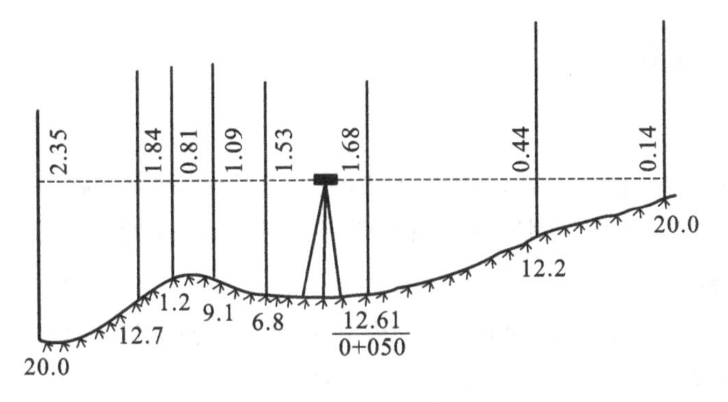

图 8.12　水准仪法(单位:m)

表 8.2　横断面测量记录

前视读数/距离(左侧)					后视读数/桩号	(右侧)前视读数/距离	
2.35/20.0	1.84/12.7	0.81/11.2	1.09/9.1	1.53/6.8	1.68/0+050	+0.44/12.2	+0.14/20.0

按线路前进方向,分左、右侧,以分式表示各测段的前视读数和距离。

(2) 抬杆法,此法多用于山地。如图 8.13 所示,一个标杆立于①点桩上,另一根标杆水平横放(或用皮尺拉平),测得横断面上①点的距离和高差(在标杆上估读),同上法继续施测其他各点。

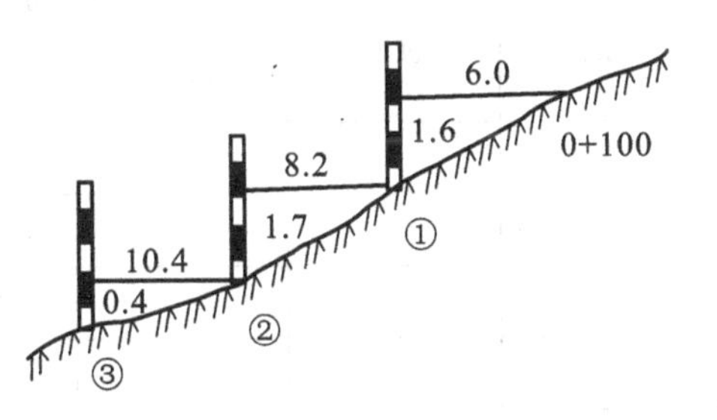

图 8.13　抬杆法

2. 横断面图绘制

根据横断面的施测,取得各测点间的高差和水平距离,即可在方格厘米纸上绘出各中桩的横断面图。绘图时,先标定中桩位置,如图 8.14 所示,由中桩位置开始,逐一将变坡点定在图上,再用直线把相邻点连接起来,即绘出横断面的地面线。

横断面地面线标出后,再依据纵断面图上该中桩的设计高程,将基路断面设计线画在横断面图上,这步工作称为“戴帽子”,如图 8.15 所示。

由于计算面积的需要,横断面图的距离比例尺与高差比例尺是相同的,通常采用 1∶100 或 1∶200。

横断面图画法简单,但工作量很大。为提高工效、防止错误,多在现场边测边绘,这样既可当场出图,又能及时核对,发现问题,及时修正。

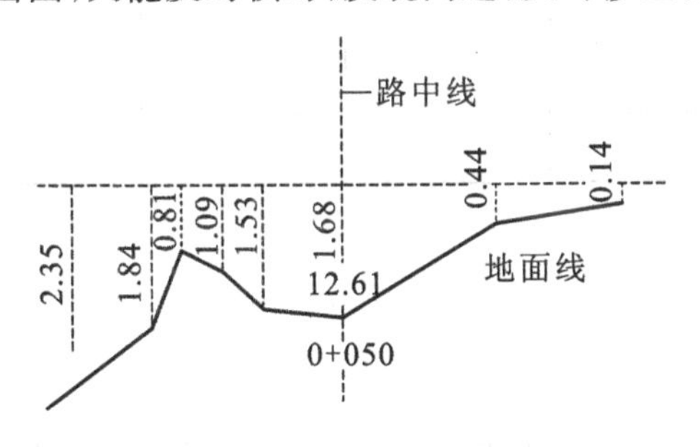

图 8.14　横断面图(单位:m)

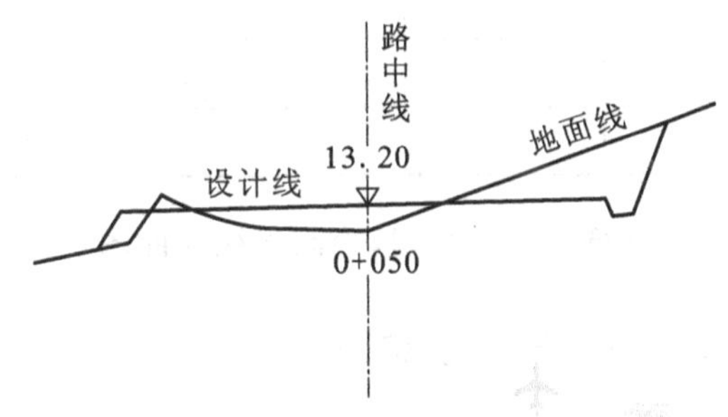

图 8.15　路基设计断面图(单位:m)

8.1.2 任务实施

1. 任务布置

在指定线路 AB 上(线路长 150 m 以上,线路最好有转弯、有交叉路口、有坡度变化较大的地方)进行线路纵断面测量,最终绘制线路纵断面图,设定起始点 A 的高程为 60.336 m。

2. 任务完成步骤

(1) 钉设里程桩。在地面上沿线路方向,从 A 点开始,每隔 50 m 设一里程桩(地面上钉木桩),标注桩号,A 点为 0+000,往后依次为 0+050,0+100,0+150 等。

(2) 钉设加桩。在地面上沿线路方向,在有交叉建筑物、转弯或者坡度变化大的地方设加桩(地面上钉木桩),桩号为该点距离 A 点的距离,如在距 A 点 29 m 处有一交叉路口,则该点桩号为 0+029。

(3) 用水准仪采用视线高法观测各桩点立尺的读数,记入表 8.3 中。

表 8.3 线路纵断面水准测量手簿

日期:________ 天气:________ 仪器:________ 观测:________ 记录:________

测站	桩号	水准尺读数/m			视线高程/m	高程/m	备注
		后视	前视	中视			

(4) 计算出各点高程,绘制出纵断面图。

8.1.3 任务小结

(1) 在进行线路纵断面测量时,一定要采用视线高法,但使用的记录表有多种,可以根据实际情况选用。

(2) 各点号的确定采用距起始点距离的方法标注比较方便，在测量距离时可以用钢尺也可以采用全站仪。

(3) 实际测量中，先要进行水准点引测，然后才能进行线路纵断面测量。

8.1.4 知识拓展

一、道路施工测量

道路施工测量的主要工作包括施工控制桩测设、路基测设、竖曲线测设、土方量计算等。

(一) 施工控制桩测设

由于中桩在路基施工中会被埋住或挖掉，所以需要在不易受施工破坏、易于保存又便于引测的地方设桩(称施工控制桩)作为道路中线和中线高程的控制依据，其测设方法有如下几种。

1. 平行线法

平行线法是在设计的路基宽度以外，测设两排平行于中线的施工控制桩，如图 8.16 所示。控制桩的间距一般取 10～20 m。

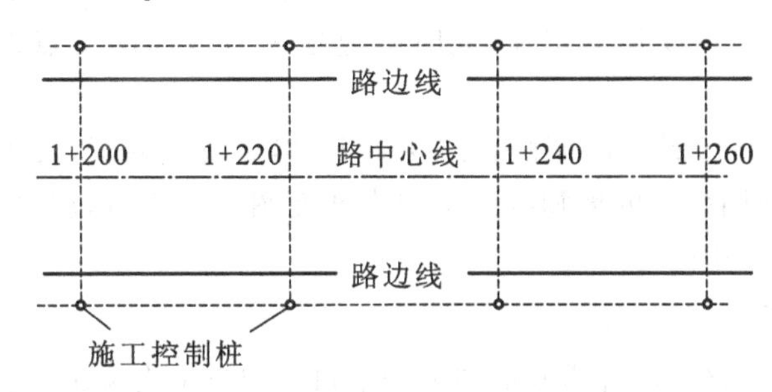

图 8.16 平行线法

2. 延长线法

延长线法是在路线转折处的中线延长线上以及曲线中点至交点的延长线上测设施工控制桩，如图 8.17 所示。控制桩至交点的距离应测量并做记录。

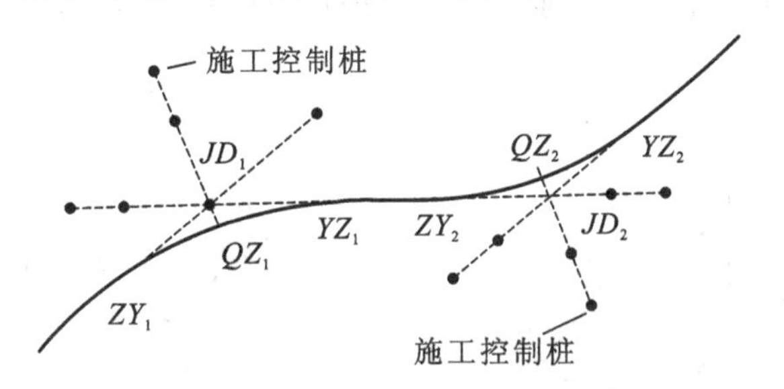

图 8.17 延长线法

(二) 路基测设

路基测设就是根据横断面设计图及中桩填挖深度，测设路基的坡脚、坡顶以及路面中心位置等，作为施工时填挖边界线的依据。路基有两种：一种是高出地面的路基称之为路堤，另一种是低于地面的路基称为路堑。

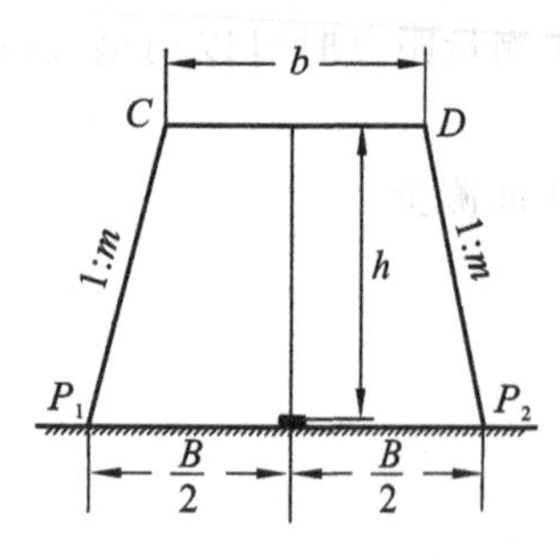

图 8.18 平地上路堤测设

1. 平地上路堤的测设

图 8.18 为路堤横断面设计图。上口 b 和路堤坡度 $1:m$ 均为设计值，h 为中桩处填土高度（从纵断面图上获得），则路堤下口的宽度为

$$\left.\begin{aligned}B&=b+2mh\\ \text{或}\quad \frac{B}{2}&=\frac{b}{2}+mh\end{aligned}\right\}\tag{8.7}$$

所以，在中桩横断面方向上，由中桩向两侧各量出 $B/2$，得到 P_1 和 P_2，则 P_1 和 P_2 就是路堤的坡脚点。再在横断面上向两侧各量出 $b/2$，并用高程测设方法测设出 $b/2$ 处的高程，即得到坡顶 C 和 D，将 P_1、C、D、P_2 相连，即得填土边界线。

2. 斜坡上路堤的测设

在这种情况下可以采取两种方法。

(1) 坡度尺法，坡度尺实际上是斜边为 $1:m$ 的直角尺。其操作方法是：先根据中桩、h 和 $b/2$测设出坡顶 C 和 D 的位置，将坡度尺上 k 点与 C（或 D）重合，以挂在 k 点上的垂球线与尺子的竖直边重合或平行时把坡度尺固定住，此时斜边延长与地面的交点即为坡脚点，如图 8.19 所示。

(2) 图解法，先将路堤设计横断面画在透明纸上，然后将透明纸，按中桩填土高度蒙在实测的横断面图上，则设计横断面图的坡脚线与实测横断面图上的交点，就是破脚点，坡脚点至中桩的水平距离，就是图 8.19 中的 B_1 和 B_2。

3. 平地上测设路堑

如图 8.20 所示，根据路堑设计横断面图上的下口 b 和排水沟宽 b_0 以及坡度 $1:m$，即可算出上口宽度为

$$\left.\begin{aligned}B&=b+2b_0+2mh\\ \text{或}\quad \frac{B}{2}&=\frac{b}{2}+b_0+mh\end{aligned}\right\}\tag{8.8}$$

从中桩起，在横断面上向两侧分别量出 $B/2$，即得坡顶 C 和 D，将相邻坡顶点相连，即得开挖边界线。

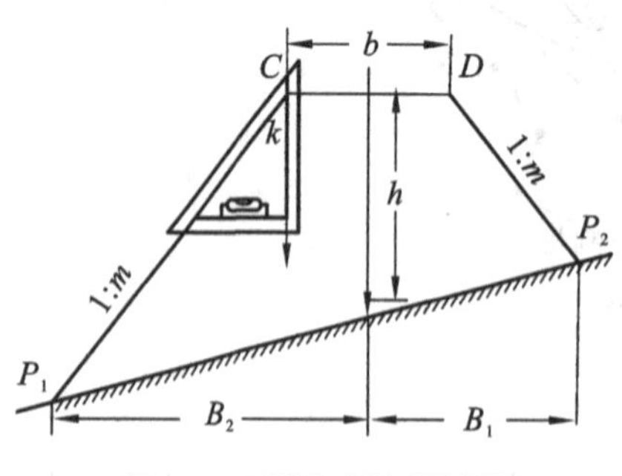

图 8.19 斜坡上路堤测设

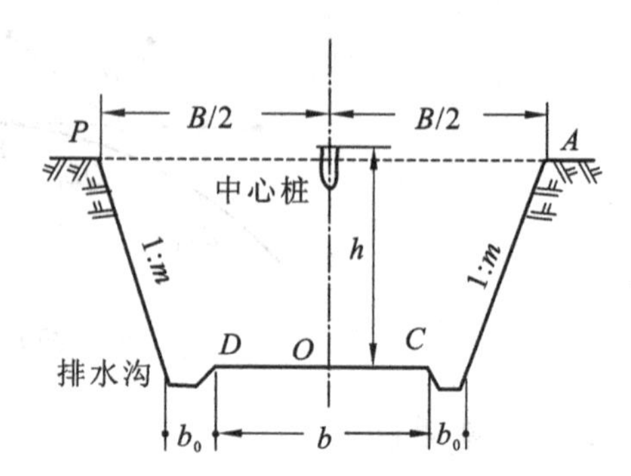

图 8.20 平地上路堑测设

4. 斜坡上路堑的放样

斜坡上路堑的放样,可以用斜坡上路堤放样的图解法。

(三) 竖曲线的测设

道路在纵向上是高低起伏的,当纵向坡度发生变化,且两坡度的代数差超过一定范围时(先上坡后下坡时,代数差大于10‰,先下坡后上坡时,代数差大于20‰),为了车辆运行的平稳和安全,在变坡处要设立竖曲线。先上坡后下坡时,设凸曲线。反之设凹曲线。我国铁路一律采用圆曲线作竖曲线。

竖曲线的测设是根据设计给出的曲线半径和变坡点前后的坡度 i_1 和 i_2 进行的。如图8.21所示,由于坡度的代数差较小,所以曲线的转折角 α 可视为两坡度的绝对值之和,即

$$\alpha=|i_1|+|i_2| \tag{8.9}$$

并且认为

$$\tan\frac{\alpha}{2}=\frac{\alpha}{2}$$

所以就有

$$T=R\tan\frac{\alpha}{2}=R\cdot\frac{\alpha}{2}=\frac{R}{2}(|i_1|+|i_2|) \tag{8.10}$$

$$L=R\alpha=R(|i_1|+|i_2|) \tag{8.11}$$

又考虑到 α 较小,图8.21中 y_i 可近似地认为与半径方向一致,所以有

$$(R+y_i)^2=x_i^2+R^2$$

由于 y_i 相对于 x_i 是很小的,如果把 y_i 忽略不计,则上式可变为

$$2Ry_i=x_i^2$$

$$y_i=\frac{x_i^2}{2R}$$

当给定一个 x_i 值,就可以求得相应的 y_i 值,当 $x_i=T$ 时,则

$$y_i=E=\frac{T^2}{2R} \tag{8.12}$$

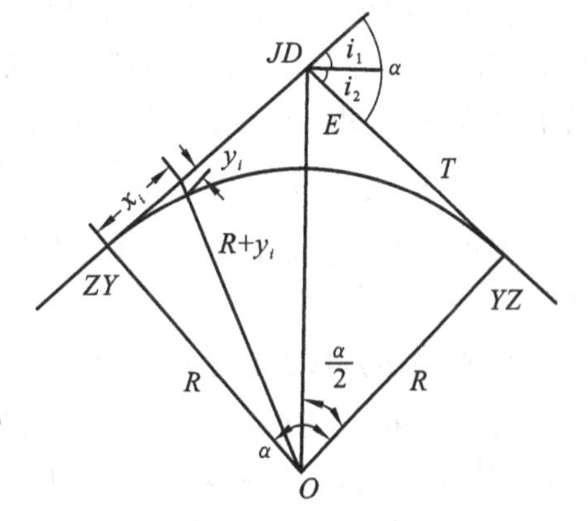

图8.21 竖曲线的测设

由上述过程看出,当给定 R、i_1、i_2 后,α、T、L 和 E 均可求得。

另外,既然把 y_i 看成与半径方向一致,所以 y_i 又可以看成是切线上与曲线上点的高程差。切线上不同 x 值的点的高程可以根据变坡点高程和坡度求得,那么相应的曲线上点的高程就可以看成切线上点的高程加或减 y 值。

竖曲线的测设方法:

(1) 主点测设同平面圆曲线主点测设方法一样,故在此不再赘述。

(2) 加密点的测设,采用直角坐标法。

(a) 从 ZY 点沿切线方向量出 x_i 值,并用 $y_i=\frac{x_i^2}{2R}$,求得 y_i。

(b) 根据变坡点的高程,切线坡度,求出 x_i 处的高程 H_i 以及与 x_i 相对应的曲线上点的高程 H_i',当各点标高改正数 y_i 求出后,即可与坡道各点的坡道高程 H_i' 取代数和,而得到竖曲线上各

点的设计高程，即

$$H_i' = H_i + y_i \tag{8.13}$$

式中，y_i在凹形竖曲线中为正号，在凸形竖曲线中为负号。

高程为 H_i'的点，就是曲线上欲加密的点，所以竖曲线上的加密点是用距离和高程一起来测设的。

（四）土方量的计算

土方量的计算包括填、挖土方量的总和。计算方法是以相邻两个横断面的间距为计算依据，即分别求出相邻两个横断面上路基的面积和两横断面之间的距离来求土方量。

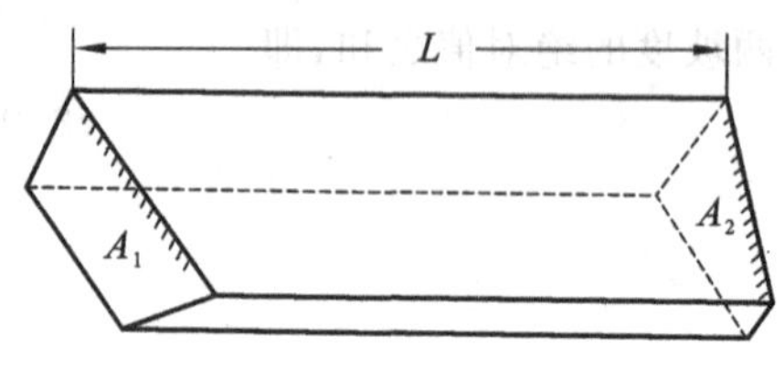

图 8.22　土方量计算

如图 8.22 所示，A_1和 A_2为相邻横断面上路基的面积，L 为 A_1和 A_2之间的距离，则二横断面间的土方量可近似地计算为

$$V = \frac{1}{2}(A_1 + A_2) \cdot L \tag{8.14}$$

式中 A_1和 A_2可在路基横断面设计图上用求积仪或解析法等方法求得，L 可从里程桩间距求得。

二、管道线路工程测量

管道工程多敷设于地下，且各种管道常常上下穿插、纵横交错，如果在设计、施工中出现差错，一经埋设，将会为日后留下隐患或带来严重后果。因此管线测量工作必须采用城市的统一坐标和高程系统，并且严格按设计要求进行测量工作，确保工程质量。

（一）管道中线测量

管道中线测量就是将设计确定的管道位置测设于实地，用木桩（里程桩）标定，并绘制里程桩手簿。

1. 管道主点数据采集与测设

管道的起点、终点和转向点称为管道的主点。主点的测设方法与前面点的平面位置的测设方法相同，主点数据的采集方法，根据管道设计所给的条件和精度要求不同而采取不同方法。

（1）图解法。当管道规划设计图的比例尺较大，而且管道主点附近又有明显可靠的地物时，可按图解法来采集测设数据。如图 8.23 所示，A、B 是原有管道检查井位置，Ⅰ、Ⅱ、Ⅲ点是设计管道的主点。欲在地面上定出Ⅰ、Ⅱ、Ⅲ等主点，可根据比例尺在图上量出长度 D、a、b、c、d 和 e，即为测设数据。然后沿原管道 AB 方向，从 B 点量出 D 即得Ⅰ点；用直角坐标法从房角量取 a，再垂直房边量取 b 即得Ⅱ点，再量 e 来校核Ⅱ点是否正确；用距离交会法从两个房角同时量出 c、d 交出Ⅲ点。当管道中线精度要求不高的情况下，可以采用图解法。

（2）解析法。当管道规划设计图上已给出管道主点的坐标，而且主点附近又有控制点时，可用解析法来采集测设数据。如图 8.24 所示，1～5 点为导线点，A～E 点等为管道主点，如用极坐标法测设 B 点，则可根据 1、2 和 B 点坐标，按极坐标法计算出测设数据$\angle 12B$ 和距离 D_{2B}。测设时，安置经纬仪于 2 点，后视 1 点，转$\angle 12B$，得出 $2B$ 方向，在此方向上用钢尺测设距离 D_{2B}，即得 B 点。其他主点均可按上述方法进行测设。

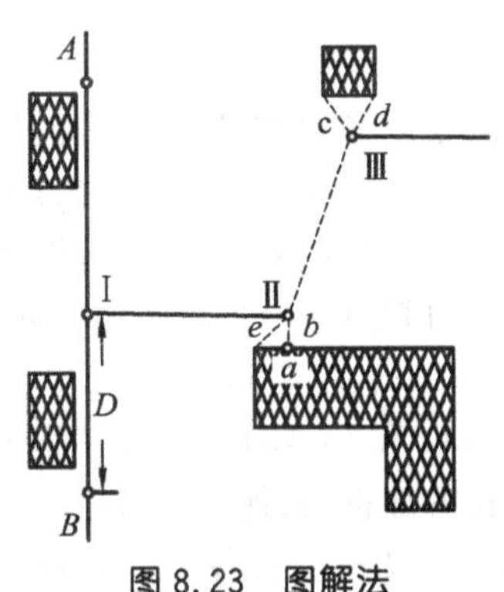

图 8.23　图解法

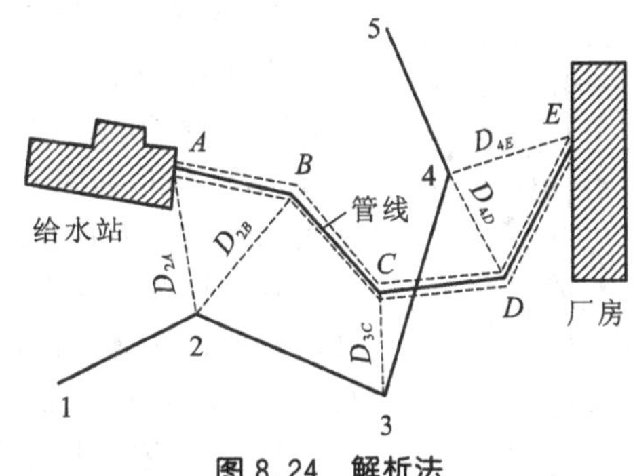

图 8.24　解析法

主点测设工作必须进行校核,其校核方法是先用主点的坐标计算相邻主点间的长度,然后在实地量取主点间距离,看其是否与算得的长度相符。

如果在拟建管道工程附近没有控制点或控制点不够时,应先在管道附近敷设一条导线,或用交会法加密控制点,然后按上述方法采集测设数据,进行主点的测设工作。

如果管道中线精度要求较高需采用解析法测设主点。

2. 中桩(里程桩)的测设

为了测定管道的长度、进行管线中线测量和测绘纵横断面图,从管道起点开始,需沿管线方向在地面上设置整桩和加桩,这项工作称为中桩测设。从起点开始按规定每隔某一整数设一桩,这个桩叫整桩。不同管线,整桩之间距离不同,一般为 20 m、30 m,最长不超过 50 m。相邻整桩间管道穿越的重要地物处(如铁路、公路、旧有管道等)及地面坡度变化处要增设加桩。

管道中桩都按管道起点到该桩的里程进行编号,并用红油漆写在木桩侧面,如整桩号为 0+150,即此桩离起点 150 m(“+”号前的数为公里数),如加桩号 2+182,即表示此桩离起点 2 182 m。故管道中线上的整桩和加桩都称为里程桩。为了避免中桩测设错误,量距一般用钢尺丈量两次,精度为 1/1 000。不同的管道,其起点也有不同规定,如给水管道以水源为起点;煤气、热力等管道以来气方向为起点;电力电讯管道以电源为起点;排水管道以下游出水口为起点。

3. 转向角测量

管道改变方向时,转变后的方向与原方向的夹角称为转向角(或称偏角)。转向角有左、右之分,如图 8.25所示,以 $\alpha_{左}$ 和 $\alpha_{右}$ 表示。测量转向角时,安置经纬仪于点 2,盘左瞄准点 1,在水平度盘上读数,纵转望远镜瞄准点 3,并读数,两读数之差即为转向角;用盘右按上法再观测一次,取盘左、盘右的平均数作为转向角的结果。转向角也可以测量转折角 β 通过计算获得,但必须注意转向角的左、右方向。若管道主点位置均用设计坐标决定时,转向角应以计算值为准。若计算角值与实测角值相差超过限差,应进行检查和纠正。

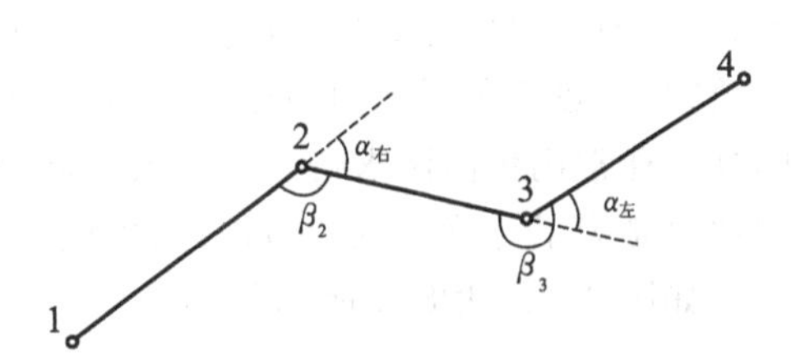

图 8.25　转向角测量

有些管道转向角要满足定型弯头的转向角要求,当给水管道使用铸铁弯头时,转向角有 90°、45°、22.5°、11.25°、5.625°等几种类型。当管道主点之间距离较短时,设计管道的转向角与定型弯头的转向角之差不应超过 1°~2°。排水管道的支线与干线汇流处,不应有阻水现象,故管道转向角不应大于 90°。

4. 绘制里程桩手簿

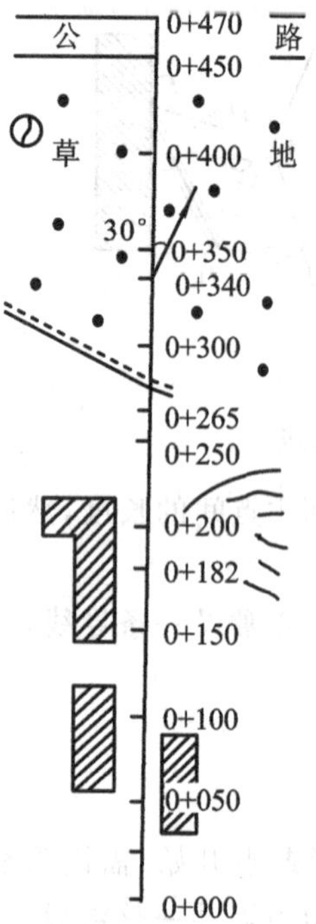

在中桩测量的同时，要在现场测绘管道两侧带状地区的地物和地貌，这种图称为里程桩手簿。里程桩手簿是绘制纵断面图和设计管道的重要参考资料，如图 8.26 所示，此图是绘在毫米方格纸上，图中的粗直线表示管道的中心线，0＋000 为管道的起点，0＋340 处为转向点，转向后的管线仍按原直线方向绘出，但要箭头表示管道转折的方向，并注明转向角值，图中转向角$\alpha_{右}=30°$。0＋450 和0＋470是管道穿越公路的加桩，0＋182 和 0＋265 是地面坡度变化的加桩，其他均为整桩。

测绘管道带状地形图时，其宽度一般为左右各 20 m，若遇到建筑物，则需测绘到两侧建筑物，并用统一图式表示。测绘的方法主要用皮尺以交会法或直角坐标法进行，必要时也用皮尺配合罗盘仪以极坐标法进行。

应注意的是：当已有大比例尺地形图时，应充分予以利用，某些地物和地貌可以从地形图上摘取，以减少外业工作量，也可以直接在地形图上表示出管道中线和中线各桩位置及其编号。

图 8.26　里程桩手簿

（二）管道纵横断面图测绘

1. 纵断面图测绘

为了设计管道的埋设深度、坡度及计算土方量，在管道中线测设后，随即测量中线上各桩的地面高程，将测得的高程相连，得到表示管线中线方向上地形高低起伏情况的纵断面图。

(1) 布设水准点。为了保证全线高程测量的精度，在纵断面水准测量之前，应先沿线设置足够的水准点。当管道路线较长时，应沿管道方向每 1～2 km 设一个永久性水准点。在较短管道上和较长管道上的永久性水准点之间，每隔 300～500 m 设立一个临时水准点，作为纵断面水准测量分段附合和施工时引测高程的依据。水准点应埋设在不受施工影响、使用方便和易于保存的地方。

为重力自流管道而布设的水准点，其高程按四等水准测量的精度要求进行观测；为一般管道布设的水准点，水准路线闭合差不应超过$\pm 30\sqrt{L}$ mm(L 以 km 为单位)。

(2) 纵断面水准测量。纵断面水准测量一般是以相邻两水准点为一测段，从一个水准点出发，逐点测量中桩的高程，再附合到另一水准点上，以资校核。纵断面水准测量的视线长度可适当放宽，一般情况下采用中桩作为转点，但也可另设。在两转点间的各桩，通称为中间点，中间点的高程通常用仪高法求得。由于转点起传递高程的作用，所以转点的读数必须读至毫米，中间点读数只是为了计算本点的高程，故可读至厘米。

如图 8.27、表 8.4 所示分别是由水准点到 0＋500 桩的纵断面水准测量示意图和记录手簿。

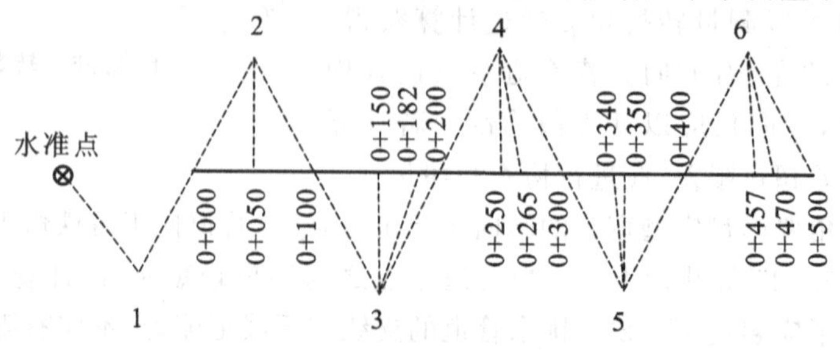

图 8.27　纵断面水准测量

表 8.4　纵断面水准测量记录手簿

测站	桩号	水准尺读数(m)			高差(m)		仪器视线高程	高程
		后视	前视	中间视	+	−		
1	水准点 A	2.204			0.309			156.800
	0+000		1.895					157.109
2	0+000	2.054					159.163	157.109
	0+050			1.51				157.65
	0+100		1.766		0.288			157.397
3	0+100	1.970					159.367	157.397
	0+150			2.20				157.17
	0+182			1.35				158.02
	0+200		1.848		0.122			157.519
4	0+200	0.674					158.193	157.519
	0+250			1.78				156.41
	0+265			1.98				156.21
	0+300		1.673			0.999		156.520
5	0+300	2.007					158.527	156.520
	0+340			1.63				156.90
	0+350			1.55				156.98
	0+400		1.824		0.183			156.703
6	0+400	1.768						156.703
	0+457			1.84		0.151	158.471	156.63
	0+470			1.87				156.60
	0+500		1.919					156.552
…	…	…	…	…	…	…	…	…

纵断面水准测量一般起于水准点，其高差闭合差，对于重力自流管道不应大于$\pm 40\sqrt{L}$ mm；对于一般管道，不应大于$\pm 50\sqrt{L}$ mm。如闭合差在容许范围内，不必进行调整。在纵断面水准测量中，应特别注意做好与其他管道交叉情况的调查工作，记录管道的交叉口的桩号，测量原有管道的高程和管径等数据，并在纵断面图上标出其位置，以供设计人员参考。

(3) 纵断面图的绘制方法与道路中线纵断面图的绘制方法相同。

2. 横断面图测绘

为设计时计算土方量及施工时确定开挖边界，可在各中桩处测定正交于中线方向的特征点的高程，连接成横断面图。横断面图施测的宽度由管道的直径和埋深来确定，一般为每侧 20 m。测量方法等与道路横断面图相似。

测量时，横断面的方向可用十字架定出，如图 8.28 所示。将小木桩或测钎插入地面，以标志地面特征点。特征点到管道中线的距离用皮尺丈量，特征点的高程与纵断面水准测量同时施测，作为中间点看待，但分开记录。现以图 8.27 中的测站 3 为例，说明 0＋100 桩横断面水准测量的方法。水准仪安置在 3 点上，后视 0＋100 桩，读数为 1.970；前视 0＋200 桩，读数为 1.848，此时仪器视线高程为 159.367 m。然后逐点测出横断面上各点：左 11（在管道中线左面，离中线距离 11 m）、左 20、右 20 的中间视，记入表 8.5 所示的横断面水准测量手簿中；仪器视线高程减去各点的中间视，即得横断面各点的高程，高程应凑整到厘米。

如图 8.28 所示是 0＋100 桩处的横断面图。横断面图一般在毫米方格纸上绘制。绘制时，以中线上的地面点为坐标原点，以水平距离为横坐标，高程为纵坐标。图 8.28 中，最下一栏为相邻地面特征点之间的距离，竖写的数字是特征点的高程。为了计算横断面的面积并确定管道的开挖边界，其水平比例尺和高程比例尺应相同。

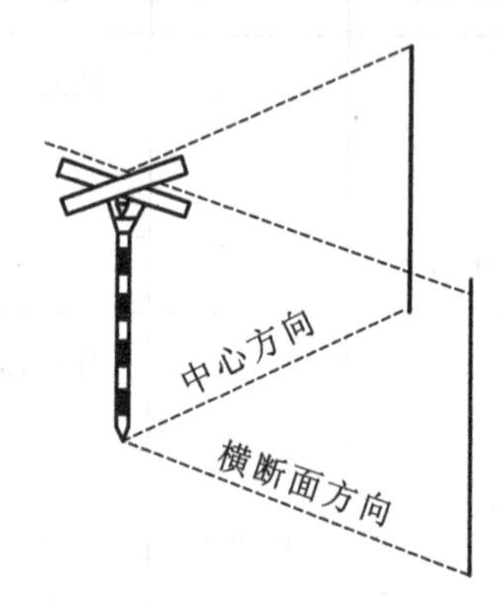

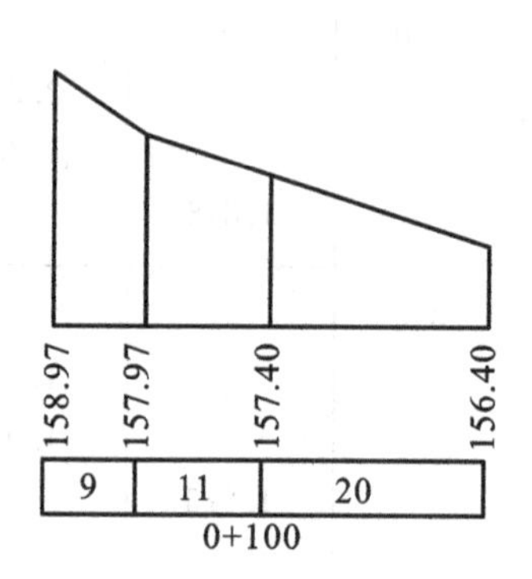

图 8.28　横断面图

表 8.5　横断面水准测量手簿

测站	桩号	水准尺读数(m)			仪器视线高程	高程(m)	备注
		后视	前视	中间视			
3	0＋100	1.970			159.367	157.397	
	左$_{11}$			1.40		157.97	
	左$_{20}$			0.40		158.97	
	右$_{20}$			2.97		156.40	
	0＋200		1.848			157.519	

如果管道施工时开挖管槽不宽，管道两侧地势平坦，则横断面测量可不必进行。计算土方量时，横断面上的地面高程可视为与中桩高程相同。

（三）管道施工测量

1. 地下管道施工测量

（1）校核中线桩并测设施工控制桩。管道中线测量所打的各桩等到施工时，一部分将会被丢失或被破坏，为保证中线位置正确可靠，应根据设计和测量数据进行复核，并补齐已丢失的桩。在施工时，由于中线上各桩要被挖掉，为了便于恢复中线和其他附属构筑物的位置，应在不受施工干扰、引测方便和易于保存桩位处测设施工控制桩。施工控制桩分中线控制桩和位置控制桩两种。

测设中线控制桩，是在中线的延长线上打设木桩；位置控制桩是在与中线垂直的方向打桩，以控制里程桩和井盖等的位置，如图 8.29 所示。

(2) 槽口放线。根据管径大小、埋置深度以及土质情况，决定开槽宽度，并在地面上定出槽边线的位置。若横断面上坡度比较平缓，开挖管道宽度可用下列公式计算(见图 8.30)，即

$$B=b+2hm \tag{8.15}$$

式中 b——槽底宽度；

h——中线上的挖土深度；

$\frac{1}{m}$——管槽边坡的坡度。

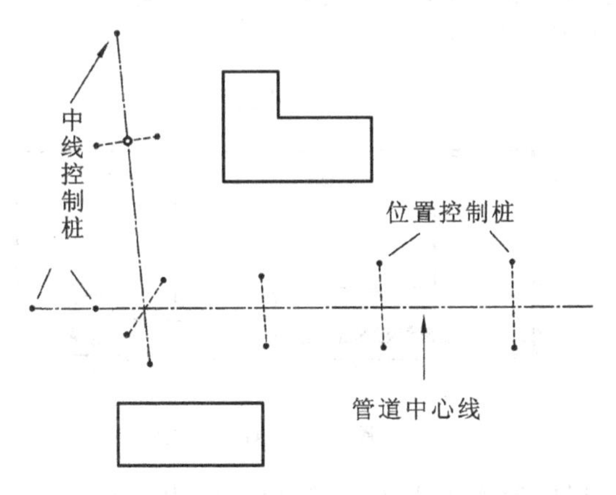

图 8.29 管道的施工控制桩

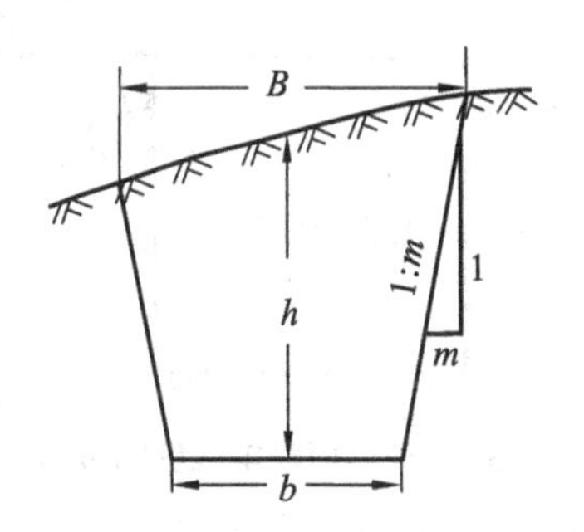

图 8.30 槽口放线

(3) 基槽管底的中线与高程放样可以通过钉龙门板法和平行腰桩法进行。龙门板可以严格控制中线和高程，其中线可以通过经纬仪投影在龙门板上，钉上中心钉，用水准仪测出各坡度板顶高程，依次推算各坡度板处管底设计高程，进行管道高程放样。平行轴腰桩法适用于精度要求较低的管道工程的中线和坡度控制，具体测设方法与已知高程点测设类似。

2. 架空管道施工测量

架空管道主点的测设工作与地下管道相同。架空管道的支架基础开挖中的测设方法和厂房柱子基础的测设方法相同。架空管道安装测量的方法与厂房构件安装测量的方法基本相同。

管道中线上，每个支架的中心桩在开挖基础时均被挖掉，为此必须将其位置引测到互为垂直方向的四个控制桩上，如图 8.31 的 a、b、c、d。有了控制桩后，就可确定开挖边线，进行基础施工。

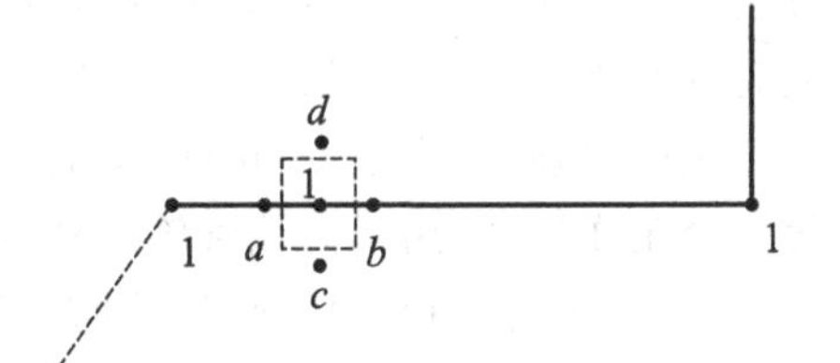

图 8.31 支架位置控制桩测设

3. 顶管施工测量

当管道穿越铁路、公路或重要建筑并且不允许在地面开沟槽时，可采用顶管施工的方法，即在事先挖好的工作坑内安放导轨，将管材沿着要求敷设的方向用顶镐顶进土中，然后把管内的土方掏出来。顶管的施工测量就是掌握管道顶进时的中线方向、高程和坡度。

(1) 顶管中线桩的设置。首先根据设计图上管线的要求，在工作坑的前后钉立两个桩，称为中线控制桩(见图 8.32)，然后确定开挖边界。开挖到设计高程后，将中线引到坑壁上，并钉立大钉或木桩，此桩称为顶管中线桩，以标定顶管的中线位置。

(2) 设置临时水准点。为了使管道按设计高程和坡度顶进，需要在工作坑内设置临时水准点，一般要求设置两个，以便相互检核。

(3) 导轨的安装。导轨一般安装在方木或混凝土垫层上。垫层面的高程及纵坡都应当符合设计要求(中线高程应稍低,以利于排水和防止摩擦管壁),根据导轨宽度安装导轨,根据顶管中线桩及临时水准点检查中心线和高程,无误后,将导轨固定。

(4) 中线测量。如图 8.33 所示,通过顶管中线桩拉一条细线,并在细线上挂两垂球,两垂球的连线即为管道方向。在管内前端横放一木尺,尺长等于或略小于管径,使它恰好能放在管内。木尺上的分划是以尺的中央为零向两端增加。将尺子在管内放平,如果两垂球的方向线与木尺上的零分划线重合,则说明管子中心在设计管线方向上;如不重合,则管子有偏差。其偏差值可直接在木尺上读出,偏差超过±1.5 cm,则需要校正管子。

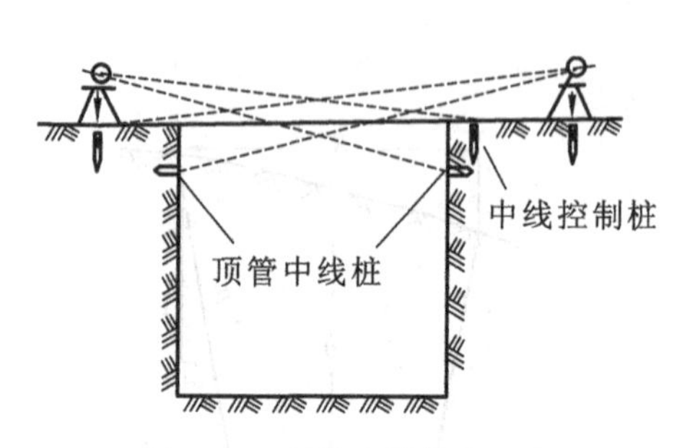

图 8.32　顶管中线桩的设置

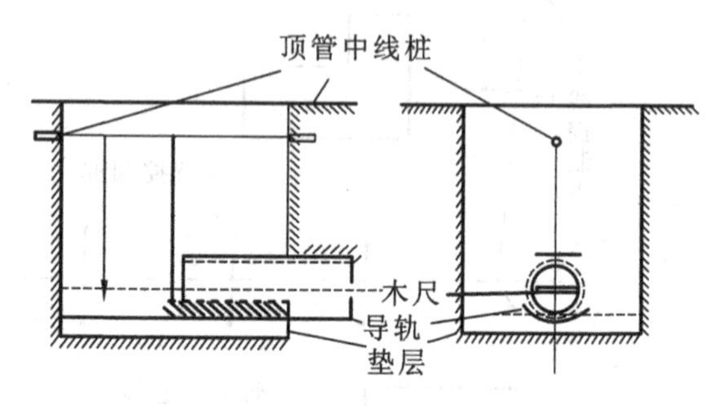

图 8.33　中线测量

(5) 高程测量。水准仪安置在工作坑内,以临时水准点为后视,以顶管内待测点为前视(使用一根小于管径的标尺),将算得的待测点高程与管底的设计高程相比较,其差数超过±1 cm时,需要校正管子。

在管道顶进过程中,每 0.5 m 进行一次中线和高程测量,以保证施工质量。如表 8.6 所示的手簿是以 0+390 桩开始进行顶管施工测量的观测数据。第 1 栏是根据 0+390 桩的管底设计高程和设计坡度推算出来的;第 3 栏是每顶进一段(0.5 m)观测的管子中线偏差值;第 4 栏、第 5 栏分别为水准测量的后视读数和前视读数;第 6 栏是待测点应有的前视读数。待测点实际读数与应有读数之差,为高程误差,表 8.6 中此项误差均未超过限差。

短距离顶管(小于 50 m)可按上述方法进行测设。当距离较长时,需要分段施工,每 100 m 设一个工作坑,采用对向顶管施工法,在贯通时,管子错口距离不得超过 3 cm。

有时,顶管工程采用套管,此时顶管施工精度要求可适当放宽。当顶管距离太长,直径较大,并且采用机械化施工的时候,可用激光水准仪进行导向。

表 8.6　顶管施工测量手簿

设计高程(管内壁)	桩号	中心偏差/m	水准点读数(后视)	待测点实际读数(前视)	待测点应有读数	高程误差/m	备注
1	2	3	4	5	6	7	8
42.564	0+390.0	0.000	0.742	0.735	0.736	−0.001	
42.560	0+390.5	左 0.004	0.864	0.850	0.856	−0.003	水准点高程为:
42.569	0+391.0	左 0.003	0.769	0.757	0.758	−0.001	42.558 m
42.571	0+391.5	右 0.001	0.840	0.823	0.827	−0.004	$i=+5‰$
⋮	⋮	⋮	⋮	⋮	⋮	⋮	0+390 管底高程
42.664	0+410.0	右 0.005	0.785	0.681	0.679	+0.002	为:42.564 m
⋮	⋮	⋮	⋮	⋮	⋮	⋮	

（四）管道竣工测量

在管道工程中，竣工图反映了管道施工的成果及其质量，是管道建成后进行管理、维修和扩建时不可缺少的资料，同时，它也是城市规划设计的必要依据。

管道竣工图有两方面的内容：一是管道竣工带状平面图；二是管道竣工断面图。

1. 管道竣工带状平面图

管道竣工带状平面图主要测绘管道的主点、检查井位置以及附属构筑物施工后的实际平面位置和高程。如图 8.34 所示是管道竣工带状平面图示例，图上除标有各种管道位置外，还根据资料在图上标有检查井编号、检查井顶面高程和管底（或管顶）的高程，以及井间的距离和管径等。对于管道中的阀门、消火栓、排气装置和预留口等，应用统一符号标明。

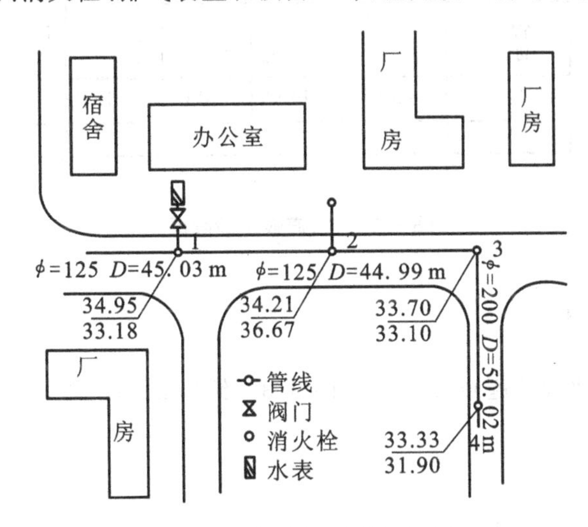

图 8.34　管道竣工带状平面图

当已有实测详细的大比例尺地形图时，可以利用已测定的永久性的建筑物用图解法来测绘管道及其构筑物的位置。当地下管道竣工测量的精度要求较高时，采用图根导线的技术要求测定管道主点的解析坐标，其点位中误差（指与相邻的控制点）不应大于 5 cm。

地下管道竣工带状平面图的测绘精度要求：地下管线与邻近地上建筑物、相邻管线、规划道路中心线的间距中误差，若用解析法测绘，比例尺为 1∶500～1∶2 000 的图不应大于图上±0.5 mm；若用图解法测绘，比例尺为 1∶500～1∶1 000 的图不应大于图上±0.7 mm。

2. 管道竣工断面图

管道竣工断面图测绘，一定要在回填土方前进行，用图根水准测量精度要求测定检查井口顶面和管顶高程，管底高程由管顶高程和管径、管壁厚度算得。但对于自流管道应直接测定管底高程，其高程中误差（指测点相对于邻近高程起始点）不应大于±2 cm；井间距离应用钢尺丈量。如果管道互相穿越，在断面图上应表示出管道的相互位置，并注明尺寸。如图 8.35 所示是图 8.34 管道的管道竣工断面图。

我国很多城市旧有地下管道多数没有竣工图，为此应对原有旧管道进行调查测量。首先向各专业单位收集现有的旧管道资料，再到实地对照核实，弄清来龙去脉，进行调查测绘，无法核实的直埋管道，可在图上画虚线示意。

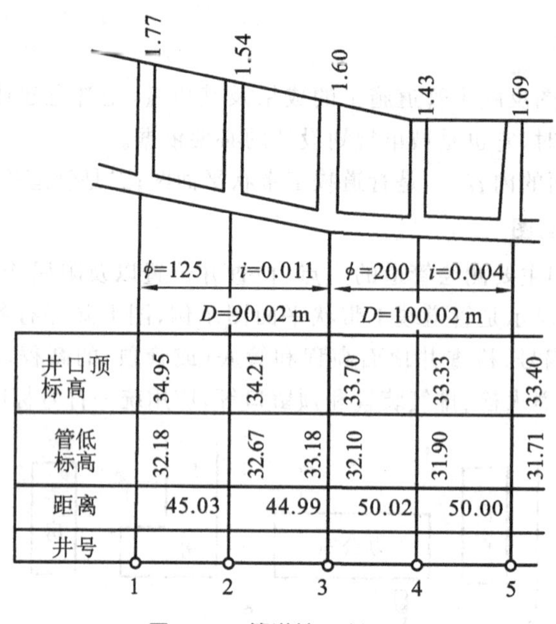

图 8.35 管道竣工断面图

8.1.5 任务延伸

在地面上给定一圆曲线的起点、终点（见图 8.3），给出 $\alpha=15°12'$，$R=350$ m，请对圆曲线主点进行放样。

8.2 用全站仪进行桥梁、墩台定位测量

8.2.1 知识准备

（一）桥梁施工控制网

桥梁施工中，测量的主要任务是准确地测设出桥墩、桥台的位置和跨越结构的各部分的尺寸。对于小型桥梁可以利用勘测阶段的控制网来进行施工放样，但对于大、中型桥梁，由于跨越的河较宽、水较深，桥墩、桥台间无法直接进行距离丈量。因此，桥墩、桥台的施工放样，一般采用前方交会法确定。为满足其精度要求，一般应在桥区建立专门的三角网作为平面控制。

在建立专门三角网时，应考虑下列问题。

（1）图形既要简单，又要有一定的图形强度，其目的在于用前方交会法确定桥墩、桥台位置时，要符合桥墩间距离的要求，同时满足插点的要求。

（2）在两岸桥轴线上离桥台不太远的地方选点作为三角点，目的是使轴线作为三角网的一条边，这样桥轴线就与三角网联系起来，方便桥台的放样，又保证桥台间的距离的精度以及减少交会时的横向误差。

（3）三角网的边长一般为河宽的 0.5～1.5 倍，直接丈量三角网的边作为基线，基线最好在

两岸各设一条，其线长一般为桥台间距离的 0.7 倍，并在基线上多设立一些点，供交会时选用。

1. 平面控制测量

(1) 控制网的布设形式。桥梁平面控制网的图形一般为包含桥轴线的双三角形和具有对角线的四边形或双四边形，如图 8.36 所示(图中点划线为桥轴线)。如果桥梁有引桥，则平面控制网还应向两岸内边延伸。

应观测平面控制网中所有的角度，边长测量则可视实地情况而定，但至少需要测定两条边长，并计算各平面控制点(包括两个桥轴线点)的坐标。大型桥梁的平面控制网也可以用全球定位系统(GPS)测量布设。

(2) 控制网的精度要求。对桥梁三角网的精度要求取决于以下两个方面。

(a) 桥梁跨越结构架设误差。这个误差与桥长、桥跨和桥式有关。如果把设计提出的全桥架设的极限误差视为全桥架设中误差的 2 倍，为了使测量误差不致影响工程质量，一般取三角测量误差为架设误差，这样就可以求得三角测量在桥轴线上的边长的相对中误差，以此作为三角网的精度要求之一。

(b) 桥墩放样的容许误差。工程上对桥墩放样的误差要求是桥墩中心在桥轴线方向上的位置的中误差不大于 1.5～2 cm。而桥墩位置是在三角点上进行前方交会确定的，即以三角网的边作依据进行测角交会，所以桥墩放样误差与三角网的边长有关。桥墩中心位置误差包括两部分：一部分是由控制点误差引起的，另一部分是由放样本身引起的。就控制点误差对桥墩中心位置的影响而言，一般认为控制点引起的误差小于总误差的 2/5 时，可以忽略不计，即假设桥墩中心位置误差为 2 cm，则控制点误差小于 8 mm 时就可以忽略不计，由此可以求得三角网最弱边的相对中误差，以此作为对三角网精度的另一方面要求。

2. 高程控制测量

(1) 跨河水准测量。跨河水准测量用两台水准仪同时进行对向观测，两岸测站点和立尺点布置成如图 8.37 所示的对称图形，A、B 为立尺点，C、D 为测站点，要求 AD 与 BC 的长度基本相等，AC 与 BD 的长度基本相等，且 AC 和 BD 的长度不小于 10 m。

用两台水准仪同时对向观测时，C 站先测本岸 A 点尺上读数，得 a_1，后测对岸 B 点尺上读数 2～4 次，取其平均数得 b_1，其高差为 $h_1=a_1-b_1$。此时，在 D 站上，同样先测本岸 B 点尺上读数，得 b_2，后测对岸 A 点尺上读数 2～4 次，取其平均数得 a_2，其高差为 $h_2=a_2-b_2$，取 h_1 和 h_2 的平均数，完成一个测回。一般进行 4 个测回。

由于过河观测的视线长，远尺读数困难，可以在水准尺上安装一个能沿尺面上下移动的觇板，由观测者指挥立尺者上下移动觇板，使觇板中横条被水准仪横丝所平分，由立尺者根据觇板中心孔的位置在水准尺上读数。

(2) 光电测距三角高程。如果有电子全站仪，则可以用光电测距三角高程测量的方法。在河的两岸布置 A、B 两个临时水准点，在 A 点安置全站仪，量取仪器高 i，在 B 点安置棱镜，量取棱镜高 S；全站仪瞄准棱镜中心，测得垂直角 α 和斜距 D'，最后计算 A、B 点间的高差。由于过河的距离较长，高差测定受到地球曲率和大气垂直折光的影响，但是，大气的结构在短时间内不会变化太大，因此，可以采用对向观测的方法，有效地抵消地球曲率和大气垂直折光的影响。对向观测的方法如下：在 A 点观测完毕，将全站仪与棱镜的位置对调，用同样的方法再进行一次光电测距三角高程测量，取对向观测所得高差的平均值作为 A、B 两点间的高差。

图 8.36　控制网布设图形

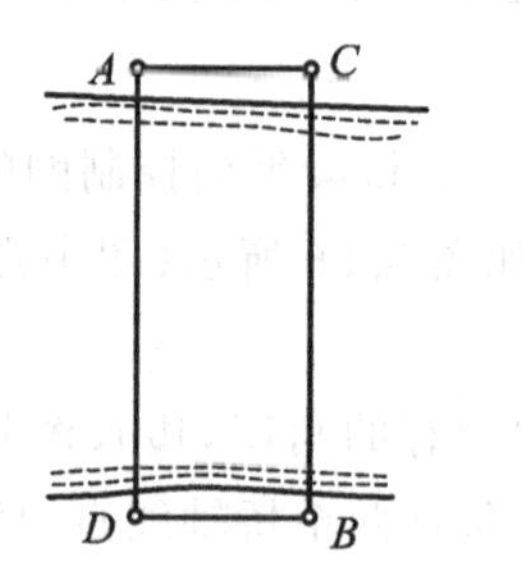

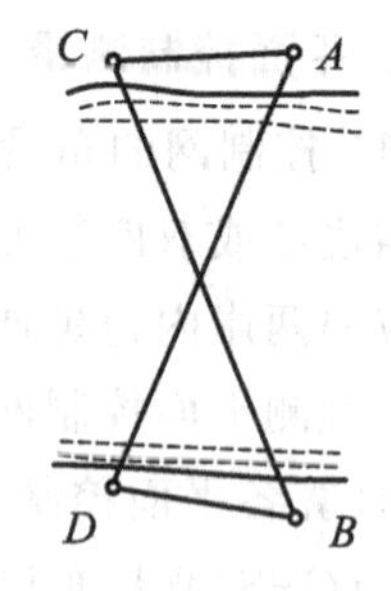

图 8.37　过河水准测量的测站和立尺点布置

（二）桥梁墩台定位测量

桥梁墩台定位测量是桥梁施工测量中的关键性工作。水中桥墩进行基础施工定位时，采用方向交会法，这是由于水中桥墩基础一般采用浮运法施工，目标处于浮动的不稳定状态，在其上无法使测量仪器稳定。在已稳固的墩台基础上定位，可以采用方向交会法、距离交会法或极坐标法。同样桥梁上层结构的施工放样也可以采用这些方法。

1. 方向交会法

如图 8.38 所示，AB 为桥轴线，CD 为桥梁平面控制网中的控制点，P_i点为第 i 个桥墩设计的中心位置（待测设的点）。在 A、C、D 三点上各安置一台经纬仪。A 点上的经纬仪瞄准 B 点，定出桥轴线方向；C、D 两点上的经纬仪均先瞄准 A 点，并分别测设根据 P_i点的设计坐标和控制点坐标计算出的 α、β 角，以正倒镜分中法定出交会方向线。

由于测量误差的影响，从 C、A、D 三点指示的三条方向线一般不可能正好交会于一点，而构成误差三角形（$\triangle P_1P_2P_3$）。如果误差三角形在桥轴线上的边长（P_1P_3）在容许范围之内（对于墩底放样为 2.5 cm，对于墩顶放样为 1.5 cm），则取 C、D 两点指示方向线的交点 P_2 在桥轴线上的投影 P_4 作为桥墩放样的中心位置。

在桥墩施工中随着桥墩的逐渐筑高，中心的放样工作需要重复进行，且要求迅速和准确。为此，在第一次求得正确的桥墩中心位置 P_i以后，将 CP_i和 DP_i方向线延长到对岸，设立固定的瞄准标志 C'、D'如图 8.39 所示。以后每次进行方向交会法放样时，从 C、D 点可直接瞄准 C'、D'点，即可恢复对 P_i点的交会方向。

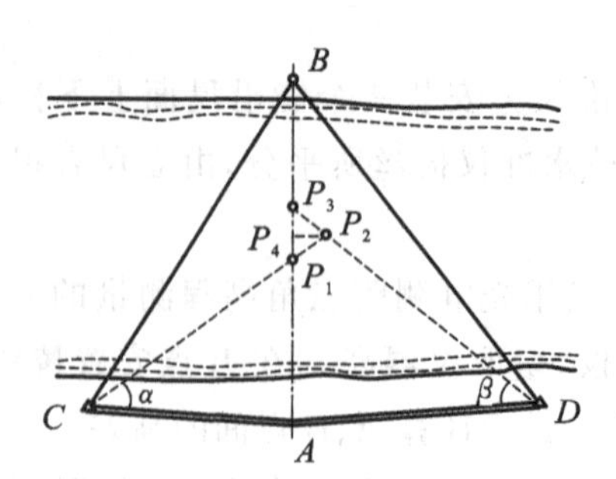

图 8.38　三方向交会中的误差三角形

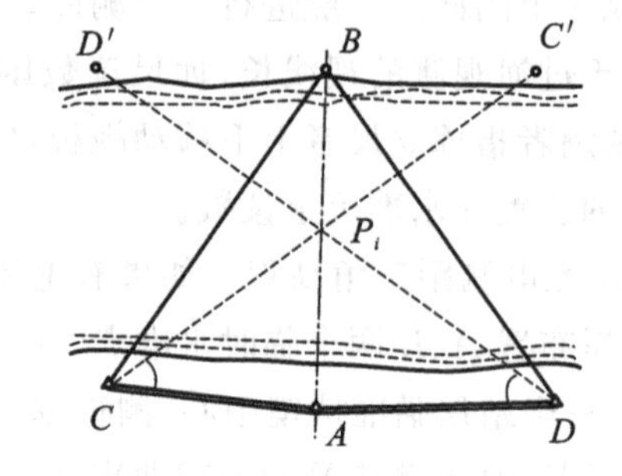

图 8.39　方向交会的固定瞄准标志

2. 极坐标法

在使用经纬仪加测距仪或使用全站仪并在被测设的点位上可以安置棱镜的条件下，若用极坐标法放样桥墩中心位置，则更为精确和方便。对于极坐标法，原则上可以将仪器放于任何控制点上，按计算的放样数据——角度和距离测设点位。但是，若是测设桥墩中心位置，最好是将仪器安置于桥轴线点 A 或 B 上，瞄准另一轴线点作为定向，然后指挥棱镜安置在该方向测设 AP_i 和 BP_i 的距离，即可定桥墩中心位置 P_i 点。

（三）桥梁架设施工测量

桥梁架设是桥梁施工的最后一道工序。桥梁梁部结构较复杂，要求对墩台方向、距离和高程用较高的精度测定，作为架设的依据。

墩台施工时，对其中心点位、中线方向和垂直方向以及墩顶高程都做了精密测定，但当时是以各个墩台为单元进行的。架梁的需要是将相邻墩台联系起来，考虑其相关精度，要求中心点间的方向距离和高差符合设计要求。

桥梁中心线方向测定，在直线部分采用准直法，用经纬仪正倒镜观测，刻画方向线。如果桥梁跨距较大（大于 100 m），应逐墩观测左、右角。在曲线部分，则采用测定偏角的方法。

相邻桥墩中心点间距离用光电测距仪观测，适当调整使中心点里程与设计里程完全一致。在中心标板上刻画里程线，与已刻画的方向线正交，形成墩台中心十字线。

墩台顶面高程用精密水准仪测定，构成水准路线，附合到两岸基本水准点上。

大跨度钢桁架或连续梁采用悬臂或半悬臂方法安装架设，拼装开始前，应在横梁顶部和底部分中点做出标志，架梁时，用以测量钢梁中心线与桥梁中心线的偏差值。

在梁的拼装开始后，应通过不断地测量保证钢梁始终在正确的平面位置上，立面位置（高程）应符合设计的大节点挠度和整跨拱度的要求。

如果梁的拼装是自两端悬臂、跨中合拢，则合拢前的测量重点应放在两端悬臂的相对关系上，即中心线方向偏差、最近节点高程差和距离差要符合设计和施工的要求。

全桥架通后，做一次方向、距离和高程的全面测量，其成果资料可作为钢梁整体纵、横移动和起落调整的施工依据，称为全桥贯通测量。

8.2.2 任务实施

1. 任务分析

桥梁墩台定位测量是桥梁施工测量中的关键性工作。在地面上假定一桥梁墩台基础和两个控制点 A、B，现在需要在墩台基础上定位，比较方便的是采用全站仪极坐标法进行定位。

2. 实施方法

(1) 将全站仪安置在 A 点（或 B 点上）上，采用测设点位的方法在桥梁墩台上定出欲测设点。

(2) 如果需要测设桥墩中心位置，则可以将仪器安置于桥轴线点上，瞄准另一轴线点作为定向，然后指挥棱镜安置在该方向应测设的水平距离上，即可定出桥墩中心位置点。

8.2.3 任务小结

桥梁施工测量中，定位精度要求较高，并且根据桥梁的结构、大小、用途等的不同，精度要求也不尽相同。在具体施工测量中，采用全站仪测量可以提高精度和工作效率。

8.2.4 知识拓展

在道路工程测量中，通常布设GPS控制网来对道路工程进行控制。

1. GPS控制网的布设

GPS控制网的布设应根据公路等级、沿线地形地物、作业时卫星状况、精度要求等因素进行综合设计，并编制技术设计书。

路线过长时，可视需要将其分为多个投影带，在各分带交界附近应布设一对相互通视的GPS点。同一路线工程中的特殊构筑物的测量控制网应同路线控制网一次完成设计、施测和平差。当特殊构筑物测量控制网的等级要求高时，宜以其作为首级控制网，并据其扩展其他测量控制网。

当GPS控制网作为路线工程首级控制网，且需采用其他测量方法进行加密时，应每隔5 km设置一对相互通视的GPS点。

当GPS首级控制网直接作为施工控制网时，每个GPS点至少应与一个相邻点通视。

设计GPS控制网时，应由一个或若干个独立观测环构成，并包含较多的闭合条件。

GPS控制网由非同步GPS观测边构成多边形闭合环或附合路线时，其边数应符合下列规定。

(1) 一级GPS控制网应不超过5条。

(2) 二级GPS控制网应不超过6条。

(3) 三级GPS控制网应不超过7条。

(4) 四级GPS控制网应不超过8条。

一、二级GPS控制网应采用网连式、边连式布网；三、四级GPS控制网宜采用铰链导线式或点连式布网。GPS控制网中不应出现自由基线。

GPS控制网应同附近等级高的国家平面控制网进行控制点连测，连测点数应不少于3个，并力求分布均匀，且能控制本控制网。路线附近具有高等级的GPS点时，应予以连测。同一路线工程的GPS控制网分为多个投影带时，在分带交界附近应同国家平面控制点连测。GPS点应尽可能和高程点连测，可采用使GPS点与水准点重合或GPS点与水准点连测的方法，此时的GPS点同时兼作路线工程的高程控制点。

平原、微丘地形连测点的数量不宜少于6个，必须大于3个；连测点的间距不宜大于20 km，且应均匀分布。重丘、山岭地形连测点的数量不宜少于10个。各级GPS控制网的高程连测应不低于四等水准测量的精度。

2. GPS控制网的观测

GPS外业观测是利用接收机接收来自GPS卫星发出的无线电信号，它是外业的核心工作。GPS控制网观测的基本技术指标应符合表8.7的规定。

外业观测前要做好精密计划，首先编制GPS卫星可见性预报表，预报表包括可见卫星号、卫星高度角、方位角、最佳观测星组、最佳观测时间、点位图形强度因子、概略位置坐标、预报历元、星历龄期等。

表 8.7 GPS 控制网观测的基本技术指标

项目 \ 级别		一级	二级	三级	四级
卫星高度(°)		≥15	≥15	≥15	≥15
数据采集间隔(S)		≥15	≥15	≥15	≥15
观测时间	静态定位(min)	≥90	≥60	≥45	≥40
	快速静态(min)	—	≥20	≥15	≥10
点位几何图形强度因子(GDOP)		≤6	≤6	≤8	≤8
重复测量的最小基线数(%)		≥5	≥5	≥5	≥5
施测时段数		≥2	≥2	≥15	≥1
有效观测卫星总数		6	6	4	4

(1) 安置天线。为了避免严重的重影及多路径效应干扰信号的接收,确保观测成果的质量,必须妥善安置天线。

天线要尽量利用脚架安置,直接在点上对中。当控制点上建有寻常标时,应在安置天线之前先放倒觇标或采取其他措施。只有在特殊情况下,才可进行偏心观测,此时归心元素应以解析法测定。

天线定向标志线应指向正北。其中一、二级 GPS 控制网在考虑当地磁偏角修正后,定向误差不应大于 5°。天线底盘上的圆水准气泡必须居中。

天线安置后,应在每时段观测前后各量取天线高一次。对备有专门测高标尺的接收设备,将标尺插入天线的专用孔中,下端垂准中心标志,可直接读出天线高。对其他接收设备,可采用测量方法,从脚架互成 120°的三个空档测量天线底盘下表面至中心标志面的距离,互差小于 3 mm 时,取平均值为 L,若天线底盘半径为 R,厂方提供的平均相位中心至底盘下表面的高度为 h_c,则按下式计算天线高:

$$h=\sqrt{L^2-R^2}+h_c$$

(2) 观测作业。观测作业的主要任务是捕获 GPS 卫星信号,并对其进行跟踪、处理、量测,以获得所需要的定位信息和观测数据。

在天线附近安放接收机,接通接收机至电源、天线、控制器的连接电缆,并经过预热和静置,即可启动接收机进行观测。

接收机开始记录数据后,观测员可用专用功能键和选择菜单,查看测站信息,接收卫星数量、通道信噪比、相位测量残差、实时定位的结果及其变化,存储介质记录情况等。

观测员操作要细心,在静置和观测期间严防接收设备震动,防止人员和其他物体碰动天线和阻挡信号。

对于接收机操作的具体方法,用户可按随机的操作手册进行。

(3) 外业成果记录。在外业观测过程中,所有信息资料都要妥善记录。记录的形式主要有以下两种。

(a) 观测记录。观测记录由接收设备自动完成,均记录在存储介质(磁带、磁卡等)上,记录项目包括载波相位观测值及其相应的 GPS 时间;GPS 卫星星历参数;测站和接收机初始信号(测站名、测站号、时段号、近似三维坐标、天线及接收机编号、天线高)。

存储介质的外面应贴制标签,注明文件名、网区名、点名、时段号、采集日期、观测手簿编号等。接收机内存数据文件应转录到外存介质上时,不得进行任何剔除或删改,不得调用任何对数据实施重新加工组合的操作指令。

(b) 观测手簿。观测手簿是在接收机启动前与作业过程中,由观测员及时填写的。路线工程 GPS 控制网的观测手簿见表 8.8。观测记录和观测手簿都是 GPS 精密定位的依据,必须妥善保管。

表 8.8 GPS 观测手簿

工程名称:

点名			等级			
观测者			记录者			
接收机名称			接收机编号			
定位模式						
开机时间	h	min	关机时间		h	min
站时段号			日时段号			
天线高(mm)	测前		测后		平均	
日期		存储介质编号及数据文件名				
时间	跟踪卫星号(PRN)	干温(℃)	湿温(℃)	气压(mb)	测站大地高(m)	GDOP
经度(°′″)			纬度(°′″)			
备注						

8.2.5 任务延伸

用 RTK 技术进行一条线路的控制测量。

课后练习题

1. 名词解释

转向角、中桩(里程桩)、整桩、加桩、转向点(交点)、圆曲线、缓和曲线、圆曲线主点、圆曲线主点测设要素、纵断面测量、横断面测量。

2. 简答题

(1) 道路中线测量的内容有什么？如何测设？

(2) 里程桩应设在中线的哪些地方？

(3) 已知交点的里程桩号为4+300.18，测得转角$\alpha_{左}=17°30'$，圆曲线半径$R=500$ m，试以切线支距法求出各测设要素，并简述测设步骤(从起点和终点分别测设)。

(4) 若用全站仪直接测设道路中线，其方法步骤是什么？

(5) 桥梁测量的内容分哪几部分？分别如何进行？请重点介绍何谓墩台施工定位，简述其定位常用的几种方法的步骤。

(6) 路线平面控制测量与高程控制测量各分哪几个等级？精度技术要求如何？施测方法怎样？各方法适用怎样的条件？

(7) 简述测绘路线纵横断面图的方法步骤。

Chapter 9

第 9 章　综合技能测试

9.1　普通水准测量（闭合水准路线）

1. 测试技能

(1) 水准仪的使用熟练程度；

(2) 水准测量的施测方法(包括观测、记录与计算)。

2. 测试要求

(1) 按照等外水准测量的精度要求，根据已知水准点测量未知待测点的高程，包括闭合水准路线的布设、外业观测、记录与内业计算全过程。等外水准测量的精度要求：高差闭合差的容许值 $f_{h容}=\pm 40\sqrt{L}$ mm 或 $f_{h容}=\pm 12\sqrt{n}$ mm。

(2) 记录、计算完整、整洁、无错误。

(3) 数据记录、计算、检核及成果计算均应填写在相应的测试报告中，记录表以外的数据不作为考核结果。

(4) 测量用时 90 min。

3. 测试条件

(1) 仪器、工具：DS_3 型微倾式水准仪(含三脚架)、计算器、尺垫、测伞、记录夹等。

(2) 在测试现场选定一已知高程的点 *BMA*，其高程为：100.00 m。指定两个未知待测点，分别打入木桩，标注为Ⅰ、Ⅱ两点，桩顶钉圆帽钉。Ⅰ点距离 *BMA* 点 300～500 m，Ⅱ点距离Ⅰ点 200～400 m，Ⅱ点距离 *BMA* 点 700 m 左右。

4. 评分标准

测试评分标准见表 9.1。

表 9.1 测试评分保准(百分制)

测试内容	评分标准	配分
工作态度	仪器、工具轻拿轻放,搬动仪器时动作规范,装箱正确	10
仪器操作	操作熟练、规范,方法步骤正确、不缺项	20
读数	读数正确、规范	10
记录	记录正确、规范	10
计算	计算快速、准确、规范,计算检核齐全	20
精度	精度符合要求	20
综合印象	动作规范、熟练,文明作业	10
合计		100

5. 测试说明及注意事项

(1) 测试准备工作:自备计算用纸、笔(钢笔或圆珠笔)以及计算器等必要工具,采用小组抽题。

(2) 提供《闭合水准测量技能测试报告》给考生,测试结束后考生将该报告上交。

(3) 测试过程中,安排两名辅助人员配合考生完成测试任务。

(4) 测试过程中任何人不得提示,考生应独立完成全部工作。

(5) 教师有权随时检查考生是否按照操作规程及计算要求进行测量,但应折减所影响的相应时间。

(6) 对于作弊行为,一经发现一律按零分处理。

(7) 测试时间自领取仪器时开始,至递交测试报告与仪器时终止。

6. 测试报告

测试报告见表 9.2、表 9.3。

表 9.2　闭合水准测量技能测试报告

姓名：__________　考评日期：__________　考评员：__________　成绩：__________

测试题目		闭合水准测量					
主要仪器及工具							
天气				仪器号码			
测站	测点	后视读数/m	前视读数/m	高差/m		高程/m	备注
				+	−		
	$\sum$						
计算检核		$\sum a-\sum b=$		$\sum h=$		结论	

表 9.3　水准测量成果计算表

点号	水准路线长 L_i/km	测站数 n_i/m	实测高差 h_i/m	高差改正数 $v_{i改}$/m	改正后高差 $h_{i改}$/m	高程 H_i/m	备注
BMA						1 000.00	已知
Ⅰ							
Ⅱ							
BMA							
$\sum$							
辅助计算	$f_h=$ 高差改正数 $v_i=$			$f_{h容}=$			

7. 测试成绩评定表

表 9.4 用于考评员给考生评定成绩，最后连同考生测试报告归档保存。

表 9.4　测试成绩评定表(百分制)

评定日期：________　考生姓名：________　开始时间：________　结束时间：________

项目	配分	考核内容	扣分	得分	监考教师评分依据记录
工作态度	10	仪器、工具轻拿轻放，搬动仪器时动作规范，装箱正确			
仪器操作	20	操作熟练、规范，方法步骤正确、不缺项			
读数	10	读数正确、规范			
记录	10	记录正确、规范			
计算	20	计算快速、准确、规范，计算检核齐全			
精度	20	精度符合要求			
综合印象	10	动作规范、熟练，文明作业			
总扣分及说明					
最后得分		考评员签字		主考人签字	

8. 其他变数与说明

(1) 路线可以变换成附合水准路线。

(2) 仪器可以变换成用自动安平水准仪,同时测试用时可以适当减少。

(3) 外业观测可以要求采用变更仪器高法来检核测站,同时调整测试工作量或测试用时。

9.2 测回法观测水平角

1. 测试技能

(1) 经纬仪的正确使用;

(2) 测回法观测水平角的顺序,以及记录、计算方法。

2. 测试要求

(1) 用 DJ_6 型光学经纬仪并用测回法观测水平角,应严格按操作规程作业。

(2) 要求对中误差不大于±2 mm,整平误差不大于 1 格,上、下半测回角值差不大于±36″,各测回角值差不大于±24″。

(3) 记录、计算完整、整洁、无错误;数据记录、计算均应填写在相应的测试报告中,记录表不可用橡皮擦修改,记录表以外的数据不作为考核结果。

(4) 要求测量两个测回。

(5) 测量用时 30 min。

3. 测试条件

(1) DJ_6 型光学经纬仪(含三脚架)、测钎、测伞、记录夹等。

(2) 在测区地面上任意选择三个点 A、O、B,分别打入木桩,桩顶钉小钉表示点位。要求 A 点、B 点距离 O 点 100 m 左右,且两距离有所不同,三点高程也应有明显不同。

4. 评分标准

测试评分标准见表 9.5。

表 9.5 测试评分标准表(百分制)

<table>
<tr><th>项目</th><th>考核内容要求</th><th>配分</th><th colspan="2">评分标准</th></tr>
<tr><td rowspan="5">主要项目</td><td>对中误差不超过 1 mm</td><td>5</td><td>超限扣 5 分</td><td rowspan="5">计算错误一次扣 2 分</td></tr>
<tr><td>水准气泡偏移不超过 1 格</td><td>5</td><td>超限扣 5 分</td></tr>
<tr><td>度盘配置</td><td>10</td><td>错误一次扣 2 分</td></tr>
<tr><td>2C 互差</td><td>10</td><td>超限一次扣 5 分</td></tr>
<tr><td>半侧回角值差</td><td>10</td><td>超限一次扣 5 分</td></tr>
<tr><td rowspan="3">一般项目</td><td>对中</td><td>10</td><td colspan="2">操作错误一次扣 2 分</td></tr>
<tr><td>整平</td><td>15</td><td colspan="2" rowspan="2">超限一次扣 2 分
操作错误一次扣 2 分</td></tr>
<tr><td>操作步骤</td><td>25</td></tr>
<tr><td rowspan="2">安全文明生产</td><td>安全生产</td><td>5</td><td colspan="2" rowspan="2"></td></tr>
<tr><td>爱护仪器设备</td><td>5</td></tr>
<tr><td colspan="2">合计</td><td colspan="3">100</td></tr>
</table>

5. 测试说明及注意事项

(1) 测试准备工作：自备计算用纸、笔(钢笔或圆珠笔)以及计算器等必要工具，采用小组抽题。

(2) 提供《测回法观测水平角技能测试报告》给考生，测试结束后考生将该报告上交。

(3) 测试过程中，派两名辅助人员配合考生完成测试任务。

(4) 测试过程中任何人不得提示，考生应独立完成全部工作。

(5) 主考人有权随时检查考生是否按照操作规程及计算要求进行测量，但应折减所影响的相应时间。

(6) 对于作弊行为，一经发现一律按零分处理。

(7) 测试时间自领取仪器时开始，至递交测试报告与仪器时终止。

6. 测试报告

测试报告见表 9.6。

表 9.6 测回法观测水平角测试报告

评定日期：________ 考生姓名：________ 开始时间：________ 结束时间：________

<table>
<tr><td colspan="2">测试题目</td><td colspan="6">测回法观测水平角</td></tr>
<tr><td colspan="2">主要仪器及工具</td><td colspan="6"></td></tr>
<tr><td colspan="2">天气</td><td colspan="2"></td><td colspan="2">仪器号码</td><td colspan="2"></td></tr>
<tr><td>测回数</td><td>竖盘位置</td><td>目标</td><td>水平度盘读数
/(° ′ ″)</td><td>半测回角值
/(° ′ ″)</td><td>一测回角值
/(° ′ ″)</td><td>各测回平均角值
/(° ′ ″)</td><td>备注</td></tr>
<tr><td rowspan="4"></td><td rowspan="2"></td><td></td><td></td><td rowspan="2"></td><td rowspan="4"></td><td rowspan="8"></td><td rowspan="8"></td></tr>
<tr><td></td><td></td></tr>
<tr><td rowspan="2"></td><td></td><td></td><td rowspan="2"></td></tr>
<tr><td></td><td></td></tr>
<tr><td rowspan="4"></td><td rowspan="2"></td><td></td><td></td><td rowspan="2"></td><td rowspan="4"></td></tr>
<tr><td></td><td></td></tr>
<tr><td rowspan="2"></td><td></td><td></td><td rowspan="2"></td></tr>
<tr><td></td><td></td></tr>
</table>

7. 测试成绩评定表

表 9.7 用于考评员给考生评定成绩，最后连同考生测试报告归档保存。

表 9.7　测试成绩评定表(百分制)

评定日期:__________　考生姓名:__________　开始时间:__________　结束时间:__________

项目	配分	考核内容要求	扣分	得分	监考教师评分依据记录
主要项目	5	对中误差不超过 1 mm			
	5	水准气泡偏移不超过 1 格			
	10	度盘配置			
	10	$2C$ 互差			
	10	半侧回角值差			
一般项目	10	对中			
	15	整平			
	25	操作步骤			
安全文明生产	5	安全生产			
	5	爱护仪器设备			
总扣分及说明					
合计		考评员签字		主考人签字	

8. 其他变数与说明

(1) 可以改变测回数以调整测试工作量。

(2) 仪器可以变换成电子经纬仪进行测试,同时,测试用时可以适当调整。

9.3 全站仪的使用

1. 测试技能

(1) 全站仪的使用;

(2) 利用全站仪进行角度、距离测量以及碎部测量。

2. 测试要求

(1) 掌握全站仪进行角度和距离测量以及碎部测量的全过程。

(2) 围绕教学楼选取 10 个地物点进行。

(3) 严格按操作规程作业。

(4) 记录、计算完整、整洁、无错误;数据记录、计算均应填写在相应的测试报告中,记录表不可用橡皮擦修改,记录表以外的数据不作为考核结果。

(5) 测量用时 90 min。

3. 测试条件

(1) 仪器、工具:全站仪(含三脚架)、对中杆、棱镜、测伞、记录本等。

(2) 场地要求:主教学楼。辅助人数:2 人(1 人定向、1 人跑点)。

4. 评分标准

测试评分标准见表 9.8。

表 9.8 测试评分标准(百分制)

项目	考核内容及要求	配分	评分标准
主要项目	仪器部件的识别	10	部件识别错误一次扣 5 分 观测精度不符合规范规定一次扣 2 分 测试过程中超限一次扣 5 分 仪器操作错误或不合理一次扣 5 分
	仪器的安置	10	
	设置测距参数	10	
	设置作业	5	
	已知点的录入	10	
	设置测站	10	
	设置定向	10	
	测量、记录	20	
	坐标查阅	5	
安全文明生产	安全生产	5	
	爱护仪器设备	5	
合计		100	

5. 测试说明及注意事项

(1) 测试准备工作:自备计算用纸、笔(钢笔或圆珠笔)以及计算器等必要工具,采用小组抽题。

(2) 提供《全站仪的使用技能测试报告》给考生,测试结束后考生将该报告上交。

(3) 测试过程中,安排两名辅助人员配合考生完成测试任务。

(4) 测试过程中任何人不得提示,考生应独立完成全部工作。

(5) 主考人有权随时检查考生是否按照操作规程及计算要求进行测量,但应折减所影响的相应时间。

(6) 对于作弊行为,一经发现一律按零分处理。

(7) 测试时间自领取仪器时开始,至递交测试报告与仪器时终止。

6. 测试报告

测试报告见表 9.9、表 9.10、表 9.11。

表 9.9　全站仪的使用技能测试报告

评定日期：__________　考生姓名：__________　开始时间：__________　结束时间：__________

测试题目	全站仪的使用		
主要仪器及工具			
天气		仪器号码	

测站点点号：________　(x=________，y=________)

定向点点号：________　(x=________，y=________)

碎部点点号	x	y

表 9.10　水平角观测记录表

评定日期：__________　考生姓名：__________　开始时间：__________　结束时间：__________

测回	照准方向	盘位	水平度盘读数/(°　′　″)	半侧回角值/(°　′　″)	一测回角值/(°　′　″)	互差/(″)	各测回平均值/(°　′　″)	备注
Ⅰ		盘左						
		盘右						
Ⅱ		盘左						
		盘右						
		盘左						
		盘右						
		盘左						
		盘右						

表 9.11　水平距离测量记录表

测站点气温：________　　　　测站点气压：________

照准方向	盘位及测回	读数 1/m	读数 2/m	读数 3/m	互差/m	距离值/m	均值/m	备注
	盘左 1							
	盘右 1							
	盘左 2							
	盘右 2							
	盘左 3							
	盘右 3							

7. 测试成绩评定表

表 9.12 用于考评员给考生评定成绩，最后连同考生测试报告归档保存。

表 9.12　测试成绩评定表(百分制)

评定日期：________　考生姓名：________　开始时间：________　结束时间：________

项目	考核内容要求	配分	扣分	得分	监考教师评分依据记录
主要项目	仪器部件的识别	10			
	仪器的安置	10			
	设置测距参数	5			
	设置作业	10			
	已知点的录入	10			
	设置测站	10			
	设置定向	10			
	测量、记录	20			
	坐标查阅	5			
安全文明生产	安全生产	5			
	爱护仪器设备	5			
总扣分及说明					
最后得分		考评员签字		主考人签字	

8. 其他变数与说明

可进行坐标测量或放样，但注意调整测试用时。

9.4 四等水准测量（闭合水准测量）

1. 测试技能

(1) 用四等水准测量的方法完成给定路线的观测、记录和计算校核，并求出未知点的高程。

(2) 掌握高程控制测量的方法。

2. 测试要求

(1) 给定两点间的路线长约 500 m，中间设 4 个转点共设站 4 次。

(2) 读数时确保水准气泡影像错动不大于 1 mm，若使用自动安平水准仪，要求补偿指标线不脱离小三角形。

(3) 每站前、后视距差不大于±5 m，前、后视距累积差不大于±10 m。

(4) 记录、计算完整、整洁，字体工整、无错误。

(5) 观测顺序按"后—前—前—后(黑—黑—红—红)"进行。

(6) 红黑面读数差不大于±3 mm，红黑面高差之差不大于±5 mm。

(7) 测量用时 90 min。

3. 测试条件

(1) 仪器、工具：DS_3 型水准仪(含三脚架)、水准尺、计算器、尺垫、测伞、记录夹等。

(2) 场地要求：在测试现场选取一个已知高程点 *BMA*，其高程为 100.000 m，指定两个未知待测点，分别打入木桩表示 1、2 两点，桩顶钉圆帽钉。1 点距离 *BMA* 点 100～200 m，2 点距离 1 点 150～200 m，2 点距离 *BMA* 点 100～150 m。

4. 评分标准

测试评分标准及技术要求见表 9.13、表 9.14。

表 9.13 测试评分标准(百分表)

项目	考核内容要求	配分	评分标准	
主要项目	视距长度	8	超限一次扣 1 分	操作错误一次扣 1 分
	每一站前、后视距差	8	超限一次扣 1 分	
	前、后视距累积差	8	超限一次扣 1 分	
	黑面、红面读数差	8	超限一次扣 2 分	
	黑面、红面所测高差之差	8	超限一次扣 2 分	
	闭合水准路线高差闭合差	20	超限扣 20 分	
一般项目	整平	10	超限一次扣 2 分 操作错误一次扣 2 分	
	操作步骤	20		
安全文明生产	安全生产	5		
	爱护仪器设备	5		
合计		100		

表 9.14　技术要求

等级	视线高度/m	视距长度/m	前后视距差/m	前后视距累积差/m	黑面、红面读数之差/mm	黑面、红面所测高差之差/mm	路线高差闭合差/mm
四等	>0.2	≤80	≤±5.0	≤±10.0	≤±3.0	≤±5.0	≤±20 $\sqrt{L}$

注：表中 L 为路线总长，以 km 为单位。

5. 测试说明及注意事项

(1) 提供《四等水准测量技能测试报告》给考生，测试结束后考生将该报告上交。

(2) 测试过程中，安排两名辅助人员配合考生完成测试任务。

(3) 测试过程中任何人不得提示，考生应独立完成全部工作。

(4) 主考人有权随时检查考生是否按照操作规程及技术要求进行测量，但应折减所影响的相应时间。

(5) 对于作弊行为，一经发现一律按零分处理。

(6) 测试时间自领取仪器时开始，至递交测试报告与仪器时终止。

6. 测试报告

测试报告见表 9.15。

表 9.15　四等水准测量技能测试报告

考生姓名：__________　日期：__________　考评员：__________　成绩：__________

<table>
<tr><td colspan="3">测试题目</td><td colspan="7">四等水准测量</td></tr>
<tr><td colspan="3">主要仪器及工具</td><td colspan="7"></td></tr>
<tr><td colspan="3">天气</td><td></td><td colspan="2">仪器号码</td><td colspan="4"></td></tr>
<tr><td rowspan="5">测站编号</td><td rowspan="5">点号</td><td>后尺 上丝</td><td>前尺 上丝</td><td rowspan="4">方向及尺号</td><td colspan="2" rowspan="2">水准尺读数</td><td rowspan="4">K+黑−红
/mm</td><td rowspan="4">平均高差
/m</td><td rowspan="5">备注</td></tr>
<tr><td>后尺 下丝</td><td>前尺 下丝</td></tr>
<tr><td>后视距</td><td>前视距</td><td rowspan="2">黑面</td><td rowspan="2">红面</td></tr>
<tr><td>视距差</td><td>$\sum d$</td></tr>
<tr><td>(1)
(2)
(9)
(11)</td><td>(4)
(5)
(10)
(12)</td><td>后
前
后—前</td><td>(3)
(6)
(15)</td><td>(8)
(7)
(16)</td><td>(14)
(13)
(17)</td><td>(18)</td></tr>
<tr><td></td><td></td><td></td><td></td><td>后
前
后—前</td><td></td><td></td><td></td><td></td><td>$k_1=$</td></tr>
<tr><td></td><td></td><td></td><td></td><td>后
前
后—前</td><td></td><td></td><td></td><td></td><td>$k_2=$</td></tr>
</table>

续表

				后 前 后—前					
				后 前 后—前					$k_1=$
				后 前 后—前					$k_2=$
				后 前 后—前					
检核									

水准管气泡影像重合偏差：________mm(主考人填写)　　　　主考人：________

7. 测试成绩评定表

表9.16用于考评员给考生评定成绩，最后连同考生测试报告归档保存。

表9.16　测试成绩评定表(百分制)

考生姓名：________　日期：________　开始时间：________　结束时间：________

项目	考核内容要求	配分	扣分	得分	监考教师评分依据
主要项目	视距长度	8			
	每一站前、后视距差	8			
	前、后视距累积差	8			
	黑面、红面读数差	8			
	黑面、红面所测高差之差	8			
	闭合水准路线高差闭合差	20			
一般项目	整平	10			
	操作步骤	20			
安全文明生产	安全生产	5			
	爱护仪器设备	5			
总扣分及说明					
最后得分		考评员签字		主考人签字	

8. 其他变数与说明

任务可变换成附合水准路线,测试用时可根据工作任务变化作相应的调整。

9.5 全站仪测图

1. 测试技能

(1) 熟悉全站仪测图的基本原理和基本方法;

(2) 熟悉数字化地形图的测绘工序,熟悉草图的编制方法;

(3) 熟悉在 CAD 中进行数字化地形图的编制工作。

2. 测试要求

(1) 全站仪测绘大比例尺数字地形图;测绘一地形简单的小范围地形图。

(2) 按 1∶500 比例尺测地形图的要求,完成至少 10 个碎部点的观测任务。

(3) 现场地形素描。数字测图的同时,在图板上标出各碎部点点位及其高程,勾画出地形线及等高线略图,同时注记地物情况。

(4) 数据处理。外业完成后,将全站仪内存中的观测数据传输到计算机中,然后应用软件进行数据处理,输入各有关说明数据,最后输出到绘图仪生成机制地形图。

(5) 数据记录、计算、校核及结果计算均应填写在相应的测试报告中,记录表以外的数据不作为考核结果。

(6) 测量用时 120 min。

3. 测试条件

(1) 仪器、工具:全站仪(含三脚架)、对中杆、棱镜、测伞等。

(2) 在测试现场选定两个控制点 A、B,在 A 点设站,后视 B 点,选择并测量周围碎部点。

(3) 已知:A(1 000.000,1 000.000),H_A=100.00 m,AB 边的坐标方位角为 0°00′30″。

(4) 从已知点开始沿导线方向顺序设站及编号,安置全站仪,整平对中后开机,瞄准另一已知后视点,输入坐标、方位角、高程、仪器高、镜高等已知数据,并相继测出各图根点的坐标,最后闭合到起始点,在各图根点观测中,进行图根点范围内地形测量,测得各碎部点的坐标并存入机器。

(5) 外业结束后到实训室把全站仪内存中的观测数据传输到计算机中。

4. 评分标准

测试评分标准见表 9.17。

表 9.17　测试评分表标准(百分制)

测试内容	评分标准	配分
工作态度	仪器、工具轻拿轻放,搬动仪器的动作规范,装箱正确	5
仪器操作	操作熟练、规范,方法步骤正确、不缺项	10
设置测站点,设置后视点	正确、规范、无误	15
碎部测量	碎部点位选择正确、规范,采集方法得当	10
存储	快速、准确、规范、齐全	15
精度	精度符合要求	15
绘图	绘图方法、步骤正确、规范	20
综合印象	动作规范、熟练,文明作业	10
合计		100

5. 测试说明及注意事项

(1) 在控制点或图根点周围选择地物地貌特征点,测绘成果要求不少于 1 个建筑物和 5 个高程点,绘图比例尺为 1∶500。

(2) 严格按操作规程作业,记录规范整洁,计算、展点绘图完整。

(3) 数据记录及结果均应填写在相应的测试报告中,记录表以外的数据不作为考核结果,展绘成果见图纸,测试完成,一并收回归档。

(4) 对中误差不大于±3 mm,水准管气泡偏差不大于 1 格。

(5) 主考人有权随时检查考生是否按照操作规程及技术要求进行测量,但应折减所影响的相应时间。

(6) 对于作弊行为,一经发现一律按零分处理。

(7) 测试时间自领取仪器时开始,至递交测试报告与仪器时终止。

(8) 测试过程中,安排两名辅助人员配合考生完成测试任务。

6. 测试报告

测试报告见表 9.18。

表 9.18　全站仪测绘数字化地形图测试报告

评定日期:__________　考生姓名:__________　开始时间:__________　结束时间:__________

测试题目	全站仪测绘数字化地形图		
主要仪器及工具			
天气		仪器号码	

1∶500 地形图(加纸)

7. 测试成绩评定表

表 9.9 用于考评员给考生评定成绩,最后连同考生测试报告一起归档保存。

表 9.19 测试成绩评定表(百分制)

评定日期:________ 考生姓名:________ 开始时间:________ 结束时间:________

项目	考核内容	配分	扣分	得分	监考教师评分依据记录
工作态度	仪器、工具轻拿轻放,搬动仪器时动作规范,装箱正确	5			
仪器操作	操作熟练、规范,方法步骤正确、不缺项	10			
设置测站点 设置后视点	正确、规范、无误	15			
碎部测量	碎部点位选择正确、规范、采集方法得当	10			
存储	快速、准确、规范、齐全	15			
精度	精度符合要求	15			
绘图	绘图方法步骤正确、规范	20			
综合印象	动作规范、熟练,文明作业	10			
总扣分及说明					
最后得分		考评员签字		主考人签字	

8. 其他变数与说明

任务可以适度调整,测试时间也随之调整。

参考文献

[1] 刘茂华. 工程测量[M]. 上海:同济大学出版社,2015.

[2] 张正禄,司少先等. 地下管线探测和管网信息系统[M]. 北京:测绘出版社,2007.

[3] 李社生,刘宗波. 建筑工程测量[M]. 大连:大连理工大学出版社,2012.

[4] 赵景利,杨凤华. 建筑工程测量[M]. 北京:北京大学出版社,2010.

[5] 黄声享,郭英起,易庆林. GPS在测量工程中的应用[M]. 北京:中国地图出版社,2012.

[6] 王云江. 建筑工程测量[M]. 北京:中国建筑工业出版社,2013.

[7] 丰秀福,石永乐. 工程测量[M]. 北京:机械工业出版社,2014.

[8] 常允艳,刘颖,徐健. 土木工程测量实训教程[M]. 成都:西南交通大学出版社,2012.

[9] 黄朝禧. 测量学实验指导[M]. 北京:中国农业出版社,2007.

[10] 王金玲. 土木工程测量[M]. 武汉:武汉大学出版社,2008.